電気技術者の実務理論

短絡・地絡現象の解析から
保護協調の整定まで

大崎 栄吉 著

Ohmsha

推薦のことば

　著者の大崎栄吉氏は、数年前まで当協会の会員として、外部委託による電気管理技術者として、需要設備等の電気保安管理に従事されていた。

　会員中は、技術安全委員会委員、本部技術相談員等を歴任され、当協会の電気技術に関する重鎮として活躍された。

　また、技術安全委員会においては「PAS(PGS)の雷害対策に向けて」を主査として発刊し、配電線の雷害についても造詣の深い電気技術者である。

　本書は、第1章、短絡電流の算出方法から始まり、高圧受電設備の過電流保護協調とその過電流継電器の整定法と進む。

　また、過電流保護継電器や電流計測に必要な変流器の過電流特性および一般的な高圧遮断器の引外し方式についても詳述している。

　5章からは、配電線の地絡特性、高圧地絡の計算および地絡保護協調へと解説を進める。高圧地絡現象は、一般的には理解しにくい部分もあるが、参考図やベクトル図等も多く、大変理解しやすい構成となっている。さらに、電気事故の多い高圧ケーブルの絶縁抵抗測定についても解説している。

　9章では、電気事故の多い低圧側の地絡（漏電）についても詳細に解説し、特に変圧器のB種接地線を共用することによる地絡時の対地電圧上昇に起因する諸問題についても説明を加えている。これにより、動力側が地絡した際に対地電圧上昇による電灯側漏電遮断器の誤動作等の事故についても理解を深めることが可能となる。

　12章から最後にかけて、変圧器の励磁突入現象の発生要因およびその対策を述べている。常に100％負荷で運転している高圧コンデンサの保護方式と高圧コンデンサにおける突入電流等の諸現象についても丁寧な解説を行っている。

　本書は、実務に即した大変骨太な内容となっている。難解と思われても、それぞれの章が読み切りとなっているので飛ばして読むこともできる。全体を読むことにより、電気技術者として、一段高いレベルに至った実感を得られると思う。

　強電関係の電気技術者・電気主任技術者・電気管理技術者等には、必読の書としてお奨めする一冊である。

以　上

2023年7月
公益社団法人東京電気管理技術者協会
会長　平岡　英治

まえがき

　電気は、社会全般にわたる基礎エネルギーとして欠くことのできない存在です。また、電気、情報、通信のネットワークが社会の隅々まで構築され、瞬時の電気事故がもたらす影響は広範囲で、思わぬところに被害が生じることも経験するところです。このため、電気技術者には電気の信頼性を支える技術力の向上が求められます。

　しかし、電気技術者にとって自己研鑽に欠かすことのできない参考図書や各種文献などで、理論に裏付けされた実践的で現場に役立つものは多くはありません。

　本書では、電気設備の設計・施工・運転管理に関わる電気技術者に必要な技術テーマについて、基礎的な理論から導かれる実践的な技術や計算式に至る経過について詳細に解説しました。併せて、図表も数多く掲載して理解の助けとし、計算例も適宜併記して現場での実務応用に便宜を図っています。

　電気現象を解明するには、微分・積分の助けが必要になります。微分・積分は難しい数学と考えがちですが、単に計算技法の道具の一つです。微分は曲線の勾配を表し、積分は曲線で囲む面積を求めています。難解な変換式の多くは公式集に掲載されています。

　そして、慣れ親しむことが微分・積分の理解を深める早道であり、身につけることにより技術の見え方が大きく変わることを自覚できます。本書では、テーマに応じて微分・積分を展開していますが、その過程を丁寧に進めていますので理解の深まる手助けとなれば幸いです。

　電気技術者が携わる技術分野は多岐にわたりますが、本書では地絡・短絡・突入電流・保護協調などについて取り上げています。いずれも電気技術者が身近に取り扱う技術テーマであり、技術現場に少しでも役立てば幸いです。なお、続編として雷害・高調波・接地・ケーブルなどについて発刊を予定しています。

　本書の執筆にあたり、先輩諸氏・学会や協会・メーカーなどの発表資料・文献などを参考とさせていただきましたのでここに深く謝意を表します。章末には、なるべく多くの参考文献を掲載いたしました。本書と併せて参考文献も参照すれば、より一層理解が深まりますので是非ご利用ください。

　本書は、オーム社「新電気」に2019年9月から連載している「実務理論シリーズ」を再編集して書籍化したものです。新電気編集部のご支援に厚く御礼申し上げます。

2023年7月　大崎 栄吉

目　次

❶ 短　絡　電　流

❷ 過渡短絡電流

❸ 高圧受電設備の過電流保護協調

❹ 変　流　器

❺ 高圧線路の地絡

❻ 高圧地絡の故障計算

1章 短 絡 電 流

　電気回路を短絡すると短絡電流が流れる。回路に直列に接続されている変圧器、開閉器、電線やケーブル、変流器などにはこの短絡電流が通過するので、安全に電流を開閉したり、通電する能力が求められる。また、回路の保護協調についても短絡電流を基に検討されるので短絡電流の把握は重要である。短絡電流の計算方法として、オーム法と％インピーダンス法がある。

1.1 短絡電流の計算

（1）オーム法

　短絡電流を計算するとき、回路のインピーダンスをΩで表し、オームの法則により短絡電流を求める方法をオーム法という。図1・1の三相回路で、変圧器の二次側で短絡すると短絡電流I_sは、

$$I_s = \frac{V}{\sqrt{3}\sqrt{(R_1+R_t+R_2)^2+(X_1+X_t+X_2)^2}}\,[\text{A}] \tag{1・1}$$

　このとき等価回路に示すように、**変圧器一次側のインピーダンスは二次側に換算**しておかなければならない。

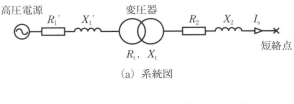

（a）系統図

$R_1{}'$, $X_1{}'$：高圧電源側の抵抗とリアクタンス[Ω]
R_1, X_1：高圧電源側の抵抗とリアクタンス[Ω]
　　　　　（変圧器二次換算値）
$R_1 = \dfrac{R_1{}'}{n^2}$, $X_1 = \dfrac{X_1{}'}{n^2}$, $n = \dfrac{n_1}{n_2}$
　n：変圧器の巻数比
　　　n_1：一次巻数
　　　n_2：二次巻数
R_t, X_t：変圧器の抵抗とリアクタンス[Ω]
R_2, X_2：変圧器二次回路の抵抗とリアクタンス[Ω]
V：変圧器二次回路の線間電圧[V]
I_s：変圧器二次回路に流れる短絡電流[A]

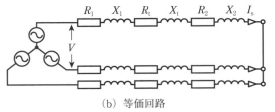

（b）等価回路

図1・1　三相回路の短絡（オーム法）

（2）％インピーダンス法

　図1・2（a）の三相回路において、線路のインピーダンスZによる電圧降下ΔVと電源相電圧Eとの比を％インピーダンス（%Z）といい次式で表す。

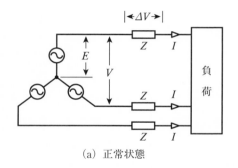
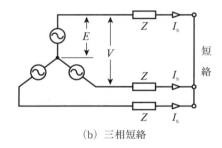

(a) 正常状態　　　　　　　　　　　　　　　　　(b) 三相短絡

図1・2　三相回路の短絡（％インピーダンス法）

$$\%Z = \frac{\varDelta V}{E} \times 100 = \frac{IZ}{E} \times 100 \,[\%]$$

相電圧Eを線間電圧Vで表すと、

$$\%Z = \frac{\sqrt{3}\,IZ}{V} \times 100 \,[\%]$$

単相回路でも同様に、

$$\%Z = \frac{IZ}{V} \times 100 \,[\%]$$

$\left.\right\}$ (1・2)

ここで、V、Iは基準電圧と基準電流である。基準容量をPとすれば、

三相回路

$$\%Z = \frac{\sqrt{3}\,VIZ}{V^2} \times 100 = \frac{PZ}{V^2} \times 100 \,[\%]$$

単相回路

$$\%Z = \frac{VIZ}{V^2} \times 100 = \frac{PZ}{V^2} \times 100 \,[\%]$$

$\%Z$をオーム値のZに変換するには上式より、

$$Z = \frac{V^2}{P} \times \frac{\%Z}{100} \,[\Omega]$$

$\left.\right\}$ (1・3)

次に、$\%Z$を用いて線路が三相短絡したときの短絡電流を計算する。図1・2（b）より短絡電流I_sは、

$$I_s = \frac{V}{\sqrt{3}\,Z} \,[A]$$

(1・3)式のZを上式に代入して、

$$I_s = \frac{V}{\sqrt{3}} \times \frac{P}{V^2\,\%Z} \times 100 = \frac{P}{\sqrt{3}\,V} \times \frac{100}{\%Z} = \frac{I}{\%Z} \times 100 \,[A]$$

単相回路でも同様に、

$$I_s = \frac{V}{Z} = V \times \frac{P}{V^2\,\%Z} = \frac{I}{\%Z} \times 100 \,[A]$$

$\left.\right\}$ (1・4)

このように、％インピーダンス法では基準電流Iと％インピーダンスZにより、**三相回路でも単相回路でも (1・4) 式で示すように同じ式で容易に短絡電流を計算することができる**ので広く使用されている。

さて、％インピーダンス法を適用するにあたっては次の点に注意しなければならない。

① ％Zの値

インピーダンスZが同じでも**基準となる容量Pが変わると異なった％Zの値となる**。いま、同じインピーダンスZを基準容量P_1、P_2でそれぞれ％Z_1、％Z_2として表すと、(1・3)式から、

$$\%Z_1=\frac{P_1 Z}{V^2}\times 100, \quad \%Z_2=\frac{P_2 Z}{V^2}\times 100$$

両式から、

$$\%Z_2=\frac{P_2}{P_1}\times \%Z_1 \tag{1・5}$$

と表され、**基準容量を大きくすれば％Zも大きくなる**。しかし、それぞれの短絡電流I_{s1}、I_{s2}を(1・4)、(1・5)式から求めると、

$$I_{s1}=\frac{I_1}{\%Z_1}\times 100=\frac{P_1}{\sqrt{3}\,V}\times\frac{100}{\%Z_1}$$

$$I_{s2}=\frac{I_2}{\%Z_2}\times 100=\frac{P_2}{\sqrt{3}\,V}\times\frac{100}{\%Z_2}=\frac{P_2}{\sqrt{3}\,V}\times\frac{100}{\%Z_1}\times\frac{P_1}{P_2}=\frac{P_1}{\sqrt{3}\,V}\times\frac{100}{\%Z_1}=I_{s1}$$

このように、**基準容量をどのようにとっても同じ短絡電流**となる。このため、基準容量はどのように定めてもよいが、変圧器の容量に等しくするか、あるいは計算しやすく**10 MV・A** などとすることが多い。

② ％Zの和

変圧器の電圧を 6 600/210 V とし、二次側から見たインピーダンスを 0.007 Ω とする。これを 1 000 kV・A、210 V 基準で％インピーダンスに換算すれば(1・3)式より、

$$\%Z=\frac{PZ}{V^2}\times 100\,[\%]=\frac{1\,000\times 10^3\times 0.007}{210^2}\times 100\fallingdotseq 15.9\,[\%]$$

次に、これを変圧器一次側に換算した％インピーダンスで表してみる。変圧比が 6 600/210 であるから、インピーダンスを一次側に換算し、基準電圧を 6 600 V とすれば、

$$\%Z=\frac{PZ}{V^2}\times 100\,[\%]=\frac{1\,000\times 10^3}{6\,600^2}\times 0.007\times\left(\frac{6\,600}{210}\right)^2\times 100\fallingdotseq 15.9\,[\%]$$

となり、**同じ基準容量で表した％インピーダンスは変圧器の一次側で、あるいは二次側で表しても同じである**。このため、例えば図1・3で示す系統で短絡点から見た％インピーダンスを求めるには、変圧器の一次側、二次側にかかわらず単にその和とすればよい。

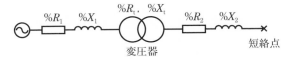

図1・3　系統の％インピーダンス

$$\%Z = \sqrt{(\%R_1 + \%R_t + \%R_2)^2 + (\%X_1 + \%X_t + \%X_2)^2}$$

　ここで、注意しなければならないのは、それぞれの％インピーダンスは必ず**同じ基準容量**に基づいていることである。もし、異なるときは(1・5)式により基準容量を合わせる必要がある。

1.2　配電線の三相短絡

　具体的な例として図1・4に示す高圧配電線の三相短絡電流を計算する。まず、短絡点に至る系統各部のインピーダンスを求める。

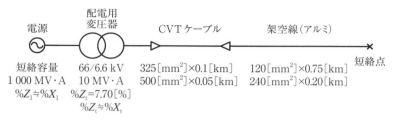

電源	配電用 変圧器	CVTケーブル	架空線（アルミ）
短絡容量	66/6.6 kV	325[mm²]×0.1[km]	120[mm²]×0.75[km]
1 000 MV·A	10 MV·A	500[mm²]×0.05[km]	240[mm²]×0.20[km]
$\%Z_1 \fallingdotseq \%X_1$	$\%Z_t = 7.70[\%]$		
	$\%Z_t \fallingdotseq \%X_t$		

図1・4　配電線の％インピーダンス

（1）配電用変圧器の電源側のインピーダンス Z_1

　電力会社の配電用変圧器は66 kVなどの特別高圧線に接続され、電力系統によって変圧器の電源側のインピーダンス Z_1 は異なる。一般的には0.5～数％であるが、概略値として系統の短絡容量を1 000 MV·Aとして％インピーダンス（$\%Z_1$）を求めることがある。いま、短絡容量を P_s、短絡電流を I_s、回路電圧を V とすれば、

$$P_s = \sqrt{3}\, VI_s$$

　これに(1・4)式の I_s を代入して、

$$P_s = \sqrt{3}\, V \frac{I}{\%Z_1} \times 100 = \frac{P}{\%Z_1} \times 100$$

　これより、

$$\%Z_1 = \frac{P}{P_s} \times 100 \tag{1・6}$$

　ここで、P は基準容量で10 MV·Aとすれば、短絡容量1 000 MV·Aを10 MV·A基準の％インピーダンス（$\%Z_1$）で表せば上式より、

$$\%Z_1 = \frac{P}{P_s} \times 100 = \frac{10 \times 10^6}{1\,000 \times 10^6} \times 100 = 1.0\,[\%]$$

　このように、電源側のインピーダンスは小さく、大部分はリアクタンス分であるから抵抗分は通常無視される。

（2）配電用変圧器のインピーダンス Z_t

　高圧配電線の短絡容量は、配電用変電所の出口で **150 MV·A**、短絡電流値で **12.5 kA** とする系統が多い。配電用変圧器の容量は **10 MV·A** が多く、大都市では **20、30 MV·A** も見られる。いま、10 MV·A の変圧器を使用したとき短絡容量を 150 MV·A とするには（1·6）式から変圧器の％インピーダンス（$\%Z_t$）は、

$$\%Z_t = \frac{P}{P_s} \times 100 = \frac{10 \times 10^6}{150 \times 10^6} \times 100 \fallingdotseq 6.7\,[\%]$$

となり、少なくても 6.7% 以上の値が必要になる。実際には、10 MV·A の配電用変圧器は 7.5% 程度のインピーダンスとなっている。20 MV·A の変圧器では 15%、30 MV·A では 22.5% 程度とし、10 MV·A 換算で 7.5% となるようにしている。変圧器のインピーダンスは、大部分はリアクタンス分で抵抗分は 10% 程度のため無視されることが多い。

（3）配電線のインピーダンス Z_2[*7]

　配電線の多くは架空線であるが、都市部ではケーブル化が進んでいる。それぞれの％インピーダンス例を表1·1、1·2に示す。

　表1·1の架空線の算出根拠は不明であるが、銅線 100 mm² について次のように想定計算すれば近似値が得られる。

〈抵抗〉

　銅導体 100 mm² の 20 ℃ における直流抵抗値は 0.185 Ω/km であるから、（1·3）式より 10 MV·A 基準の抵抗 $\%R$ は、

$$\%R = \frac{PR}{V^2} \times 100 = \frac{10 \times 10^6 \times 0.185}{6\,600^2} \times 100 \fallingdotseq 4.25\,[\%/\text{km}]$$

表1·1　6 kV 三相架空線のインピーダンス例（50 Hz）

(a) 銅線 6.6 kV　OE，OC

	%インピーダンス[%/km]		
太さ [mm²]	150	100	60
$\%R$	2.80	4.20	7.20
$\%X$	7.50	7.80	8.10

10 MV·A 基準

(b) アルミ線 6.6 kV　ACSR-OE，OC

	%インピーダンス[%/km]		
太さ [mm²]	240	120	32
$\%R$	2.90	5.80	21.70
$\%X$	7.10	8.0	9.0

10 MV·A 基準

表1·2　6 kV CVT 三相ケーブルのインピーダンス例（50 Hz）

	%インピーダンス[%/km]					
太さ [mm²]	500	325	250	150	60	22
$\%R$	1.18	1.75	2.25	3.65	9.13	24.90
$\%X$	2.09	2.19	2.27	2.37	2.67	3.15

10 MV·A 基準

〈リアクタンス〉

　三相架空配線を図1・5のような配置とすれば、1相当たりの平均インダクタンスLは導体間の距離をD[mm]、導体半径をr[mm]とすれば、

$$L = 0.05 + 0.2\ln\frac{\sqrt[3]{D \times D \times 2D}}{r} = 0.05 + 0.2\ln\frac{\sqrt[3]{900 \times 900 \times 1\,800}}{6.5} \fallingdotseq 1.08\,[\mathrm{mH/km}]$$

50 Hzとすれば%Xは、

$$\%X = \frac{P\omega L}{V^2} \times 100 = \frac{10 \times 10^6 \times 2\pi \times 50 \times 1.08 \times 10^{-3}}{6\,600^2} \times 100 \fallingdotseq 7.79\,[\%/\mathrm{km}]$$

　表1・2のケーブルについても、CVT 325 mm^{2}とすれば、

〈抵抗〉

　銅導体325 mm^{2}の抵抗値は90 ℃において0.0766 Ω/kmであるから、10 MV·A基準の%抵抗は、

$$\%R = \frac{PR}{V^2} \times 100 = \frac{10 \times 10^6 \times 0.0766}{6\,600^2} \times 100 \fallingdotseq 1.76\,[\%/\mathrm{km}]$$

〈リアクタンス〉

　三相CVTケーブル325 mm^{2}の寸法を図1・6のようにすれば、1相当たりのインダクタンスLは、

$$L = 0.05 + 0.2\ln\frac{D}{r}\,[\mathrm{mH/km}]$$

　導体間の距離Dは、

$$D = \frac{より合わせ外径\phi}{2.155} = \frac{85}{2.155} \fallingdotseq 39.4\,[\mathrm{mm}]$$

注） CVTケーブルは単心ケーブルを3本より合わせているので微小な隙間が生じる。このため、導体間の距離Dはより合わせ外径から求めている。

　これより、

$$L = 0.05 + 0.2\ln\frac{39.4}{10.85} \fallingdotseq 0.308\,[\mathrm{mH/km}]$$

$$\%X = \frac{P\omega L}{V^2} \times 100 = \frac{10 \times 10^6 \times 2\pi \times 50 \times 0.308 \times 10^{-3}}{6\,600^2} \times 100 \fallingdotseq 2.22\,[\%/\mathrm{km}]$$

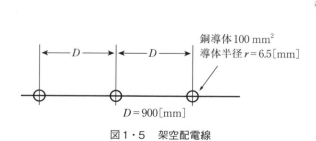

図1・5　架空配電線

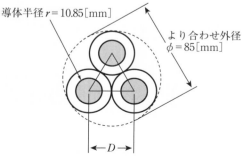

図1・6　CVTケーブル

（4）配電線の短絡電流計算

表1・3に各部のインピーダンスを示す。三相短絡電流は(1・4)式から計算している。高圧受電設備の主遮断装置(遮断器または負荷開閉器の電力ヒューズ)には、受電点に生じる短絡電流5 080 Aを確実に遮断することが求められる。しかし、電力会社では将来の系統運用も考慮して系統の標準短絡容量(例えば150 MV・Aあるいは12.5 kA)を推奨している。

表1・3　配電線の短絡電流計算例

仕様		%R	%X
配電用変圧器の 電源側インダクタンスZ_s	短絡容量1 000 MV・A $\%Z_1 = \dfrac{10}{1\,000} \times 100 = 1.00\,[\%]$	―	1.00%
配電用変圧器のインダクタンスZ_t	変圧器容量10 MV・A $\%Z_t = 7.70\,[\%]$	―	7.70%
高圧配電線の インダクタンスZ_2	架空線 (アルミ)　120 [mm²]×0.75 [km]	5.80×0.75＝4.35 [%]	8.00×0.75＝6.00 [%]
	240 [mm²]×0.20 [km]	2.90×0.20＝0.58 [%]	7.10×0.20＝1.42 [%]
	地中線 (CVT)　325 [mm²]×0.10 [km]	1.75×0.10≒0.18 [%]	2.19×0.10≒0.22 [%]
	500 [mm²]×0.05 [km]	1.18×0.05≒0.06 [%]	2.09×0.05≒0.10 [%]
	計	5.17 [%]	16.44 [%]
全インピーダンスZ	$\%Z = \sqrt{5.17^2 + 16.44^2} \fallingdotseq 17.23\,[\%]$		
三相短絡電流I_s	$I_s = \dfrac{10 \times 10^6}{\sqrt{3} \times 6\,600} \times \dfrac{100}{17.23} \fallingdotseq 5\,080\,[A]$		

注(1)　%Zは10 MV・A基準　(2)　配電線のインピーダンスは表1・1、1・2による

1.3　低圧回路の三相短絡

　三相回路では、負荷の多くは電動機である。回路が短絡して無電圧になると、**電動機は負荷の慣性により回転を続け、停止するまでの短時間は発電機として作用して短絡点に電流を供給する**。図1・7に低圧三相回路を示すが、等価回路には電動機の発電作用も考慮している。以下、同図に基づいて各部のインピーダンスを求める。

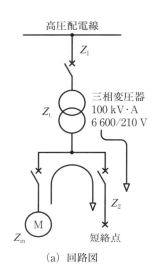

（a）回路図

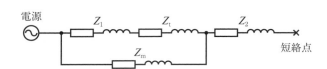

Z_1：高圧電源側のインピーダンス（変圧器二次側換算値）
Z_t：三相変圧器のインピーダンス
Z_2：低圧配線のインピーダンス
Z_m：電動機のインピーダンス

（b）等価回路

図1・7　低圧三相回路の短絡電流

（1）高圧電源側のインピーダンス Z_1

　変圧器の高圧電源側のインピーダンス Z_1 は、表1・1、1・2から求めることができる。しかし、高圧変圧器のインピーダンス Z_t に比べてその値は小さく、将来の系統運用によってインピーダンスは変わることもある。このため、電源側のインピーダンスは標準容量（ここでは短絡容量150 MV・A）から求める。

　％インピーダンスを表す基準容量として、1 000 kV・Aなどとすることもあるが、多くの場合は変圧器の容量を基準としている。図1・7より変圧器の容量100 kV・Aを基準容量とすれば、電源側の短絡容量150 MV・Aに相当する％インピーダンス（$\%Z_1$）は（1・6）式から、

$$\%Z_1 = \frac{P}{P_s} \times 100 = \frac{100 \times 10^3}{150 \times 10^6} \times 100 \fallingdotseq 0.07\,[\%]$$

　$\%Z_1$ のリアクタンス X と抵抗 R の比は、NEMA規格に準じて $X/R = 25$ とするのが一般的であるから、

$$\%Z_1 = \sqrt{\%R_1{}^2 + \%X_1{}^2} = \%R_1 \sqrt{1 + \left(\frac{\%X_1}{\%R_1}\right)^2}$$

これより $\%R_1$ は、

$$\%R_1 = \frac{\%Z_1}{\sqrt{1 + \left(\dfrac{\%X_1}{\%R_1}\right)^2}} = \frac{0.07}{\sqrt{1 + 25^2}} \fallingdotseq 0.003 \fallingdotseq 0.00\,[\%]$$

$$\%X_1 = \sqrt{\%Z_1{}^2 - \%R_1{}^2} = \sqrt{0.07^2 - 0.00^2} = 0.07\,[\%]$$

この％インピーダンスをオーム値（低圧側換算）に変換するには、基準容量 $100\,\mathrm{kV \cdot A}$、基準電圧 $210\,\mathrm{V}$ であるから（1・3）式より、

$$R_1 = \frac{V^2}{P} \times \frac{\%R_1}{100} = \frac{210^2}{100 \times 10^3} \times \frac{0.00}{100} = 0.00\,[\mathrm{m\Omega}]$$

$$X_1 = \frac{V^2}{P} \times \frac{\%X_1}{100} = \frac{210^2}{100 \times 10^3} \times \frac{0.07}{100} \fallingdotseq 0.31 \times 10^{-3}\,[\Omega] = 0.31\,[\mathrm{m\Omega}]$$

ここで求めた高圧電源側のインピーダンスは、次に述べる変圧器や低圧配線のインピーダンスよりもかなり小さいので無視されることもある。

（2）三相変圧器のインピーダンス Z_t

表1・4に高圧変圧器のインピーダンス例を示すが、機種やメーカーによって多少異なる。

表1・4から、$100\,\mathrm{kV \cdot A}$ 三相油入変圧器の $\%Z_\mathrm{t} = 2.45\,[\%]$、$X/R = 1.01$ であるから、

$$\%R_\mathrm{t} = \frac{\%Z_\mathrm{t}}{\sqrt{1 + \left(\dfrac{\%X_\mathrm{t}}{\%R_\mathrm{t}}\right)^2}} = \frac{2.45}{\sqrt{1 + 1.01^2}} \fallingdotseq 1.72\,[\%]$$

$$\%X_\mathrm{t} = \sqrt{\%Z_\mathrm{t}{}^2 - \%R_\mathrm{t}{}^2} = \sqrt{2.45^2 - 1.72^2} \fallingdotseq 1.74\,[\%]$$

$100\,\mathrm{kV \cdot A}$、$210\,\mathrm{V}$ 基準でオーム値に変換すれば、

$$R_\mathrm{t} = \frac{V^2}{P} \times \frac{\%R_\mathrm{t}}{100} = \frac{210^2}{100 \times 10^3} \times \frac{1.72}{100} \fallingdotseq 7.59 \times 10^{-3}\,[\Omega] = 7.59\,[\mathrm{m\Omega}]$$

$$X_\mathrm{t} = \frac{V^2}{P} \times \frac{\%X_\mathrm{t}}{100} = \frac{210^2}{100 \times 10^3} \times \frac{1.74}{100} \fallingdotseq 7.67 \times 10^{-3}\,[\Omega] = 7.67\,[\mathrm{m\Omega}]$$

変圧器の二次電圧が $420\,\mathrm{V}$ であれば、210を420に置き換えればよい。

表1・4　高圧三相変圧器の%インピーダンス例[*3]

容量 [kV・A]	油入三相変圧器		モールド三相変圧器	
	%Z	X/R	%Z	X/R
20	2.35	0.46	4.52	0.82
30	2.20	0.57	3.80	0.89
50	2.23	0.72	3.69	1.58
75	2.47	0.97	3.91	2.07
100	2.45	1.01	4.28	2.10
150	2.50	1.19	4.32	2.58
200	3.04	1.60	4.55	2.91
300	3.20	1.88	4.61	3.43
500	4.25	3.25	4.64	4.35
750	5.09	3.76	4.69	4.58
1 000	5.08	4.22	5.09	6.05
1 500	5.55	4.40	5.80	8.11
2 000	6.00	5.21	5.20	8.61

(変圧器二次電圧200 V，400 V級)

（3）電動機のインピーダンス Z_m

　電動機は発電作用により、短絡後数サイクルは短絡点に電流を供給する。短絡電流を遮断する配線用遮断器の遮断時間は0.5〜1サイクルのため、発電作用による電流も遮断対象になる。このとき、発電作用による電流を抑制する電動機自身のインピーダンスは、NEMA規格に準拠して $\%Z_m = 25$ [%]、$X/R = 6$ とすることが多い。また、計算を簡略化するため次のように仮定してもよい。

仮定1

　電動機負荷の総計に等しい単一容量の電動機が変圧器に接続され、電動機までの配線インピーダンスは無視する。

仮定2

　電動機の総容量が不明のときは、変圧器の容量に等しい容量とする。また、電動機の稼働率は無視する。

　いま、電動機の総容量を80 kV・Aとする。電動機のインピーダンス $\%Z_m = 25$ [%]、$X/R = 6$ とすれば、これを100 kV・A基準で表すと(1・5)式より、

$$\%Z_m = \frac{100 \times 10^3}{80 \times 10^3} \times 25 = 31.25 \, [\%]$$

これより、

$$\%R_m = \frac{\%Z_m}{\sqrt{1 + \left(\dfrac{\%X_m}{\%R_m}\right)^2}} = \frac{31.25}{\sqrt{1 + 6^2}} \fallingdotseq 5.14 \, [\%]$$

$$\%X_m = \sqrt{\%Z_m{}^2 - \%R_m{}^2} = \sqrt{31.25^2 - 5.14^2} \fallingdotseq 30.82 \, [\%]$$

$100\,\mathrm{kV\cdot A}$、$210\,\mathrm{V}$ 基準でオーム値に変換すれば、

$$R_\mathrm{m} = \frac{V^2}{P} \times \frac{\%R_\mathrm{m}}{100} = \frac{210^2}{100 \times 10^3} \times \frac{5.14}{100} \fallingdotseq 22.67 \times 10^{-3}\,[\Omega] = 22.67\,[\mathrm{m\Omega}]$$

$$X_\mathrm{m} = \frac{V^2}{P} \times \frac{\%X_\mathrm{m}}{100} = \frac{210^2}{100 \times 10^3} \times \frac{30.82}{100} \fallingdotseq 135.92 \times 10^{-3}\,[\Omega] = 135.92\,[\mathrm{m\Omega}]$$

（4）電源総合インピーダンス Z_e

ここまで求めたインピーダンスは、図1・7で示したように「高圧電源側インピーダンス Z_1＋変圧器インピーダンス Z_t」と「電動機インピーダンス Z_m」が並列に接続されているから、これを電源総合インピーダンス Z_e と仮に呼べば、次式で表される。

$$Z_\mathrm{e} = \frac{(Z_1 + Z_\mathrm{t}) \times Z_\mathrm{m}}{Z_1 + Z_\mathrm{t} + Z_\mathrm{m}}$$

（5）低圧配線のインピーダンス Z_2[7]

低圧配線に使用する電線、ケーブルのインピーダンスは、その品種や施工方法によって異なる。表1・5にその一例を示す。導体抵抗はJISなどを参考とすればよい。インダクタンスは、表1・5の根拠は不明であるが次のように想定して計算すれば近似した値が得られる。

表1・5　低圧用電線、ケーブルのインピーダンス例[3]

ケーブルの太さ [mm²]	抵抗 [mΩ/m]	リアクタンス[mΩ/m]			
		2C、3C ケーブル	1C ケーブル 密着	1C ケーブル 金属管配線	1C ケーブル 6 cm 間隔
φ 1.6	8.92	0.103	0.144	0.216	0.281
φ 2.0	5.65	0.096	0.134	0.201	0.273
φ 2.6	3.35	0.095	0.127	0.191	0.256
2.0	9.24	0.099	0.138	0.208	0.279
3.5	5.20	0.091	0.126	0.190	0.261
5.5	3.33	0.091	0.120	0.181	0.247
8	2.31	0.091	0.116	0.175	0.236
14	1.30	0.088	0.111	0.167	0.218
22	0.824	0.086	0.105	0.158	0.203
38	0.487	0.084	0.098	0.147	0.187
60	0.303	0.080	0.092	0.139	0.172
100	0.180	0.076	0.086	0.129	0.155
150	0.118	0.076	0.085	0.128	0.142
200	0.092	0.074	0.084	0.126	0.134
250	0.072	0.074	0.082	0.124	0.126

注（1）抵抗は20℃の導体直流抵抗値
　（2）リアクタンスは50 Hzの値、60 Hzは1.2倍する
　（3）本表は600 Vビニルケーブル（VV）用であるが、CVケーブルにも準用できる
　（4）ケーブルを金属配管に収納するときは、1Cケーブル密着リアクタンスの1.5倍とした。ビニル配管のときは1.0倍
　（5）IV線のときは下記の抵抗、リアクタンスを準用する
　　　　IVビニル配管：2C、3Cケーブル　　　IV金属管：1Cケーブル金属管
　（6）ケーブルを2本、3本並列にするときは抵抗・リアクタンスは1/2、1/3とする
　（7）CVTケーブルは1Cケーブル密着を準用する

a. 2C（2心）、3C（3心）ケーブル

図1・8に、単相回路用2Cケーブルと三相回路用3Cケーブルを示す。1相当たりのインダクタンスLはいずれも同じ式で表される。導体間の距離をD[mm]、導体半径をr[mm]とすれば、

$$L = 0.05 + 0.2\ln\frac{D}{r} \quad [\text{mH/km}]$$

Dの寸法は、CVケーブルのとき「導体外形＋2×絶縁体厚さ」で表される。$60\,\text{mm}^2$のとき、内線規程JEAC 8001「資料・各種電線構造表」より$D = 12.3$[mm]、$r = 4.65$[mm]であるから、

$$L = 0.05 + 0.2\ln\frac{12.3}{4.65} \fallingdotseq 0.245 \quad [\text{mH/km}]$$

リアクタンスXは、商用周波数を50 Hzとすれば、

$$X = \omega L = 2\pi \times 50 \times 0.245 \times 10^{-3} \,[\Omega/\text{km}] \fallingdotseq 0.077 \,[\text{m}\Omega/\text{m}]$$

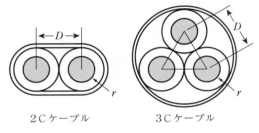

2Cケーブル　　　　3Cケーブル

図1・8　2C、3Cケーブル

b. 1C（単心）ケーブル密着

図1・9のように単相回路用として、単心CVケーブル$60\,\text{mm}^2$ 2本を密着配線すると、

$$D = 15.5 \,[\text{mm}], \quad r = 4.65 \,[\text{mm}]$$

$$L = 0.05 + 0.2\ln\frac{D}{r} = 0.05 + 0.2\ln\frac{15.5}{4.65} \fallingdotseq 0.291\,[\text{mH/km}]$$

$$X = \omega L = 2\pi \times 50 \times 0.291 \times 10^{-3} \,[\Omega/\text{km}] \fallingdotseq 0.091 \,[\text{m}\Omega/\text{m}]$$

CVTケーブルは、トリプレックス形あるいは3個よりとも呼ばれ、単心ケーブルが3本より合わされているから1Cケーブル密着を準用する（図1・6参照）。$60\,\text{mm}^2$では内線規程の構造表より、

導体半径：$r = 4.65$[mm]、線心外径：15.5 mm、より合わせ外形：33 mm

$$D = \frac{より合わせ外形}{2.155} = \frac{33}{2.155} \fallingdotseq 15.3\,[\text{mm}]$$

$$L = 0.05 + 0.2\ln\frac{D}{r} = 0.05 + 0.20\ln\frac{15.3}{4.65} \fallingdotseq 0.288\,[\text{mH/km}]$$

$$X = \omega L = 2\pi \times 50 \times 0.288 \times 10^{-3} \,[\Omega/\text{km}] \fallingdotseq 0.090 \,[\text{m}\Omega/\text{m}]$$

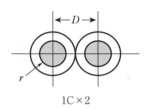

図1・9　1Cケーブル密着

（6）三相短絡電流の計算

　図1・10で示す回路の三相短絡電流を計算する。各部のインピーダンスの求め方などは表1・6に算出手順を示す。％インピーダンス法、オーム法のいずれの方法によっても同じ結果が得られる。概略計算するときは、変圧器と配線のみのインピーダンスとしても大差ない結果が得られる。

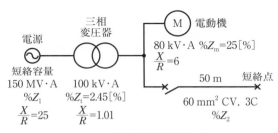

図1・10　低圧三相回路の短絡

	％インピーダンス法	オーム法
高圧電源側の インピーダンスZ_1	電源の短絡容量150 MV・A、$X/R=25$、基準容量を変圧器容量の100 kV・Aとすれば、 $$\%Z_1 = \frac{100 \times 10^3}{150 \times 10^6} \times 100 \fallingdotseq 0.07\,[\%]$$ $$\%R_1 = \frac{0.07}{\sqrt{1+25^2}} \fallingdotseq 0.00\,[\%]$$ $$\%X_1 = \%Z_1 = 0.07\,[\%]$$	基準容量100 kV・A、基準電圧210 Vとすれば、オーム値で表したインピーダンスは％インピーダンスから、 $$Z_1 = \frac{210^2}{100 \times 10^3} \times \frac{0.07}{100} \fallingdotseq 0.31\,[\mathrm{m\Omega}]$$ $$R_1 = 0.00\,[\mathrm{m\Omega}]$$ $$X_1 = Z_1 = 0.31\,[\mathrm{m\Omega}]$$
三相変圧器の インピーダンスZ_t	表1・4から、100 kV・A油入三相変圧器は、 $$\%Z_t = 2.45\,[\%],\quad \frac{X}{R} = 1.01$$ これより、 $$\%R_t = \frac{2.45}{\sqrt{1+1.01^2}} \fallingdotseq 1.72\,[\%]$$ $$\%X_t = \sqrt{2.45^2 - 1.72^2} \fallingdotseq 1.74\,[\%]$$	％インピーダンスをオーム値に換算して、 $$R_t = \frac{210^2}{100 \times 10^3} \times \frac{1.72}{100} \fallingdotseq 7.59\,[\mathrm{m\Omega}]$$ $$X_t = \frac{210^2}{100 \times 10^3} \times \frac{1.74}{100} \fallingdotseq 7.67\,[\mathrm{m\Omega}]$$
電動機の インピーダンスZ_m	電動機の総容量は80 kV・Aとし、$\%Z_m = 25\,[\%]$、$X/R=6$とすれば、（1・5）式から100 kV・Aに換算して、 $$\%Z_m = \frac{100 \times 10^3}{80 \times 10^3} \times 25 = 31.25\,[\%]$$ $$\%R_m = \frac{31.25}{\sqrt{1+6^2}} \fallingdotseq 5.14\,[\%]$$ $$\%X_m = \sqrt{31.25^2 - 5.14^2} \fallingdotseq 30.82\,[\%]$$	％インピーダンスをオーム値に換算して、 $$R_m = \frac{210^2}{100 \times 10^3} \times \frac{5.14}{100} \fallingdotseq 22.67\,[\mathrm{m\Omega}]$$ $$X_m = \frac{210^2}{100 \times 10^3} \times \frac{30.82}{100} \fallingdotseq 135.92\,[\mathrm{m\Omega}]$$
電源総合 インピーダンスZ_e	$$\%Z_e = \frac{(\%Z_1 + \%Z_t)\cdot \%Z_m}{\%Z_1 + \%Z_t + \%Z_m}$$ $$= \frac{(j0.07 + 1.72 + j1.74)(5.14 + j30.82)}{j0.07 + 1.72 + j1.74 + 5.14 + j30.82}$$ $$\fallingdotseq 1.54 + j1.76\,[\%]$$	$$\dot{Z}_e = \frac{(\dot{Z}_1 + \dot{Z}_t)\cdot \dot{Z}_m}{\dot{Z}_1 + \dot{Z}_t + \dot{Z}_m}$$ $$= \frac{(j0.31 + 7.59 + j7.67)(22.67 + j135.92)}{j0.31 + 7.59 + j7.67 + 22.67 + j135.92}$$ $$\fallingdotseq 6.79 + j7.76\,[\mathrm{m\Omega}]$$
ケーブルの インピーダンスZ_2	100 kV・A、210 V基準でオーム値を％インピーダンスに換算して、 $$\%R_2 = \frac{100 \times 10^3 \times 15.15 \times 10^{-3}}{210^2} \times 100$$ $$\fallingdotseq 3.44\,[\%]$$ $$\%X_2 = \frac{100 \times 10^3 \times 4.00 \times 10^{-3}}{210^2} \times 100$$ $$\fallingdotseq 0.91\,[\%]$$	CV、3 Cケーブル60 [mm²]×50 [m]のインピーダンスは表1・5から、 $$R_2 = 0.303 \times 50 = 15.15\,[\mathrm{m\Omega}]$$ $$X_2 = 0.080 \times 50 = 4.00\,[\mathrm{m\Omega}]$$
全インピーダンスZ	$$\%Z = \%Z_e + \%Z_2 = 1.54 + j1.76 + 3.44 + j0.91$$ $$= 4.98 + j2.67\,[\%]$$	$$\dot{Z} = \dot{Z}_e + \dot{Z}_2 = 6.79 + j7.76 + 15.15 + j4.00$$ $$= 21.94 + j11.76\,[\mathrm{m\Omega}]$$
三相短絡電流I_s	$$I_s = \frac{100 \times 10^3}{\sqrt{3} \times 210} \times \frac{100}{\sqrt{4.98^2 + 2.67^2}}$$ $$\fallingdotseq 4\,870\,[\mathrm{A}]$$	$$I_s = \frac{210}{\sqrt{3} \times \sqrt{21.94^2 + 11.76^2} \times 10^{-3}}$$ $$\fallingdotseq 4\,870\,[\mathrm{A}]$$

1.4 三相回路の単相短絡

　三相回路で2つの相が短絡することを**単相短絡**と呼び、図1・11に短絡回路を示す。三相短絡では回路は平衡しているから、一般の三相回路と同じように帰路のインピーダンスはない。しかし、単相短絡では図1・11(b)の等価回路に示すように、**短絡電流はU−V間の線路を往復して流れるから、インピーダンスも2倍になる。**

　このため、三相回路の単相短絡電流I_{s1}は、

$$I_{s1} = \frac{V}{2\sqrt{(R_1 + R_t + R_2)^2 + (X_1 + X_t + X_2)^2}} \, [\text{A}] \tag{1・7}$$

　ここで、三相短絡電流I_sは(1・1)式より、

$$I_s = \frac{V}{\sqrt{3}\sqrt{(R_1 + R_t + R_2)^2 + (X_1 + X_t + X_2)^2}}$$

と求められるから両式より、

$$I_{s1} = \frac{\sqrt{3}}{2} I_s \, [\text{A}] \tag{1・8}$$

　このように三相回路の単相短絡電流は、**三相短絡電流の$\dfrac{\sqrt{3}}{2}$倍**として求めてもよい。

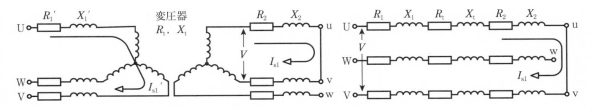

$R_1{}', X_1{}'$：高圧電源側の抵抗とリアクタンス[Ω]
R_1, X_1：高圧電源側の抵抗とリアクタンス[Ω]（変圧器二次換算値）
R_t, X_t：変圧器の抵抗とリアクタンス[Ω]
R_2, X_2：変圧器二次回路の抵抗とリアクタンス[Ω]
V：変圧器二次回路の線間電圧[V]
I_{s1}：変圧器二次回路に流れる単相短絡電流[A]

　　(a) 回路図　　　　　　　　　　　　　　　　(b) 等価回路

図1・11　三相回路の単相短絡

1.5　単相3線式回路の短絡

単相3線式の短絡は、外線間（u−v間）と外線−中性線間（u−n、n−v間）の2通りがある。

（1）外線間の短絡

単相3線式で、外線間（u−v間）で短絡した回路を図1・12に示す。等価回路図1・12（b）より短絡電流 I_{s1} は、

$$I_{s1}=\frac{V}{\sqrt{\{2(R_1+R_2)+R_t\}^2+\{2(X_1+X_2)+X_t\}^2}}\,[\mathrm{A}] \tag{1・9}$$

ここで、短絡電流はU−V間を往復するから、変圧器の一次側と二次側の配線インピーダンスは2倍となるが、変圧器は単相変圧器で1相分のインピーダンスしかない。いま、変圧器のインピーダンスを1/2としてu、v相に分配すれば図1・12（c）より、

$$I_{s1}=\frac{V}{2\sqrt{\left(R_1+\frac{R_t}{2}+R_2\right)^2+\left(X_1+\frac{X_t}{2}+X_2\right)^2}}\,[\mathrm{A}]$$

と表せば、三相回路の単相短絡電流を求める式と同じになる。

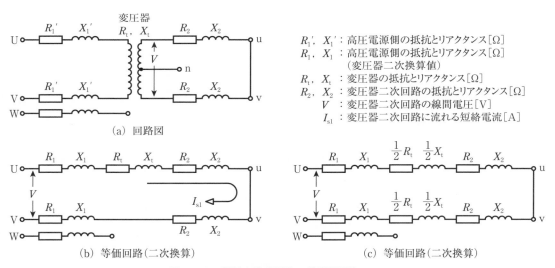

$R_1'、X_1'$：高圧電源側の抵抗とリアクタンス[Ω]
$R_1、X_1$：高圧電源側の抵抗とリアクタンス[Ω]
　　　　　（変圧器二次換算値）
$R_t、X_t$：変圧器の抵抗とリアクタンス[Ω]
$R_2、X_2$：変圧器二次回路の抵抗とリアクタンス[Ω]
V：変圧器二次回路の線間電圧[V]
I_{s1}：変圧器二次回路に流れる短絡電流[A]

（a）回路図
（b）等価回路（二次換算）
（c）等価回路（二次換算）

図1・12　単相3線式回路の外線間短絡

a．単相変圧器のインピーダンス Z_t

単相変圧器のインピーダンス例を表1・7に示す。ここで、外線間の％インピーダンスは、変圧器の全容量と210V基準で表示してあり、外線−中性線間は変圧器の50％容量（外線と中性線間の出力は全容量の1/2）で105V基準となっている。

100kV・A油入単相変圧器は表1・7から、

表 1・7　単相変圧器の％インピーダンス例[*3]

容量 [kV·A]	油入単相変圧器				モールド単相変圧器			
	外線間(210 V)		外線－中性線間(105 V)		外線間(210 V)		外線－中性線間(105 V)	
	%Z	X/R	%Z	X/R	%Z	X/R	%Z	X/R
10	2.66	0.87	1.68	0.51	4.36	1.64	2.43	1.02
20	2.54	1.03	1.57	0.57	4.61	2.17	2.44	1.46
30	2.84	1.52	1.60	0.85	4.62	2.79	2.37	1.84
50	2.68	1.59	1.61	1.00	3.93	1.96	2.21	1.44
75	2.48	1.27	1.57	1.02	3.78	2.23	2.13	1.69
100	2.76	1.49	1.78	1.25	3.92	2.34	2.19	1.74
150	2.75	1.67	1.41	1.08	4.59	3.17	2.61	2.30
200	3.02	2.00	1.56	1.31	4.92	3.53	2.72	2.59
300	3.92	2.82	1.93	1.89	4.91	4.39	2.43	2.83
500	4.26	3.70	2.20	2.23				

注(1)　表示されたインピーダンス値は下記の基準による
　　　外線間：基準容量＝変圧器の全容量、基準電圧＝210 [V]
　　　外線－中性線：基準容量＝変圧器の50％容量、基準電圧＝105 [V]
　(2)　インピーダンス値はメーカー、型式によっても多少異なるので、メーカーに問い合わせるのが望ましい

外線間(u－v間)

$\%Z_t = 2.76 [\%]$、$X/R = 1.49$

$$\%R_t = \frac{\%Z_t}{\sqrt{1+\left(\frac{\%X_t}{\%R_t}\right)^2}} = \frac{2.76}{\sqrt{1+1.49^2}} \fallingdotseq 1.54 [\%]$$

$$\%X_t = \sqrt{\%Z_t^2 - \%R_t^2} = \sqrt{2.76^2 - 1.54^2} \fallingdotseq 2.29 [\%]$$

100 kV·A、210 V 基準でオーム値に換算すれば、

$$R_t = \frac{V^2}{P} \times \frac{\%R_t}{100} = \frac{210^2}{100\times10^3} \times \frac{1.54}{100} \fallingdotseq 6.79\times10^{-3}[\Omega] = 6.79 [m\Omega]$$

$$X_t = \frac{V^2}{P} \times \frac{\%X_t}{100} = \frac{210^2}{100\times10^3} \times \frac{2.29}{100} \fallingdotseq 10.10\times10^{-3}[\Omega] = 10.10 [m\Omega]$$

b. 外線間短絡電流の計算

図 1・13 の単相 3 線式回路で、外線間で短絡したときの電流を (1・9) 式から求める。その手順を表 1・8 に示している。

ここで、

- 単相回路では電動機負荷は少ないので、電動機インピーダンスは考慮しない。
- 変圧器以外のインピーダンスは、表 1・6 の三相短絡電流の計算例を参照。

17

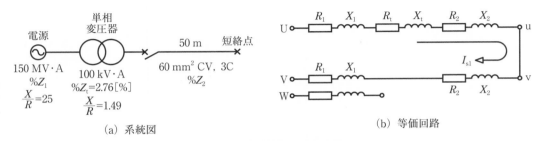

(a) 系統図 　　　　　　　　　　　　　　 (b) 等価回路

図1・13　単相3線式回路の外線間短絡

表1・8　単相短絡電流(外線間)の計算例

	%インピーダンス法	オーム法
高圧電源側の インピーダン ス Z_1	電源の短絡容量150 MV・A、$X/R=25$、基準容量を変圧器容量の100 kV・Aとすれば、 $\%Z_1 = \dfrac{100\times10^3}{150\times10^6}\times100 \fallingdotseq 0.07\,[\%]$ $\%R_1 = \dfrac{0.07}{\sqrt{1+25^2}} \fallingdotseq 0.00\,[\%]$ $\%X_1 = \%Z_1 = 0.07\,[\%]$	基準容量100 kV・A、基準電圧210 Vで、%インピーダンスをオーム値に換算すると、 $R_1 = 0.00\,[\mathrm{m}\Omega]$ $X_1 = \dfrac{V^2}{P}\times\dfrac{\%X_1}{100}$ $= \dfrac{210^2}{100\times10^3}\times\dfrac{0.07}{100} = 0.31\,[\mathrm{m}\Omega]$
単相変圧器の インピーダン ス Z_t	表1・7から、100 kV・A油入単相変圧器の外線間インピーダンスは、 $\%Z_t = 2.76\,[\%]$,　$\dfrac{X}{R}=1.49$ これより、 $\%R_t = \dfrac{2.76}{\sqrt{1+1.49^2}} \fallingdotseq 1.54\,[\%]$ $\%X_t = \sqrt{2.76^2 - 1.54^2} \fallingdotseq 2.29\,[\%]$	%インピーダンスをオーム値に換算して、 $R_t = \dfrac{210^2}{100\times10^3}\times\dfrac{1.54}{100} \fallingdotseq 6.79\,[\mathrm{m}\Omega]$ $X_t = \dfrac{210^2}{100\times10^3}\times\dfrac{2.29}{100} \fallingdotseq 10.10\,[\mathrm{m}\Omega]$
ケーブルの インピーダン ス Z_2	100 kV・A、210 V基準でオーム値を%インピーダンスに換算して、 $\%R_2 = \dfrac{PR_2}{V^2}$ $= \dfrac{100\times10^3\times15.15\times10^{-3}}{210^2}\times100$ $\fallingdotseq 3.44\,[\%]$ $\%X_2 = \dfrac{100\times10^3\times4.00\times10^{-3}}{210^2}\times100$ $\fallingdotseq 0.91\,[\%]$	CV、3Cケーブル60 [mm²]×50 [m]のインピーダンスは表1・5から、 $R_2 = 0.303\times50 = 15.15\,[\mathrm{m}\Omega]$ $X_2 = 0.080\times50 = 4.00\,[\mathrm{m}\Omega]$
全インピーダ ンス Z	$\%Z_1$、$\%Z_2$ は短絡電流が往復するから2倍して、 $\%Z = 2(\%Z_1) + \%Z_t + 2(\%Z_2)$ $= 2\times\mathrm{j}0.07 + (1.54+\mathrm{j}2.29) + 2\times(3.44+\mathrm{j}0.91)$ $= 8.42 + \mathrm{j}4.25\,[\%]$	$\dot{Z} = 2\dot{Z}_1 + \dot{Z}_t + 2\dot{Z}_2$ $= 2\times\mathrm{j}0.31 + (6.79+\mathrm{j}10.10) + 2\times(15.15+\mathrm{j}4.00)$ $= 37.09 + \mathrm{j}18.72\,[\mathrm{m}\Omega]$
単相短絡電流 I_{s1}	$I_{s1} = \dfrac{100\times10^3}{210}\times\dfrac{100}{\sqrt{8.42^2 + 4.25^2}}$ $\fallingdotseq 5\,050\,[\mathrm{A}]$	$I_{s1} = \dfrac{210}{\sqrt{37.09^2 + 18.72^2}\times10^{-3}} \fallingdotseq 5\,050\,[\mathrm{A}]$

（2）外線と中性線間の短絡 *3
a. 外線－中性線間のインピーダンス

単相3線式変圧器の外線－中性線間のインピーダンスは、単純に考えると外線間インピーダンスの1/2に思える。これが正しければ、外線間と、外線と中性線間の短絡電流は等しくなる。しかし、実際にはオーム値で表したインピーダンスは1/2以下である。したがって、単相変圧器の出口で短絡すれば、外線間よりも外線－中性線間のほうが大きな短絡電流となる。図1・14に単相3線式変圧器の結線と、外線－中性線（u－n間）および外線間（u－v間）の等価回路を示す。外線－中性線間のインピーダンスが1/2以下になる理由は次のとおりである。

① 一次巻線の抵抗を二次側に換算したとき、外線－中性線から見た換算抵抗値 $\left(\dfrac{r_1{'}}{n^2}\right)$ は外線間の換算抵抗値 $\left(\dfrac{4r_1{'}}{n^2}\right)$ の1/4になる。

② 一次巻線のリアクタンスも、同じく1/4になる。

③ 外線－中性線の二次巻線抵抗 (r_2) は、外線間 $(2r_2)$ の1/2になる。

④ 外線－中性線の二次巻線リアクタンス (x_2) は、外線間 $\{2x_2(1+k)\}$ の1/2以下になる。

外線間二次巻線のリアクタンスについてさらに説明する。単相3線式変圧器の二次巻線は、同一鉄心にu－n、n－vの2組巻かれている。外線間に短絡電流が流れると、2組の巻線に電流が流れるので、巻線間には相互インダクタンスが生じて自己リアクタンス $2x_2$ に加算され $2x_2(1+k)$ となる。相互インダクタンスは巻線間の結合係数 k によって定まり、k は $0 \leqq k \leqq 1.0$ の範囲にある。では、表1・7の変圧器データより検証してみる。

100 kV・A油入単相変圧器の外線間インピーダンスは表1・8の計算例より、

$$\%R_{\mathrm{t}} = 1.54\,[\%], \quad R_{\mathrm{t}} = 6.79\,[\mathrm{m\Omega}]$$

$$\%X_{\mathrm{t}} = 2.29\,[\%], \quad X_{\mathrm{t}} = 10.10\,[\mathrm{m\Omega}]$$

$$Z_{\mathrm{t}} = \sqrt{R_{\mathrm{t}}^2 + X_{\mathrm{t}}^2} = \sqrt{6.79^2 + 10.10^2} \fallingdotseq 12.17\,[\mathrm{m\Omega}]$$

次に、外線－中性線のインピーダンスは表1・7から、$\%Z_{\mathrm{tn}} = 1.78\,[\%]$、$\dfrac{\%X_{\mathrm{tm}}}{\%R_{\mathrm{tm}}} = 1.25$ であるから、これを105 V、50%容量（50 kV・A）基準の%インピーダンスとオーム値に換算する。

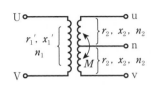

$r_1{'},\ x_1{'}$：変圧器一次巻線の抵抗とリアクタンス[Ω]
$r_2,\ x_2$：変圧器二次巻線の外線－中性線間の抵抗とリアクタンス[Ω]
M：二次巻線間の相互インダクタンス[H]
巻数比 $n = \dfrac{n_1}{n_2}$

（a）回路図

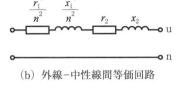

（b）外線－中性線間等価回路

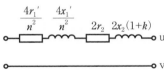

（c）外線間等価回路

図1・14　単相3線式変圧器のインピーダンス

$$\%R_{\mathrm{tn}} = \frac{\%Z_{\mathrm{tn}}}{\sqrt{1 + \left(\dfrac{\%X_{\mathrm{tn}}}{\%R_{\mathrm{tn}}}\right)^2}} = \frac{1.78}{\sqrt{1 + 1.25^2}} \fallingdotseq 1.11\,[\%]$$

$$\%X_{\mathrm{tn}} = \sqrt{\%Z_{\mathrm{tn}}{}^2 - \%R_{\mathrm{tn}}{}^2} = \sqrt{1.78^2 - 1.11^2} \fallingdotseq 1.39\,[\%]$$

$$R_{\mathrm{tn}} = \frac{V^2}{P} \times \frac{\%R_{\mathrm{tn}}}{100} = \frac{105^2}{50 \times 10^3} \times \frac{1.11}{100} \fallingdotseq 2.45 \times 10^{-3} = 2.45\,[\mathrm{m\Omega}]$$

$$X_{\mathrm{tn}} = \frac{V^2}{P} \times \frac{\%X_{\mathrm{tn}}}{100} = \frac{105^2}{50 \times 10^3} \times \frac{1.39}{100} \fallingdotseq 3.06 \times 10^{-3} = 3.06\,[\mathrm{m\Omega}]$$

$$Z_{\mathrm{tn}} = \sqrt{R_{\mathrm{tn}}{}^2 + X_{\mathrm{tn}}{}^2} = \sqrt{2.45^2 + 3.06^2} \fallingdotseq 3.92\,[\mathrm{m\Omega}]$$

これより、外線－中性線間と外線間のインピーダンス比は、

$$\frac{Z_{\mathrm{tn}}}{Z_{\mathrm{t}}} = \frac{3.92}{12.17} \fallingdotseq 0.322$$

となり、50%以下になる。特にリアクタンスは$3.06/10.10 \fallingdotseq 0.30$と比率は小さくなる。これは二次巻線相互の結合係数$k$のためである。

b. 外線－中性線間短絡電流の計算

図1・15の回路で、外線－中性線間（u－n間）での短絡電流を(1・9)式により求める。その手順を表1・9に示す。

計算にあたっての注意点を次に示す。

① 単相変圧器のインピーダンスは、一般的には外線間の値が表示されている。外線－中性線間の値はメーカーに問い合わせないとわからないことが多い。

② ％インピーダンスの表示基準が外線間では「100%容量の210 V」、外線－中性線間では「50%容量の105 V」と異なるのでインピーダンスの大小はオーム値に換算しないとわからない。

③ 変圧器の出口で短絡すると、外線間よりも大きな短絡電流となるが、図1・15のように変圧器二次側の配線が長くなると、外線－中性線間の電圧が外線間の1/2なので外線間の短絡電流よりも小さくなる。

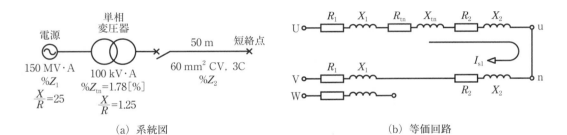

(a) 系統図   (b) 等価回路

図1・15　単相3線式回路の外線－中性線間短絡

	%インピーダンス法	オーム法
高圧電源側のインピーダンスZ_1	電源の短絡容量150 MV・A、$X/R=25$、基準容量は変圧器容量の50%で50 kV・Aとする。 $\%Z_1 = \dfrac{50\times10^3}{150\times10^6}\times100 \fallingdotseq 0.03\,[\%]$ $\%R_1 = \dfrac{0.03}{\sqrt{1+25^2}} \fallingdotseq 0.00\,[\%]$ $\%X_1 = \%Z_1 = 0.03\,[\%]$	基準容量50 kV・A、基準電圧105 Vで、%インピーダンスをオーム値に換算すると、 $R_1 = 0.00\,[\mathrm{m\Omega}]$ $X_1 = \dfrac{V^2}{P}\times\dfrac{\%X_1}{100} = \dfrac{105^2}{50\times10^3}\times\dfrac{0.03}{100}$ 　　$= 0.07\,[\mathrm{m\Omega}]$
単相変圧器のインピーダンスZ_{tn}	100 kV・A油入単相変圧器の外線−中性線間のインピーダンスは表1・7から、 $\%Z_{tn} = 1.78\,[\%]$,　$\dfrac{X}{R} = 1.25$ これより、 $\%R_{tn} = \dfrac{1.78}{\sqrt{1+1.25^2}} \fallingdotseq 1.11\,[\%]$ $\%X_{tn} = \sqrt{1.78^2-1.11^2} \fallingdotseq 1.39\,[\%]$	%インピーダンスをオーム値に換算して、 $R_{tn} = \dfrac{105^2}{50\times10^3}\times\dfrac{1.11}{100} \fallingdotseq 2.45\,[\mathrm{m\Omega}]$ $X_{tn} = \dfrac{105^2}{50\times10^3}\times\dfrac{1.39}{100} \fallingdotseq 3.06\,[\mathrm{m\Omega}]$
ケーブルのインピーダンスZ_2	オーム値を50 kV・A、105 V基準で%インピーダンスに換算すると、 $\%R_2 = \dfrac{PR_2}{V^2} = \dfrac{50\times10^3\times15.15\times10^{-3}}{105^2}\times100 \fallingdotseq 6.87\,[\%]$ $\%X_2 = \dfrac{50\times10^3\times4.00\times10^{-3}}{105^2}\times100 \fallingdotseq 1.81\,[\%]$	CV、3Cケーブル60$[\mathrm{mm}^2]\times50[\mathrm{m}]$のインピーダンスは表1・5から、 $R_2 = 0.303\times50 = 15.15\,[\mathrm{m\Omega}]$ $X_2 = 0.080\times50 = 4.00\,[\mathrm{m\Omega}]$
全インピーダンスZ	$\%Z_1$、$\%Z_2$は短絡電流が往復するから2倍して、 $\%Z = 2(\%Z_1)+\%Z_{tn}+2(\%Z_2)$ 　　$= 2\times j0.03+(1.11+j1.39)+2\times(6.87+j1.81)$ 　　$= 14.85+j5.07\,[\%]$	$\dot{Z} = 2\dot{Z}_1+\dot{Z}_{tn}+2\dot{Z}_2$ 　　$= 2\times j0.07+(2.45+j3.06)+2\times(15.15+j4.00)$ 　　$= 32.75+j11.20\,[\mathrm{m\Omega}]$
単相短絡電流I_{s1}	$I_{s1} = \dfrac{50\times10^3}{105}\times\dfrac{100}{\sqrt{14.85^2+5.07^2}}$ 　　$\fallingdotseq 3\,030\,[\mathrm{A}]$	$I_{s1} = \dfrac{105}{\sqrt{32.75^2+11.2^2}\times10^{-3}} \fallingdotseq 3\,030\,[\mathrm{A}]$

（3）外線と中性線間短絡電流の簡略計算[*5]

　単相変圧器の外線−中性線間のインピーダンスが不明のときは、外線間のインピーダンスに経験的な数値を乗じて外線−中性線間に適用する方法がある。

a. 係数

　外線間のインピーダンスを、外線−中性線間に適用するため次の係数を乗じる。

　　$\%R = \%R_F \times 1.44$

　　$\%X = \%X_F \times 1.20$

ここで、

　　$\%R_F$,　$\%X_F$：外線間容量、外線間電圧210 Vを基準とする%抵抗と%リアクタンス

　　$\%R$　,　$\%X$　：基準容量は外線間容量のまま、電圧は外線−中性線間電圧105 Vを基準とする%抵抗と%リアクタンス

注）この方法は、すべての変圧器の巻線構造に当てはまるとは限らない

b. 計算例

100 kV・A 油入単相変圧器の外線間インピーダンスは表1・8の計算例より、

$$\%R_\mathrm{F} = 1.54\,[\%], \quad \%X_\mathrm{F} = 2.29\,[\%]$$

これを外線-中性線間に変換すると、

$$\%R = 1.54 \times 1.44 \fallingdotseq 2.22\,[\%]$$
$$\%X = 2.29 \times 1.20 \fallingdotseq 2.75\,[\%]$$
$$\%Z = \sqrt{2.22^2 + 2.75^2} \fallingdotseq 3.53\,[\%]$$

短絡電流を概算するため、回路のインピーダンスを変圧器のみとすれば、100% 容量の105 V 基準とする変圧器出口の外線-中性線間の短絡電流 I_s1 は、

$$I_\mathrm{s1} = \frac{100 \times 10^3}{105} \times \frac{100}{3.53} \fallingdotseq 26\,980\,[\mathrm{A}]$$

参考として、100 kV・A 油入単相変圧器の外線-中性線間のインピーダンスより計算する。表1・9の計算例より、外線-中性線間の50 kV・A、105 V 基準で $\%Z_\mathrm{tn} = 1.78\,[\%]$ であるから、

$$I_\mathrm{s1} = \frac{50 \times 10^3}{105} \times \frac{100}{1.78} \fallingdotseq 26\,750\,[\mathrm{A}]$$

となり、ほぼ同じ短絡電流となる。

1.6　∨結線変圧器の短絡

単相変圧器 TR_1 と TR_2 の2台を、図1・16のように接続して三相動力を得る接続方法を∨結線という。併せて、変圧器 TR_2 の中性線を引き出して電灯回路にも供給することができるので、配電線の柱上変圧器や小容量の高圧受電設備にも使用される。このとき、変圧器 TR_2 は動力と電灯に電力を供給するので、動力専用の変圧器 TR_1 よりも容量が大きくなるので、これを異容量∨結線という。

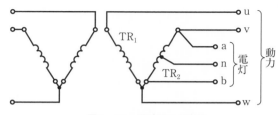

図1・16　異容量∨結線

（1）異容量∨結線の単相短絡

変圧器 TR_2 の v－w 相間で単相短絡したときの様子を図1・17に示す。単相変圧器 TR_1 と TR_2 のインピーダンスはそれぞれ R_t1、X_t1 および R_t2、R_t2 としている。このとき流れる短絡

電流 I_{s1} は、変圧器 TR_2 を通過するから図1・17(b)の等価回路より、

$$I_{s1} = \frac{V}{\sqrt{\{2(R_1+R_2)+R_{t2}\}^2+\{2(X_1+X_2)+X_{t2}\}^2}}\,[\mathrm{A}]$$

と表され、単相変圧器の外線間短絡を示す(1・9)式に等しい。次に u−v 間で短絡すれば、変圧器のインピーダンスは TR_1 と TR_2 の和となるから短絡電流 I_{s1} は次式で求められる。

$$I_{s1} = \frac{V}{\sqrt{\{2(R_1+R_2)+R_{t1}+R_{t2}\}^2+\{2(X_1+X_2)+X_{t1}+X_{t2}\}^2}}\,[\mathrm{A}]$$

ここで%インピーダンスを適用するときは、変圧器 TR_1 と TR_2 の容量が異なるので、どちらかの容量に統一した%インピーダンスとしなければならない。

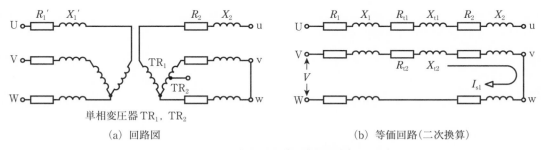

(a) 回路図　　　　　　　　　　　　　　　(b) 等価回路(二次換算)

図1・17　異容量∨結線の単相短絡(v−w相)

（2）異容量∨結線の三相短絡

∨結線の三相短絡では、図1・18でわかるように共通相のc相には変圧器のインピーダンスはないので、不平衡三相回路として短絡電流を計算する。図1・19は図1・18をわかりやすい Ｙ結線の不平衡三相回路に書き換え、相順名も u、v、w から a、b、c に変更している。

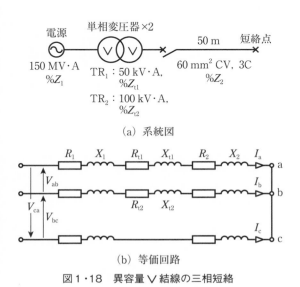

(a) 系統図

(b) 等価回路

図1・18　異容量∨結線の三相短絡

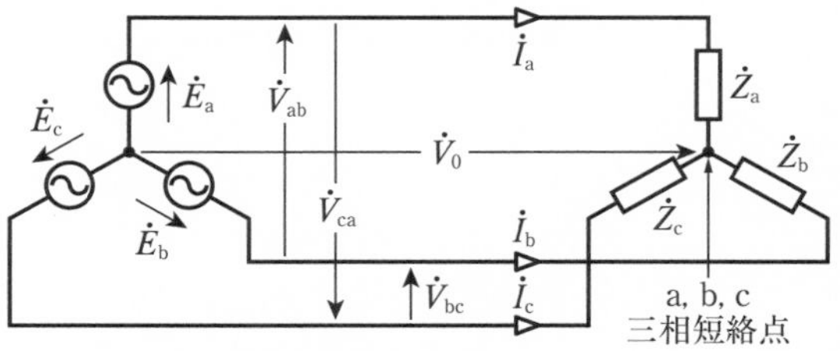

$\dot{E}_a$, $\dot{E}_b$, $\dot{E}_c$：電源の相電圧[V]

$\dot{V}_0$：電源中性点と短絡側の中性点(短絡点)間の電位差で、
　　ベクトルの方向は矢印とする

図1・19　三相不平衡回路

ここで、各相のインピーダンスを次のように表す。

$$\dot{Z}_{\mathrm{a}} = (R_1 + R_{\mathrm{t1}} + R_2) + \mathrm{j}(X_1 + X_{\mathrm{t1}} + X_2)\,[\Omega]$$

$$\dot{Z}_{\mathrm{b}} = (R_1 + R_{\mathrm{t2}} + R_2) + \mathrm{j}(X_1 + X_{\mathrm{t2}} + X_2)\,[\Omega]$$

$$\dot{Z}_{\mathrm{c}} = (R_1 + R_2) + \mathrm{j}(X_1 + X_2)\,[\Omega]$$

図 1・19 より、各相の短絡電流 $\dot{I}_{\mathrm{a}}$、$\dot{I}_{\mathrm{b}}$、$\dot{I}_{\mathrm{c}}$ は、

$$\dot{I}_{\mathrm{a}} = \frac{\dot{E}_{\mathrm{a}} - \dot{V}_0}{\dot{Z}_{\mathrm{a}}}, \quad \dot{I}_{\mathrm{b}} = \frac{\dot{E}_{\mathrm{b}} - \dot{V}_0}{\dot{Z}_{\mathrm{b}}}, \quad \dot{I}_{\mathrm{c}} = \frac{\dot{E}_{\mathrm{c}} - \dot{V}_0}{\dot{Z}_{\mathrm{c}}} \tag{1・10}$$

各相の電流の和は零であるから、

$$0 = \dot{I}_{\mathrm{a}} + \dot{I}_{\mathrm{b}} + \dot{I}_{\mathrm{c}} = \frac{\dot{E}_{\mathrm{a}} - \dot{V}_0}{\dot{Z}_{\mathrm{a}}} + \frac{\dot{E}_{\mathrm{b}} - \dot{V}_0}{\dot{Z}_{\mathrm{b}}} + \frac{\dot{E}_{\mathrm{c}} - \dot{V}_0}{\dot{Z}_{\mathrm{c}}} = \frac{\dot{E}_{\mathrm{a}}}{\dot{Z}_{\mathrm{a}}} + \frac{\dot{E}_{\mathrm{b}}}{\dot{Z}_{\mathrm{b}}} + \frac{\dot{E}_{\mathrm{c}}}{\dot{Z}_{\mathrm{c}}} - \dot{V}_0\left(\frac{1}{\dot{Z}_{\mathrm{a}}} + \frac{1}{\dot{Z}_{\mathrm{b}}} + \frac{1}{\dot{Z}_{\mathrm{c}}}\right)$$

これより、

$$\dot{V}_0 = \frac{\dfrac{\dot{E}_{\mathrm{a}}}{\dot{Z}_{\mathrm{a}}} + \dfrac{\dot{E}_{\mathrm{b}}}{\dot{Z}_{\mathrm{b}}} + \dfrac{\dot{E}_{\mathrm{c}}}{\dot{Z}_{\mathrm{c}}}}{\dfrac{1}{\dot{Z}_{\mathrm{a}}} + \dfrac{1}{\dot{Z}_{\mathrm{b}}} + \dfrac{1}{\dot{Z}_{\mathrm{c}}}}$$

これを (1・10) 式に代入して、a 相の短絡電流は、

$$\dot{I}_{\mathrm{a}} = \frac{\dot{E}_{\mathrm{a}} - \dot{V}_0}{\dot{Z}_{\mathrm{a}}} = \frac{1}{Z_{\mathrm{a}}}\left(\dot{E}_{\mathrm{a}} - \frac{\dfrac{\dot{E}_{\mathrm{a}}}{\dot{Z}_{\mathrm{a}}} + \dfrac{\dot{E}_{\mathrm{b}}}{\dot{Z}_{\mathrm{b}}} + \dfrac{\dot{E}_{\mathrm{c}}}{\dot{Z}_{\mathrm{c}}}}{\dfrac{1}{\dot{Z}_{\mathrm{a}}} + \dfrac{1}{\dot{Z}_{\mathrm{b}}} + \dfrac{1}{\dot{Z}_{\mathrm{c}}}}\right) = \frac{\dot{Z}_{\mathrm{c}}(\dot{E}_{\mathrm{a}} - \dot{E}_{\mathrm{b}}) - \dot{Z}_{\mathrm{b}}(\dot{E}_{\mathrm{c}} - \dot{E}_{\mathrm{a}})}{\dot{Z}_{\mathrm{a}}\dot{Z}_{\mathrm{b}} + \dot{Z}_{\mathrm{b}}\dot{Z}_{\mathrm{c}} + \dot{Z}_{\mathrm{c}}\dot{Z}_{\mathrm{a}}}$$

$\dot{E}_{\mathrm{a}} - \dot{E}_{\mathrm{b}} = \dot{V}_{\mathrm{ab}}$、$\dot{E}_{\mathrm{b}} - \dot{E}_{\mathrm{c}} = \dot{V}_{\mathrm{bc}}$、$\dot{E}_{\mathrm{c}} - \dot{E}_{\mathrm{a}} = \dot{V}_{\mathrm{ca}}$ とすれば、線間電圧を示すから、

$$\dot{I}_{\mathrm{a}} = \frac{\dot{Z}_{\mathrm{c}}\dot{V}_{\mathrm{ab}} - \dot{Z}_{\mathrm{b}}\dot{V}_{\mathrm{ca}}}{\dot{Z}_{\mathrm{a}}\dot{Z}_{\mathrm{b}} + \dot{Z}_{\mathrm{b}}\dot{Z}_{\mathrm{c}} + \dot{Z}_{\mathrm{c}}\dot{Z}_{\mathrm{a}}}\,[\mathrm{A}]$$

同様にして、b、c 相の短絡電流 $\dot{I}_{\mathrm{b}}$、$\dot{I}_{\mathrm{c}}$ は次のように求められる。

$$\dot{I}_{\mathrm{b}} = \frac{\dot{Z}_{\mathrm{a}}\dot{V}_{\mathrm{bc}} - \dot{Z}_{\mathrm{c}}\dot{V}_{\mathrm{ab}}}{\dot{Z}_{\mathrm{a}}\dot{Z}_{\mathrm{b}} + \dot{Z}_{\mathrm{b}}\dot{Z}_{\mathrm{c}} + \dot{Z}_{\mathrm{c}}\dot{Z}_{\mathrm{a}}}\,[\mathrm{A}]$$

$$\dot{I}_{\mathrm{c}} = \frac{\dot{Z}_{\mathrm{b}}\dot{V}_{\mathrm{ca}} - \dot{Z}_{\mathrm{a}}\dot{V}_{\mathrm{bc}}}{\dot{Z}_{\mathrm{a}}\dot{Z}_{\mathrm{b}} + \dot{Z}_{\mathrm{b}}\dot{Z}_{\mathrm{c}} + \dot{Z}_{\mathrm{c}}\dot{Z}_{\mathrm{a}}}\,[\mathrm{A}]$$

$$\left.\vphantom{\begin{array}{c}1\\1\\1\\1\\1\end{array}}\right\} \tag{1・11}$$

[計算例]

図1・18で、TR₁ 50 kV・A と TR₂ 100 kV・A の単相変圧器を∨結線したときの三相短絡電流をオーム法で求める。同図(b)の等価回路に示す各部のインピーダンスを次に示す。

① 高圧電源側のインピーダンスは表1・8の計算例より、

$$R_1 = 0.00 \,[\mathrm{m\Omega}]$$

$$X_1 = 0.31 \,[\mathrm{m\Omega}]$$

② 油入単相変圧器、6 600/210 V

変圧器 TR₁ 50 kV・A の外線間インピーダンスは表1・7より、

$$\%Z_{t1} = 2.68 \,[\%]$$

$$\frac{\%X_{t1}}{\%R_{t1}} = 1.59$$

であるから、

$$\%R_{t1} = \frac{2.68}{\sqrt{1 + 1.59^2}} \fallingdotseq 1.43 \,[\%]$$

$$\%X_{t1} = \sqrt{2.68^2 - 1.43^2} \fallingdotseq 2.27 \,[\%]$$

％インピーダンスをオーム値に変換して、

$$R_{t1} = \frac{210^2}{50 \times 10^3} \times \frac{1.43}{100} \fallingdotseq 12.61 \times 10^{-3} = 12.61 \,[\mathrm{m\Omega}]$$

$$X_{t1} = \frac{210^2}{50 \times 10^3} \times \frac{2.27}{100} \fallingdotseq 20.02 \times 10^{-3} = 20.02 \,[\mathrm{m\Omega}]$$

変圧器 TR₂ 100 kV・A は表1・8の計算例より、

$$R_{t2} = 6.79 \,[\mathrm{m\Omega}], \quad X_{t2} = 10.10 \,[\mathrm{m\Omega}]$$

③ ケーブルのインピーダンス、CV、3 C、60 $[\mathrm{mm}^2] \times 50\,[\mathrm{m}]$ は表1・8の計算例より、

$$R_2 = 15.15 \,[\mathrm{m\Omega}], \quad X_2 = 4.00 \,[\mathrm{m\Omega}]$$

これより各相の短絡時のインピーダンスは、

$$\dot{Z}_a = (R_1 + R_{t1} + R_2) + \mathrm{j}(X_1 + X_{t1} + X_2) = (0.00 + 12.61 + 15.15) + \mathrm{j}(0.31 + 20.02 + 4.00)$$
$$= 27.76 + \mathrm{j}24.33 \,[\mathrm{m\Omega}]$$

$$\dot{Z}_b = (R_1 + R_{t2} + R_2) + \mathrm{j}(X_1 + X_{t2} + X_2) = (0.00 + 6.79 + 15.15) + \mathrm{j}(0.31 + 10.10 + 4.00)$$
$$= 21.94 + \mathrm{j}14.41 \,[\mathrm{m\Omega}]$$

$$\dot{Z}_c = (R_1 + R_2) + \mathrm{j}(X_1 + X_2) = (0.00 + 15.15) + \mathrm{j}(0.31 + 4.00) = 15.15 + \mathrm{j}4.31 \,[\mathrm{m\Omega}]$$

また、線間電圧 $\dot{V}_{ab} = 210\,[\mathrm{V}]$ を基準にとれば $\dot{V}_{bc}$、$\dot{V}_{ca}$ は次のように表される。

$$\dot{V}_{bc} = \dot{V}_{ab}\left(-\frac{1}{2} - \mathrm{j}\frac{\sqrt{3}}{2}\right) \fallingdotseq \dot{V}_{ab}(-0.5 - \mathrm{j}0.866) = 210 \times (-0.5 - \mathrm{j}0.866)$$

$$\dot{V}_{ca} = \dot{V}_{ab}\left(-\frac{1}{2} + \mathrm{j}\frac{\sqrt{3}}{2}\right) \fallingdotseq \dot{V}_{ab}(-0.5 + \mathrm{j}0.866) = 210 \times (-0.5 + \mathrm{j}0.866)$$

これらを(1・11)式の

25

$$\dot{I}_{\mathrm{a}} = \frac{\dot{Z}_{\mathrm{c}} \dot{V}_{\mathrm{ab}} - \dot{Z}_{\mathrm{b}} \dot{V}_{\mathrm{ca}}}{\dot{Z}_{\mathrm{a}} \dot{Z}_{\mathrm{b}} + \dot{Z}_{\mathrm{b}} \dot{Z}_{\mathrm{c}} + \dot{Z}_{\mathrm{c}} \dot{Z}_{\mathrm{a}}}$$

に代入する。ここで、

$$\dot{Z}_{\mathrm{c}} \dot{V}_{\mathrm{ab}} - \dot{Z}_{\mathrm{b}} \dot{V}_{\mathrm{ca}} = 210 \times \{(15.15 + \mathrm{j}4.31) - (21.94 + \mathrm{j}14.41)(-0.5 + \mathrm{j}0.866)\} \times 10^{-3}$$

$$\dot{Z}_{\mathrm{a}} \dot{Z}_{\mathrm{b}} + \dot{Z}_{\mathrm{b}} \dot{Z}_{\mathrm{c}} + \dot{Z}_{\mathrm{c}} \dot{Z}_{\mathrm{a}} = \{(27.76 + \mathrm{j}24.33)(21.94 + \mathrm{j}14.41) + (21.94 + \mathrm{j}14.41)(15.15 + \mathrm{j}4.31)$$
$$+ (15.15 + \mathrm{j}4.31)(27.76 + \mathrm{j}24.33)\} \times 10^{-6}$$

これを計算すれば、

$$\dot{I}_{\mathrm{a}} \fallingdotseq 1\,105 - \mathrm{j}4\,135\,[\mathrm{A}]$$

$$|\dot{I}_{\mathrm{a}}| = 4\,280\,[\mathrm{A}]$$

同様に計算すれば、

$$\dot{I}_{\mathrm{b}} = \frac{\dot{Z}_{\mathrm{a}} \dot{V}_{\mathrm{bc}} - \dot{Z}_{\mathrm{c}} \dot{V}_{\mathrm{ab}}}{\dot{Z}_{\mathrm{a}} \dot{Z}_{\mathrm{b}} + \dot{Z}_{\mathrm{b}} \dot{Z}_{\mathrm{c}} + \dot{Z}_{\mathrm{c}} \dot{Z}_{\mathrm{a}}} \fallingdotseq -4\,345 - \mathrm{j}1\,150\,[\mathrm{A}]$$

$$|\dot{I}_{\mathrm{b}}| = 4\,495\,[\mathrm{A}]$$

$$\dot{I}_{\mathrm{c}} = \frac{\dot{Z}_{\mathrm{b}} \dot{V}_{\mathrm{ca}} - \dot{Z}_{\mathrm{a}} \dot{V}_{\mathrm{bc}}}{\dot{Z}_{\mathrm{a}} \dot{Z}_{\mathrm{b}} + \dot{Z}_{\mathrm{b}} \dot{Z}_{\mathrm{c}} + \dot{Z}_{\mathrm{c}} \dot{Z}_{\mathrm{a}}} \fallingdotseq 3\,240 + \mathrm{j}5\,285\,[\mathrm{A}]$$

$$|\dot{I}_{\mathrm{c}}| = 6\,199\,[\mathrm{A}]$$

　この計算結果を見れば、∨結線の共通相であるc相には変圧器のインピーダンスがないため、他の相よりも大きな短絡電流となることがわかる。変圧器二次側に接続されるケーブルなどが短いほど、この差は大きくなる。

　各相の短絡電流が最も不平衡になるのは変圧器の出口で短絡したときで，c相には最も大きな短絡電流が流れる。これを図1・20に示す。ただし、2台の変圧器は同容量で同インピーダンスとし、電源側のインピーダンスは変圧器のインピーダンスR_{t}、X_{t}よりも小さいとして無視する。図1・20(b)のベクトル図より、a相とb相の短絡電流I_{a}、I_{b}は同じ大きさで60°の位相差を持つから、c相の短絡電流I_{c}はI_{a}、I_{b}の$\sqrt{3}$倍となる。

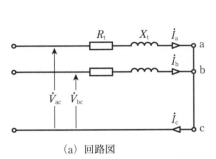

(a) 回路図

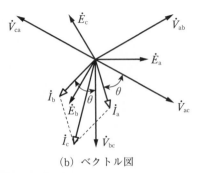

(b) ベクトル図

図1・20　∨結線変圧器の二次出口での三相短絡

1.7　遮断容量選定の考え方

　低圧回路にブレーカを設置するとき、設置点における短絡電流を算出し、それ以上の遮断容量を有する機種を選定するのが原則である。しかし、線路に絶縁された電線、ケーブルなどを使用すれば、線路の途中で短絡することはまず考えられない。このため、線路末端の接続箇所で生じた短絡電流を対象とすれば、短絡電流は線路のインピーダンスで抑制されるから電源側のブレーカは遮断容量の小さな機種を選定することができ、設置スペースも含めて経済的な設備とすることができる。このような考えの下、次のような指針が定められている（内線規程1360-5）。

（1）「JEAC8701低圧電路に使用する自動しゃ断器の必要なしゃ断容量」に基づく選定

　本規定ではブレーカに必要な遮断容量について次のように記されている。

a. 変圧器のバンク容量が300 kV・A以下のとき

　短絡電流をその都度計算するのは煩雑となるため、表1・10により一律に線路の最大短絡電流を想定することができる。したがって、表1・10の最大短絡電流以上の定格遮断電流を持つブレーカを使用すればよい。

表1・10　300 kV・A以下の変圧器から供給される線路の最大短絡電流値

高圧または特別高圧に 接続される変圧器のバンク容量	遮断器の定格電流[A]	最大短絡電流[A]
100 kV・A以下	30以下	1 500
	30超過	2 500
100 kV・A以下・Aを超え、 300 kV・A以下	30以下	2 500
	30超過	5 000

b. 変圧器のバンク容量が300 kV・Aを超えるとき

　300 kV・Aを超えると設備が大きくなるため、個々の回路ごとに次に述べる基準により短絡電流を計算する。図1・21において、

b1　変電室の@低圧主ブレーカ

　変圧器二次側の@主ブレーカから主配電盤の母線までの電路を、短絡が生じないように絶縁電線、ケーブルもしくは導体絶縁したバスダクトを使用すれば、主ブレーカの遮断容量は、主配電盤の母線で短絡したときの短絡電流とする。

注）主ブレーカを取り付けると、定格電流が大きくなるから変圧器一次側の遮断器との過電流保護協調が難しくなる。このため、一般的には母線までの電路が短絡しないように絶縁を配慮して施工し、主ブレーカは省略することが多い。

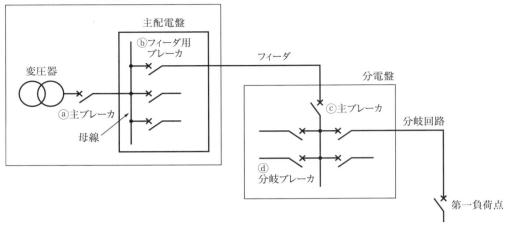

図 1・21 回路図とブレーカの位置

b2 主配電盤の⑥フィーダ用ブレーカ

分電盤に至るフィーダの配線に絶縁電線、ケーブルを使用すれば、分電盤の電源端子で短絡したとき流れる短絡電流とする。

b3 分電盤の©主ブレーカ

©主ブレーカの二次側端子での短絡電流とする。

b4 分電盤の⑨分岐ブレーカ

変圧器のバンク容量が 500 kV·A 以下のときは、表 1・11 により⑨分岐ブレーカの遮断容量を選定する。バンク容量が 500 kV·A 超過のときは、分岐回路の電線の太さにかかわらず 5 000 A とする。ただし、第一アウトレット（第一負荷点）における短絡電流が 5 000 A に達しないときは、その電流値をもって必要な遮断電流とする。

表 1・11 分電盤分岐ブレーカの定格遮断電流

分岐回路の電線の太さ [mm²]	分岐ブレーカの定格遮断電流 [A]
2.0 以下	2 500
2.0 超過	5 000

（2）推奨キュービクルのブレーカ仕様*²

高圧キュービクルのうち、日本電気協会が定める推奨基準を満たす品質と認定されたキュービクルは推奨キュービクルと呼ばれる。このキュービクルに使用するブレーカの遮断容量は表 1・12 を基準としている。表 1・10 よりも大きな遮断電流となっているから、より信頼性の高い設備となる。

表1・12　推奨キュービクルのブレーカ定格遮断電流

ブレーカの定格電流[A]		変圧器の定格容量[kV・A]							
		30	50	75	100	150	200	300	500
三相	50以下	—	5	7.5	7.5	10	10	14	14
	100以下	—	7.5	10	10	14	18	22	22
	225以下	—	7.5	10	10	14	18	22	30
	400以下	—	7.5	10	10	14	18	22	30
	600以下	—	7.5	10	10	14	18	22	30
単相	50以下	5	7.5	10	10	10	14	14	—
	100以下	5	10	10	14	14	18	22	—
	225以下	5	10	14	14	18	22	25	—
	400以下	5	10	14	18	18	22	30	—
	600以下	5	10	14	18	18	22	30	—

200 V回路、単位[kA]

参考文献

＊1　「JEAC 8701　低圧電路に使用する自動しゃ断器に必要なしゃ断容量」　(一社)日本電気協会

＊2　「キュービクル式高圧受電設備　推奨の手引」　(一社)日本電気協会

＊3　「三菱ノーヒューズ遮断器技術資料集」　三菱電機

＊4　カタログ「日立ヒューズフリー遮断器」

＊5　「最新工場配電」72頁　(一社)電気学会

＊6　「電気管理者必携」(公社)東京電気管理技術者協会編　オーム社

＊7　「実務理論シリーズ　線路定数」大崎栄吉 著　新電気2018年6月号付録　オーム社

＊8　「電気設備技術計算ハンドブック」　電気書院

2章 過渡短絡電流

回路を短絡すると、短絡初期には過渡的に大きな短絡電流が流れる。回路に直列に接続された機器にこの大きな過渡電流が流れると、機器は過度な温度上昇と機械的な電磁力を受ける。

2.1　過渡短絡電流の最大波高値

図2・1の回路で、スイッチSを閉じて短絡すると回路の抵抗RとインダクタンスLによって過渡現象が生じる。短絡電流iは過渡現象の解として次のように求められる。

$$i = I_\mathrm{m}\sin(\omega t + \theta - \phi) - I_\mathrm{m}\,\mathrm{e}^{-\frac{R}{L}t}\sin(\theta - \phi)\,[\mathrm{A}] \tag{2・1}$$

ここで、

I_m ：定常短絡電流の最大値[A]，$I_\mathrm{m} = \dfrac{E_\mathrm{m}}{\sqrt{R^2 + X^2}}$

E_m ：回路電圧の最大値[V]

R ：回路の抵抗[Ω]

X ：回路のリアクタンス[Ω]，$X = \omega L$

θ ：投入瞬時$t = 0$における電圧位相（投入角）[rad]

ϕ ：回路の短絡力率角[rad]，$\phi = \cos^{-1}\dfrac{R}{\sqrt{R^2 + X^2}}$

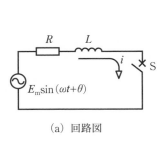

(a)　回路図

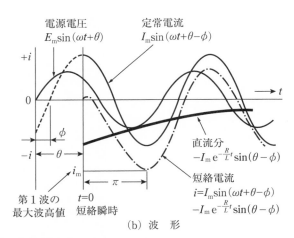

(b)　波　形

図2・1　短絡電流の波形（$\theta - \phi = \pi/2$のとき）

図2・1（b）に、（2・1）式で示す過渡短絡電流の波形を示す。同図は、電圧波形が0からθだけ進んだときにスイッチを投入したもので、θを投入角と呼ぶ。（2・1）式の第1項は、過渡現象が終了した定常時の短絡電流で、ϕは回路の短絡力率角。第2項は過渡的に流れる直流分で、その大きさは$e^{-\frac{R}{L}t}$によって時間とともに減衰して数サイクル程度で消滅する。

これを平易に説明する。電源の位相がθのとき投入すると、回路の電流は位相がϕだけ遅れているので投入$t=0$の瞬間にある電流値まで立ち上がらなければならない。しかし、回路のインダクタンスのために電流は瞬時に立ち上がることはできない。このため、反対方向の直流成分の電流が生じて、結果として両者が打ち消し合い、ゼロから電流がスタートすることができるのである。

過渡短絡電流は、この定常分と直流分の和となる。図2・1（b）でわかるように正負の波形は非対称となり、その最大の波高値は投入後の第1波のときに生じる。過渡短絡電流は、断路器、遮断器、変流器、バスダクトなどに流れるから、この最大波高値によって生じる機械的電磁力に耐えるように設計される。

過渡短絡電流の第1波の波高値は、短絡瞬時の投入角θによって変わる。（2・1）式で、$\theta=\phi$のとき投入すれば電流はゼロから立ち上がるので、第2項の直流分は生じないから過渡短絡電流は定常電流のみとなる。次に波高値が最も大きくなる投入角について検討する。

（1）$\theta-\phi=\pm\pi/2$のとき

（2・1）式より過渡現象が強く出るのは投入角が$\theta-\phi=\pm\pi/2$のときで、図2・1（b）に$\theta-\phi=\pi/2$における過渡短絡電流の波形を示す。直流分も加えた過渡短絡電流の最大の波高値i_mは、投入後の第1波の、すなわち投入後の1/2サイクル（角度ではπ）後に生じることがわかる。

（2・1）式に、$\omega t=\pi$、$\theta-\phi=\pi/2$を代入すると波高値i_mは、

$$i_m=I_m\sin\left(\pi+\frac{\pi}{2}\right)-I_m e^{-\frac{R}{L}\times\frac{\pi}{\omega}}\sin\left(\frac{\pi}{2}\right)=-I_m\left(1+e^{-\frac{\pi R}{X}}\right)[A]$$

過渡短絡電流の定常分電流の実効値をI_Sとおけば、$I_m=\sqrt{2}I_S$であるから、

$$\left|\frac{i_m}{I_S}\right|=\gamma_1=\sqrt{2}\left(1+e^{-\frac{\pi R}{X}}\right) \tag{2・2}$$

上式から、線路定数R、Xと定常時の短絡電流実効値I_Sより、過渡短絡電流の最大波高値i_mを求めることができる。

（2）$\theta=0$またはπのとき

投入角$\theta=0$またはπとは、電源電圧がゼロのときである。回路のインピーダンスは$X>R$のため短絡力率角ϕは大きいので過渡現象も強く出る。図2・2に、$\theta=0$のときを示すが、投入後$(\pi/2)+\phi$経過すると第1波の波高値となる。これが、過渡短絡電流の最大波高値i_mで、（2・1）式に$\omega t=(\pi/2)+\phi$、$\theta=0$を代入すると、

$$i_m=I_m\sin\left(\frac{\pi}{2}+\phi-\phi\right)-I_m e^{-\frac{R}{L}\times\frac{1}{\omega}\times\left(\frac{\pi}{2}+\phi\right)}\sin(-\phi)=I_m\left\{1+e^{-\frac{R}{X}\left(\frac{\pi}{2}+\phi\right)}\sin\phi\right\}[A]$$

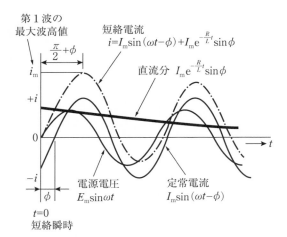

図2・2 短絡電流の波形（$\theta=0$のとき）

表2・1 最大非対称瞬時値係数

短絡力率 $\cos\phi$	γ_1	γ_2
0.0	2.828	2.828
0.1	2.446	2.451
0.2	2.159	2.175
0.3	1.941	1.967
0.4	1.773	1.808
0.5	1.645	1.684
0.6	1.548	1.588
0.7	1.479	1.514
0.8	1.436	1.459
0.9	1.416	1.424
1.0	1.414	1.414

よって、

$$\left|\frac{i_m}{I_S}\right|=\gamma_2=\sqrt{2}\left\{1+e^{-\frac{R}{X}\left(\frac{\pi}{2}+\phi\right)}\sin\phi\right\} \tag{2・3}$$

こうして求められた γ_1、γ_2 は、最大非対称瞬時値係数、あるいは投入容量係数と呼ばれる。高圧遮断器や高圧負荷開閉器では、万が一回路が短絡していても安全に投入する能力が求められるから投入容量係数ともいうのである。

[計算例]

回路の短絡力率が0.3のとき、γ_1 と γ_2 を求める。

$$\cos\phi=0.3=\frac{R}{\sqrt{R^2+X^2}}=\frac{1}{\sqrt{1+\left(\dfrac{X}{R}\right)^2}}$$

これより、

$$\frac{X}{R}=\sqrt{\left(\frac{1}{\cos\phi}\right)^2-1}=\sqrt{\left(\frac{1}{0.3}\right)^2-1}\fallingdotseq3.18$$

$$\phi=\cos^{-1}0.3\fallingdotseq72.5°\fallingdotseq1.265\,[\mathrm{rad}]$$

（2・2）、（2・3）式より、

$$\gamma_1=\sqrt{2}\left(1+e^{-\frac{\pi}{3.18}}\right)\fallingdotseq1.941$$

$$\gamma_2=\sqrt{2}\left\{1+e^{-\frac{1}{3.18}\left(\frac{\pi}{2}+1.265\right)}\sin72.5°\right\}\fallingdotseq1.967$$

表2・1に、回路の短絡力率ごとの係数を示す。これによれば、γ_2 が少し大きくなるがその差は小さいので一般的には γ_1 が多く使用される。表2・1で、係数が最大になるのは短絡力率がゼロのときであるが、実際の回路で短絡力率がゼロ、つまり $R=0$ はあり得ないが理論的には直流分の減衰はないから、（2・2）式と（2・3）式から過渡短絡電流の最大波高値は

$2\sqrt{2} \fallingdotseq 2.828$ になる。また、短絡力率が1.0のときは、線路のリアクタンスはないから過渡現象は生じないので、定常分の最大値 $\sqrt{2} \fallingdotseq 1.414$ に等しい。

2.2 対称値と非対称値

過渡短絡電流には直流分を含むから、その実効値を表すには2通りの方法がある。

a．対称実効値

過渡短絡電流の実効値を、直流分を除いた定常時の電流だけで表すもので、定常時の電流は正負の波形が x 軸に対して対称となるから対称値と呼ぶ。図2・3から、定常時の実効値 I_S は、

$$I_S = \frac{X}{\sqrt{2}} \, [\mathrm{A}] \tag{2・4}$$

b．非対称実効値

直流分も含めた波形で表すため、正負が非対称となるから非対称値と呼ぶ。非対称で表した実効値 I_a は図2・3より、

$$I_a = \sqrt{\left(\frac{X}{\sqrt{2}}\right)^2 + Y^2} \, [\mathrm{A}] \tag{2・5}$$

直流分 Y の値は時間の経過とともに減少するから、基準となる $P-P'$ の位置を明示する必要がある。過去には、配線用遮断器は非対称値で遮断電流を表示していたが、現在では他の遮断器も含めてすべて対称値表示となっている。

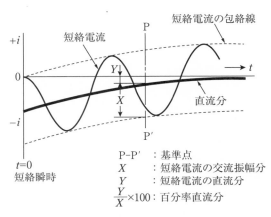

図2・3　短絡電流の表し方

2.3 遮断器の遮断電流

遮断器の定格遮断電流は、直流分を除いた対称実効値で表される。しかし、実際には短絡直後に直流分が含まれるから、遮断器には定格遮断電流よりも大きな遮断能力が必要になる。

（1）配線用遮断器（MCCB）

MCCBの遮断時間は1/2サイクル程度であるが、定格電流が大きくなると1サイクル程度になる。このため、短絡電流は直流分も多く含まれた過渡短絡電流となるから、MCCBはこの電流を遮断しなければならない。最大波高値は、表2・1に示すように回路の短絡力率によって変わる。短絡容量が大きいと、使用する電線、ケーブルも太くなるから、導体抵抗が小さくなり短絡力率は低くなる。このため、過渡短絡電流に含まれる直流分が大きくなる。JIS C 8201-2-1では、MCCBの定格遮断電流ごとに、実際に遮断しなければならない過渡短絡電流の最大波高値として表2・2のように定めている。例えば、定格遮断電流15 kAのMCCBが遮断できる電流波高値は表より15×2＝30［kA］となる。表2・2で示す「最大波高値／定格遮断容量」は表2・1の最大非対称瞬時値係数と同じ意味を持つから、両表はほぼ同じ内容となっている。

表2・2　MCCBの遮断能力[*1]

定格遮断容量I_S （対称実効値[A]）	短絡力率 （$\cos\phi$）	最大波高値[A] / 定格遮断容量[A]
$4\,500 < I_S \leqq 6\,000$	0.70	1.5
$6\,000 < I_S \leqq 10\,000$	0.50	1.7
$10\,000 < I_S \leqq 20\,000$	0.30	2.0
$20\,000 < I_S \leqq 50\,000$	0.25	2.1
$50\,000 < I_S$	0.20	2.2

（2）高圧遮断器

高圧遮断器は、MCCBより遮断時間が長いから過渡短絡電流の直流分の影響は少なくなる。しかし、配電用変電所に近い需要家では短絡力率が低くなるから直流分の減衰に時間がかかることになる。高圧遮断器については、JIS C 4603では図2・4に示すように「過電流継電器のリレー時間＋遮断器の開極時間」によって定まる直流分を含有した短絡電流を遮断することと定めている。図2・4は、我が国の配電系統の実態に沿った直流分の減衰特性とされ、**動作時間の早い遮断器ほど、直流分を多く含む過渡電流を遮断しなければならない。**

遮断器は、過電流継電器の信号が入力して遮断器の接触子が開離し始めるまでの時間を開極時間といい、開離を始めてから電流を遮断完了するまでがアーク時間で、その合計を遮断時間という。現在、一般的に使用されている真空遮断器（VCB）は遮断時間が3サイクルであり、その開極時間は25〜30 msである。開極時間を25 msとすれば、リレー時間は

図2・4より15 msで合計40 msとなる。このとき、直流分の含有率は図2・4より40%であるから、高圧遮断器はこの直流を含んだ電流を遮断しなければならない。

[計算例]

直流分含有率40%の短絡電流を非対称実効値I_aで表してみる。(2・4)、(2・5)式より、

$$I_a = \sqrt{\left(\frac{X}{\sqrt{2}}\right)^2 + Y^2} = \frac{X}{\sqrt{2}}\sqrt{1 + 2\left(\frac{Y}{X}\right)^2}$$

ここで、(2・4)式より$\frac{X}{\sqrt{2}}$は対称実効値I_Sを示し、図2・3より$\frac{Y}{X}$は直流分の含有率0.4（40%）であるから、

$$I_a = I_S \left(\sqrt{1 + 2 \times 0.4^2}\right) \fallingdotseq 1.15 I_S \, [A]$$

このように、非対称実効値I_aは対称実効値I_Sの1.15倍になる。

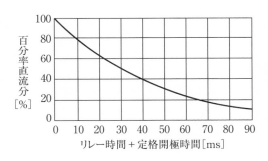

〈リレー時間〉

定格遮断時間 [サイクル]	リレー時間 [ms]
3	15
5	30

（注）百分率直流分
$= \dfrac{Y}{X} \times 100$

（図2・3参照）

図2・4　直流分の減衰曲線[*2]

2.4　高圧機器の短時間耐量

　高圧回路に直列に接続される機器には短絡電流が流れるから、短絡電流が遮断するまでは、短絡電流による温度上昇（熱的強度）と、機械的電磁力（機械的強度）に耐えなければならない。これを短時間耐量といい、表2・3に示すようにJIS[*2]に定められている。

（1）遮断器、断路器、負荷開閉器

ａ．熱的強度

　表2・3に示すように、機器ごとに定格短時間耐電流が定められ、通電時間は1秒間となっている。定格短時間耐電流は、遮断器（VCB）では定格遮断電流に等しく、断路器（DS）と負荷開閉器（LBS）は短絡電流を遮断できないので、配電系統の公称短絡電流（12.5 kA、8.0 kA）に等しい電流値とされている。

表2・3 主要機器の短時間耐量

機器	定格電流 [A]	定格遮断電流 (対称実効値 [kA])	熱的強度 定格短時間耐電流×時間 (対称実効値[kA])	機械的強度 (波高値[kA])	定格投入電流 (波高値[kA])
遮断器 (CB)	400，600	8.0	8.0×1秒間	8.0×2.5	20
	400，600	12.5	12.5×1秒間	12.5×2.5	31.5
断路器 (DS)	200	—	8.0×1秒間	8.0×2.5	—
	400，600	—	12.5×1秒間	12.5×2.5	—
負荷開閉器 (PAS，LBS)	200	—	8.0×1秒間	20	20
	300，400	—	12.5×1秒間	31.5	31.5
変流器 (CT)		—	定格一次電流× 定格過電流強度 ×1秒間	左記電流×2.5	—

b．機械的強度

短絡電流による機械的電磁力の最大は、短絡して1/2サイクル後の最大波高値のときに生じる。我が国の配電系統では図2・4から、1/2サイクル後（10 ms）の直流分の含有率は0.8であるから(2・2)式より最大非対称瞬時値係数γは、

$\gamma = \sqrt{2}\,(1+0.8) \fallingdotseq 2.5$

これより、機械的強度の基準となる波高値は表2・3のように公称短絡電流の2.5倍とされる。負荷開閉器については、系統の公称短絡電流×2.5に相当する電流値（12.5 kA系統では31.5 kA）で表示されている。

c．投入容量

遮断器、負荷開閉器は回路の開閉を行うため、回路が短絡状態でも安全に投入できなければならない。このため、短絡電流の最も大きな値である最大波高値に等しい電流が、定格投入電流と定められている。したがって、定格投入電流と機械的強度は等しい電流値である。

d．機器の選定

遮断器では、系統の短絡電流以上の定格遮断容量のものを、他の機器では系統の短絡電流以上の定格短時間耐電流の機種を選定する。高圧配電線の公称短絡電流を12.5 kAとすれば、定格遮断電流または定格短時間耐電流が12.5 kA以上の機種を選定すればよいことになる。断路器は、開閉能力がないが短絡電流は通過するため、熱的強度と機械的強度を満たす定格電流のものを選定する。

（2）高圧回路の変流器（CT）

a．熱的強度

変流器の短時間電流を定格耐電流と呼び、

定格耐電流＝CTの定格一次電流×定格過電流強度

で表され通電時間は1秒間である。定格過電流強度の標準は40、75、150、300倍となっている。実際に短絡電流が流れると、過電流継電器と遮断器の動作時間の合計は1秒間よりもかなり

短い。短絡電流によって変流器内に生じるジュール熱はI^2tに比例するから、通電時間が短いほど大きな短絡電流を流すことができる。このため、通電時間をt秒としたときの短絡電流を次のように表すことができる。

$$(定格耐電流)^2 \times 1秒間 = (短絡電流)^2 \times t$$

b．機械的強度

遮断器と同様に、定格耐電流の2.5倍の波高値を基準としている。すなわち、CTの定格一次電流×定格過電流強度×2.5倍となる。これよりCTの選定基準は、

CTの定格一次電流×定格過電流強度×2.5＝短絡電流の最大波高値

c．変流器の選定

配電系統の短絡電流と通電時間を次のように考える。

c1　配電系統の短絡電流

短絡電流を12.5 kAとすれば、最大波高値は12.5×2.5＝31.25〔kA〕となる。

c2　短絡電流の通電時間

遮断器の遮断時間を3サイクル(50 Hz)、過電流継電器の瞬時要素の動作時間を50 ms、余裕時間を15 msとすれば合計で0.125秒となる。変流器の定格一次電流を40 Aとし、変流器に必要な定格過電流強度Dを熱的強度と機械的強度についてそれぞれ求める。

c3　熱的強度

$$(40 \times D)^2 \times 1 = (12.5 \times 10^3)^2 \times 0.125$$
$$\therefore \ D \fallingdotseq 110$$

c4　機械的強度

$$D = \frac{短絡電流の最大波高値}{変流器定格一次電流 \times 2.5} = \frac{12.5 \times 10^3 \times 2.5}{40 \times 2.5} = 312.5$$

この結果、変流器の過電流強度は、熱的強度よりも機械的強度がより大きく要求され、標準の300倍でも不足することになる。ここで、変流器の定格一次電流を40 Aから50 Aに変更すれば、

$$D = \frac{12.5 \times 10^3 \times 2.5}{50 \times 2.5} = 250$$

このように、変流器の定格一次電流を大きく選定すれば、定格過電流強度を低く抑えることができる。

さて、高圧回路に使用されるモールド形変流器の実力は規格値の3倍程度ともいわれ、カタログなどに記載されていることがある。この実力値から選定すれば経済的となる。

定格一次電流40 A、定格過電流強度150倍のモールド変流器の実力値を、

熱的強度　　：通電時間0.13秒、

　　　　　　　　電流値13.44 kA

機械的強度：波高値33.6 kA

と記載されている機種がある。定格過電流強度は150倍ではあるが、実力値は必要な仕様を満足していることがわかる。

d．高圧キュービクル用変流器

　変流器を選定するには、ここで述べた過電流強度のほかに定格負担や過電流定数なども考慮しなければならないので面倒である。このため、JIS C 4620「キュービクル式高圧受電設備」のなかに付属書として、キュービクルに使用するモールド形変流器の仕様が規定されている。配電線の実態に基づいた仕様となっているため、変流器の選定は容易になる。

①　定格耐電流（対称実効値）は、変流器一次定格電流の大小にかかわらず配電系統の公称短絡電流の等しい12.5 kA または8 kA としている。

②　機械的強度は、定格耐電流の2.5倍の波高値を基準とする。

③　熱的強度は、定格耐電流に等しい電流値で通電時間は表2・4の保証時間とする。短絡電流は、過電流継電器の動作時間と遮断器の遮断時間の合計時間で遮断される。このため、キュービクル用変流器では、実態に合わせて表2・4のように通電時間を定め、これを保証時間と呼んでいる。表2・5にキュービクル用変流器の仕様を示す。

表2・4　キュービクル用変流器の保証時間

遮断器の定格遮断時間 ［サイクル］	過電流継電器の 瞬時要素動作時間［秒］	余裕時間 ［秒］	耐電流の保証時間 ［秒］
3	0.05	0.015	0.125
5	0.05	0.010	0.160

表2・5　キュービクル用変流器の仕様

項目		仕様
一次電流	［A］	20, 30, 40, ……200
二次電流	［A］	5
最高電圧	［kV］	6.9
耐　電　流	［kA］	8, 12.5
耐電流の保証時間	［s］	0.125, 0.160, 0.25
過電流定数 n		$n>10$
負　　担	［V・A］	10, 25, 40

注（1）　耐電流の保証時間0.125 sは3サイクル、0.160 sは5サイクル遮断器用とする。0.25 sは特殊用
　　（2）　過電流継電器が静止形のときは負担10 V・A、誘導円板形は25 V・Aとし、実負担が25 V・Aを超えるときは40 V・Aを使用する

参考文献

＊1　JIS C 8201-2-1「配線用遮断器及びその他の遮断器」

＊2　JIS C 4603「高圧交流遮断器」
　　　JIS C 4606「屋内用高圧断路器」
　　　JIS C 4607「引外し形高圧交流負荷開閉器」
　　　JIS C 1731-1「計器用変成器　第1部：変流器」

＊3　「電力用遮断器」　（一社）電気学会

＊4　「三菱ノーヒューズ遮断器技術資料」　三菱電機

3章 高圧受電設備の過電流保護協調

高圧受電設備の構内で短絡事故により過電流が流れたとき、電力会社の配電用変電所（配変）よりも高圧受電設備の保護装置が先行動作して高圧配電線が線路停止する、いわゆる波及事故を防ぐことが求められる。

一方、高圧受電設備でも、高圧回路には真空遮断器（VCB）と電力ヒューズ（PF、限流ヒューズともいう）、低圧回路には配線用遮断器（MCCB）などの過電流保護機器があり、それぞれの保護協調を図ることにより事故を最小区間に留めることができる。

3.1 小規模受電設備の過電流保護協調

電灯変圧器と動力変圧器の合計容量が300 kV・A以下の小規模受電設備では、電力ヒューズと負荷開閉器を組み合わせた高圧負荷開閉器（LBS）を主遮断装置として使用することができる。VCB設備に比べると、構成機器が簡素化され経済的となるので300 kV・A以下の受電設備では主流となっている。

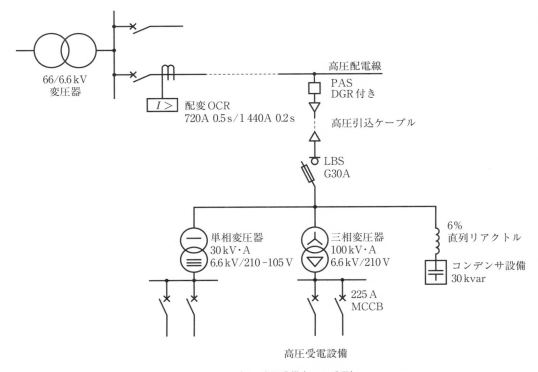

図3・1 高圧受電設備（LBS受電）

保護機能は、短絡事故は電力ヒューズで、地絡事故は受電点に設置した高圧負荷開閉器（PAS・UGS）がそれぞれ分担して行うのが一般的である。高圧側の電圧、電流、電力などの計測は簡素化のため省略することが多い。受電設備の構成例を図3・1に示す。

（1）電力ヒューズ（PF）

電力ヒューズは、短絡電流がヒューズを通過するとき、高いアーク抵抗を発生させて短絡電流を強制的に小さく限流して遮断するので**限流ヒューズ**とも呼ばれる。限流の様子を図3・2に示すが、遮断時間は5～10 msと非常に早いため、限流された短絡電流のエネルギーは小さく抑制される。このため、回路および機器の熱的・機械的強度は小さくてよく、経済的に設計できるから短絡保護用として広く使用される。遮断電流は40 kA仕様となっているので配電系統（標準短絡電流12.5 kA）に適用しても十分な能力を有している。

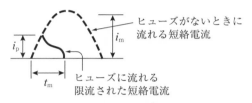

i_m：短絡電流（最大値）
i_p：限流値（波高値）
t_m：遮断時間

図3・2　電力ヒューズの遮断特性

一方、電力ヒューズの小電流領域では、動作時間が長くなりバラツキも大きいため、短絡保護と過負荷保護を両立させることは難しい。**過負荷保護は、サーマルリレーなどによって行うのが望ましい。**

（2）配変過電流継電器（OCR）との保護協調

LBSを主遮断装置として使用するとき、電力ヒューズと一般的な配変OCRとの保護協調例を図3・3に示す。高圧変圧器の合計容量を300 kV・A（例えば、三相200 kV・Aと単相100 kV・A）とすれば、電力ヒューズの電流定格はG60（T40，C40）A程度となる。同図に示すように、配変OCRと電力ヒューズの動作時間差は十分にあるから、協調は取れていることがわかる。

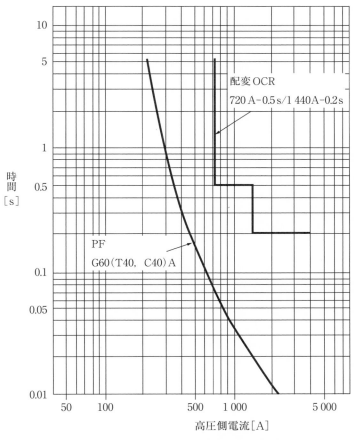

図3・3　PFと配変OCRの協調図

3.2　中規模受電設備の過電流保護協調

　高圧変圧器の合計容量が300 kV・Aを超えると、受電用主遮断器にはVCBが使用され、OCRにより配変との過電流協調が図られる。図3・4の高圧受電設備を例にとり検討を進める。

（1）高圧変流器（CT）の選定
　CTの一次定格電流は、電流計の指針が中央部に来るように選定すれば見やすいので、全負荷電流の1.5倍程度が目安となる。全負荷電流を事前に予想することが難しいので、一般的には電力会社で用いられた設備契約電力の表3・1を基準とすることが多い。図3・4の受電設備では、変圧器の合計容量が400 kV・Aであるから、表3・1より設備契約電力は245 kWとなる。CTの定格一次電流は、

$$\frac{245\times10^3}{\sqrt{3}\times6.6\times10^3}\times1.5\fallingdotseq32\,[\mathrm{A}]$$

これより、CTは直近上位の40/5Aとなるが、ここでは大きめとすれば保護協調が取りやすいので50/5AのCTを選定する。

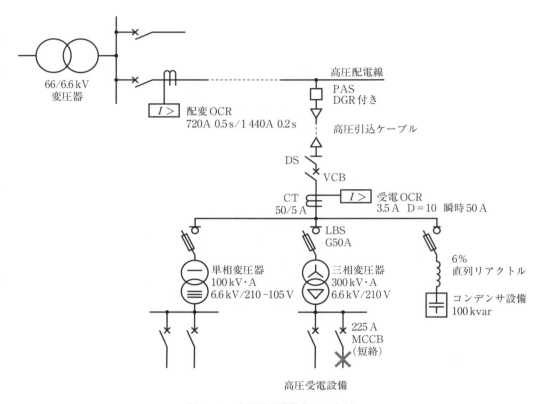

図3・4　高圧受電設備（VCB受電）

表3・1　設備契約電力

変圧器の合計容量 P [kV・A]	設備契約電力 [kW]
$50\leq P\leq100$	0.7P+　5
$100< P\leq300$	0.6P+　15
$300< P\leq600$	0.5P+　45
$600< P$	0.4P+105

（2）OCRの整定

受電設備の過負荷、短絡事故はCTの二次側に設置されたOCRによって検出される。受電OCRは、上位の配変OCRおよび下位の電力ヒューズや低圧MCCBとの動作協調を図って整定しなければならない。

a. 限時要素

　限時要素は、過負荷領域で電力ヒューズや低圧MCCBとの間で動作協調が取れるように整定する。通常、OCRの限時特性は超反限時特性が使用されている。これは、電力ヒューズや低圧MCCBの動作特性と似ているので動作協調が取りやすいためである。図3・5の受電OCRの過負荷領域（高圧電流で瞬時要素の整定電流500 A以下の領域）は超反限時特性を示している。限時要素の電流タップは、通常全負荷電流の1.5倍程度とするから、245 kWの設備契約電力に対するCT二次電流は、

$$\frac{245 \times 10^3}{\sqrt{3} \times 6.6 \times 10^3} \times \frac{5}{50} \times 1.5 \fallingdotseq 3.2\,[\mathrm{A}]$$

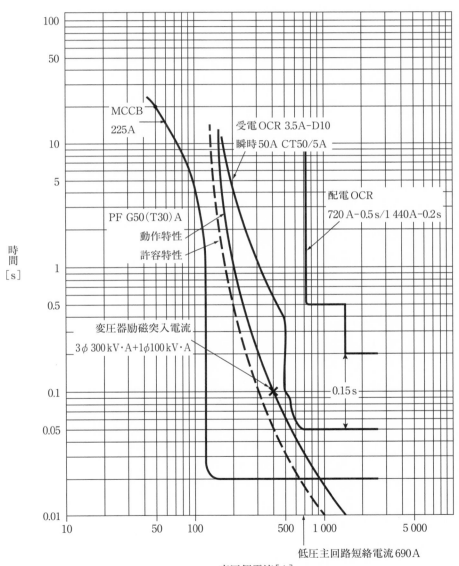

図3・5　過電流協調図

これより、電流タップは直近の3.5 Aとする。限時要素のダイヤルは、電力ヒューズや低圧MCCBとの協調を考慮してダイヤル10としている。図3・5に、配変OCR、受電OCR、電力ヒューズ、低圧MCCBとの過電流協調図を示す。本図では、受電OCRの過負荷領域については配変OCRと電力ヒューズ(PF)および低圧MCCBの動作特性曲線との重複はなく、保護協調が取れていることがわかる。

b. 瞬時要素

瞬時要素は、短絡領域で動作するので、配変OCRとの保護協調を図るうえで最も重要な役割を果たす。瞬時要素は、電流タップは調整できるが動作時間はJIS C 4602によって一律に**50 ms以下**と定められている。電流タップは、通常全負荷電流の10〜15倍とされるが、ここでは図3・5の協調図より、電力ヒューズ(PF)の動作特性と重複しないように大きめの50 Aとしている。

瞬時要素の整定にあたっては、変圧器の励磁突入電流によって誤動作しないようにしなければならないが詳細は後述する。

（3）配変OCRとの保護協調

受電OCRは、波及事故を防止するためすべての電流領域で配変OCRよりも先行動作することが求められる。

これを図3・6で説明する。同図では、配変OCRの代表的な特性例(関東地区)として、第1限時区間720 A-0.5秒、第2限時区間1 440 A-0.2秒の2段階の限時を示している。慣性特性を0.9とすれば、配変OCRの動作幅は、

t_1：第1限時区間　　$0.5 \times (1-0.9) = 0.05$ [s]

t_2：第2限時区間　　$0.2 \times (1-0.9) = 0.02$ [s]

注）慣性特性：OCRの入力が整定動作時間以内で消失しても、慣性のため動作する限界をいう。第1限時区間ではOCRが動作する最短入力時間は$0.5-0.05=0.45$ [s]、第2限時区間では$0.2-0.02=0.18$ [s]となる。

次に、受電用遮断器には3サイクル真空遮断器(VCB)が使用されるから、

t_3：VCBの遮断時間(50 Hz)　　0.06 [s]

配変OCRと受電OCRの動作時間差に協調上の余裕時間t_0を見込む。

t_0：0.03 s

これより、両OCR間で協調が取れる最小の動作時間差は図3・6より、

第1限時区間　　$T_1 = t_1 + t_0 + t_3 = 0.05 + 0.03 + 0.06 = 0.14$ [s]

第2限時区間　　$T_2 = t_2 + t_0 + t_3 = 0.02 + 0.03 + 0.06 = 0.11$ [s]

つまり、配変OCRと受電OCRの過電流協調は、両者のOCR特性から求められる動作時間差T_1とT_2が0.14 s、あるいは0.11 s以上確保されることを確認すればよい。

さてこれを図3・5に当てはめると、T_1とT_2の時間差が十分あるので動作協調が取れていることがわかる。VCBを使用する小規模な受電設備では、配変OCRとの過電流協調については問題になることは少ない。

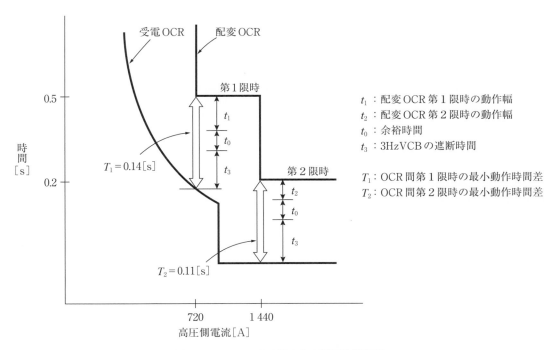

t_1：配変OCR第1限時の動作幅
t_2：配変OCR第2限時の動作幅
t_0：余裕時間
t_3：3HzVCBの遮断時間

T_1：OCR間第1限時の最小動作時間差
T_2：OCR間第2限時の最小動作時間差

図3・6　OCRによる配変との過電流協調図

（4）変圧器の励磁突入電流

　変圧器を電源に投入すると過渡的な励磁突入電流が流れる。変圧器の容量、電源系統、投入時の電源位相によって異なり、投入瞬時には小容量変圧器では定格電流の数十倍に達するが、時間の経過とともに減衰する。受電OCRの瞬時要素の整定が小さいと、励磁突入電流によってOCRが誤動作することがある。

　励磁突入電流は、投入時の電源位相によって異なるため投入ごとに電流値が変わる。投入電流を求めるには種々の方法があるが、ここでは簡便な方法として一律に「**突入電流は変圧器定格電流の10倍の電流が0.1秒間継続して流れる**」とする（12章の7参照）。

　図3・4の変圧器容量より、

　300 kV・A 三相変圧器

$$\frac{300 \times 10^3}{\sqrt{3} \times 6.6 \times 10^3} \times 10 \fallingdotseq 262\,[\mathrm{A}]$$

　100 kV・A 単相変圧器

$$\frac{100 \times 10^3}{6.6 \times 10^3} \times 10 \fallingdotseq 152\,[\mathrm{A}]$$

　これより、変圧器の励磁突入電流は合計した414[A]×0.1[s]として図3・5に示している。受電用OCRとの動作領域の重複はないので、OCRの誤動作のおそれはない。

（5）低圧MCCB二次側直下での短絡

母線に接続された低圧MCCBの二次側直下で短絡したとき、MCCBが上位の電力ヒューズや受電OCRよりも先行動作して、停電区間をMCCBの二次側に限定することが望ましい。しかし、MCCBの容量が大きくなるとPFや受電OCRとの協調が取れなくなる。このため、低圧母線の絶縁を強化するなどして、母線での短絡事故防止を図ったうえで、容量の大きな主幹MCCBを省略することが多い。図3・4でも、主幹MCCBは省略し動力用分岐MCCBは225 Aとしている。

ここで、分岐MCCBの二次側直下で短絡したときの過電流協調について検討する。図3・4で、電源の短絡容量を150 MV・A、300 kV・A三相変圧器の%インピーダンスを3.6%とすれば、合計の%インピーダンスは、

$$3.6 + \frac{300 \times 10^3}{150 \times 10^6} \times 100 ≒ 3.8 \, [\%]$$

MCCB二次側の短絡電流I_sを高圧側に換算して求めると、

$$I_s = \frac{300 \times 10^3}{\sqrt{3} \times 6.6 \times 10^3} \times \frac{100}{3.8} ≒ 690 \, [A]$$

この電流値を図3・5に当てはめると、

OCR ：瞬時要素は動作する。動作時間は50 ms以下であるが、慣性特性はJISには定められていないので最短動作時間はわからない。

PF ：許容特性が重複する。

MCCB：短絡領域での遮断時間は0.5～1 Hz程度、ここでは20 ms（1 Hz）とした。

このように、**MCCB直下で短絡すると大きな短絡電流となり、OCR・PF・MCCBの動作時間が短時間の中で重複するため、動作協調を取ることが難しくなる。**このため、MCCB二次側の絶縁を強化して短絡させないことが重要になる。

なお、MCCBにケーブルなどが接続されると、ケーブル以降の短絡についてはケーブルのインピーダンスにより短絡電流は抑制されるから、MCCBの先行動作が可能となる。

3.3　大規模受電設備の過電流保護協調

受電設備の容量が大きくなると、配変OCRと受電OCRの動作領域が接近するため、契約電力が500 kWを超えると過電流協調図を作成して、配変との協調を電力会社と協議する必要がある。

図3・7に過電流協調図の例を示す。

受電設備　　　　：変圧器合計1 800 kV・A、契約電力765 kW、CT比　150/5 A

OCR整定値　　　：限時要素4 A-D1.0、瞬時要素50 A

配変OCR整定値：第1限時720 A-0.5秒、第2限時1 440 A-0.2秒

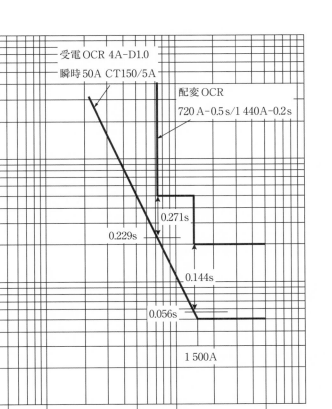

図3・7　大規模設備の過電流協調図

（1）配変OCRとの保護協調

受電OCRの瞬時要素が50 A整定であるから、高圧側に換算すると、

$50 \times 150/5 = 1\,500\,[\text{A}]$

この電流値は、配変OCRの第2限時整定値1 440 Aよりも大きいため、短絡領域では受電用OCRの動作特性が配変OCR特性の下部に収まるように限時要素のダイヤルを調整する。図3・7は、ダイヤルを1に設定したときの協調図で、配変OCRとの協調時間差は次のように確認できる。

① 配変OCR　第1限時720 A-0.5秒に対して

受電用OCRは超反限時特性であるから、限時要素の動作時間tは次式のように表される。

$$t = \frac{80}{\left(\dfrac{電流}{限時タップの電流値}\right)^2 - 1} \times \frac{ダイヤル値}{10}\,[\text{s}]$$

ここで、

電流：高圧側の短絡電流[A]

限時タップの電流値：整定タップ値×CT比 = 4×150/5 = 120 [A]

短絡電流が720 A流れたとき、受電OCRの動作時間 t は上式より、

$$t = \frac{80}{\left(\frac{720}{120}\right)^2 - 1} \times \frac{1}{10} \fallingdotseq 0.229 \, [\mathrm{s}]$$

配変OCRと受電OCRとの動作時間差 T_1 は、

$$T_1 = 0.5 - 0.229 = 0.271 \, [\mathrm{s}]$$

② 配変OCR 第2限時 1 440 A-0.2秒に対して

$$t = \frac{80}{\left(\frac{1\,440}{120}\right)^2 - 1} \times \frac{1}{10} \fallingdotseq 0.056 \, [\mathrm{s}]$$

配変OCRと受電OCRとの動作時間差 T_2 は、

$$T_2 = 0.2 - 0.056 = 0.144 \, [\mathrm{s}]$$

これは、図3・6の最小動作時間差 T_1=0.14 [s]、T_2=0.11 [s]をいずれも上回っているので、配変との協調が取れていることがわかる。

（2）受電OCRと変圧器励磁突入電流

配電線が事故などにより停電したとき、小規模な受電設備ではVCBやLBSなどの主開閉器は、機械的に保持して投入状態を継続している。配電線が復旧すると、そのまま再受電となる。しかし、大規模受電設備では変圧器の台数が多いため、**変圧器の励磁突入電流により受電OCRが誤動作して再び停電となり、人手により再操作しないと停電が継続する**。これを避けるため、遮断器は電動式として停電すると受電設備の低電圧リレーが動作して遮断器を開放し、線路が復旧するとタイマにより変圧器は数ブロックごとに順次投入される。

3.4 電力ヒューズによる機器の保護[1~3]

電力ヒューズは、小規模受電設備の主遮断器として使用されるほかに、変圧器やコンデンサの保護用として広く使用される。電力ヒューズは、負荷電流を安全に通電し、短絡電流に対しては確実に遮断するとともに、変圧器やコンデンサの突入電流には、ヒューズの劣化による溶断が起きないように選定しなければならない。

ヒューズの特性は、通過電流と時間の関係で表され次の3種類がある。

① 許容特性

ヒューズに、一定の電流を繰り返して（JISでは100回）通電しても溶断しない限界の電流を示す。**変圧器やコンデンサには突入電流が流れるが、許容特性を超えないようにヒューズを選定しなければならない。**

② 溶断特性

ヒューズに、一定の電流を通電して溶断するまでの時間を示す。

③ 動作特性

ヒューズに、故障電流が通電したとき遮断が完了するまでの時間で「溶断時間＋アークが消弧するまでの時間」である。保護機器との熱的保護、あるいは上位遮断器との過電流協調は動作特性によって検討する。

（1）変圧器

変圧器に使用する電力ヒューズは次の点に留意して選定する。

① 変圧器の短絡保護

変圧器の熱的強度は、定格電流の25倍の電流が流れたとき2秒間耐えられるように製作される。これは、変圧器二次側直下で短絡したとき変圧器の自己インピーダンスで制限される短絡電流に耐えられるように配慮したものである。したがって、**電力ヒューズは、変圧器の熱的強度以内で短絡電流を遮断する**ことが求められる。

② 変圧器の励磁突入電流

電力ヒューズの定格電流は、励磁突入電流で劣化しないようにJIS C 4604「高圧限流ヒューズ」に次のように定められている。

G定格：一般用の定格電流

T定格：変圧器に適用する定格電流

変圧器定格電流の10倍の電流を0.1秒間通電し、これを100回繰り返しても溶断しないこと。これより、変圧器に適用する電力ヒューズのT定格の電流値は、変圧器の定格電流以上のものを選定すればよい。

C定格：コンデンサに適用する定格電流

コンデンサ（直列リアクトルなし）定格電流の70倍の電流を0.002秒間通電し、これを100回繰り返しても溶断しないこと。これより、コンデンサ（直列リアクトルなし）に適用する電力ヒューズのC定格の電流値は、コンデンサの定格電流以上のものを選定すればよい。

a．単独変圧器の保護

図3・8 (a)に示すような三相200 kV・A変圧器に使用する電力ヒューズの選定例について述べる。変圧器の定格電流は、

$$\frac{200 \times 10^3}{\sqrt{3} \times 6.6 \times 10^3} \fallingdotseq 17.5\,[\mathrm{A}]$$

これより、変圧器の熱的強度は $17.5 \times 25 \fallingdotseq 438\,[\mathrm{A}]$ の2秒間で、図3・8 (b)に×印で示す。これより、電力ヒューズとして定格G75（T50）Aを使用すれば、変圧器の熱的保護ができることがわかる。

変圧器励磁突入電流については、JISに従い変圧器定格電流の直近上位のT定格のヒューズを選定する。変圧器定格電流は17.5 Aであるから、直近上位のG40（T20）Aを選定すれば

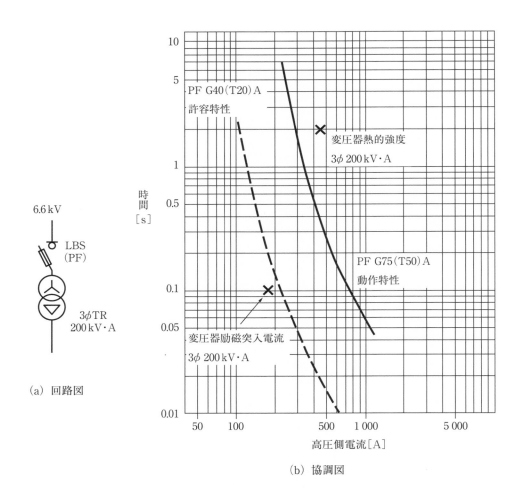

(a) 回路図

(b) 協調図

図3・8　変圧器用電力ヒューズの選定

よい。また、励磁突入電流を変圧器定格電流の10倍×0.1秒として、これがヒューズの許容特性以内にあることを確認してもよい。図3・8 (b) に17.5×10＝175〔A〕、0.1秒を×印で示している。×印がG40（T20）Aヒューズ以内にあることがわかる。

これより三相200 kV・A変圧器用の電力ヒューズは、G75（T50）A～G40（T20）Aの範囲のいずれのヒューズを選定してもよい。

b.　組合せ変圧器の保護

小規模受電設備では主開閉器LBSの電力ヒューズで、単相変圧器と三相変圧器の両方、あるいはコンデンサも含めて保護することがある。このとき、1個の電力ヒューズですべてを保護することには限界もあるので注意が必要となる。

図3・9 (a)は、三相200 kV・A変圧器と単相50 kV・A変圧器を1個の電力ヒューズで保護している。変圧器の励磁突入電流は、それぞれの変圧器の和として求める。

三相200 kV・A変圧器の定格電流　　　17.5 A

単相50 kV・A変圧器の定格電流　　　7.6 A

合計した励磁突入電流　　　25.1×10＝251 A　　　時間0.1秒

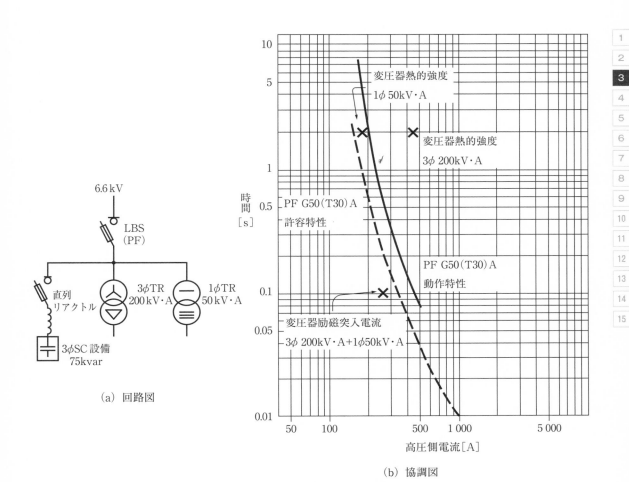

（a）回路図

（b）協調図

図3・9　組合せ変圧器用PFの選定

　図3・9（b）に、上記励磁突入電流と電力ヒューズG50（T30）Aの許容特性の協調図を示す。この変圧器の組合せでは、励磁突入電流を考慮するとG50（T30）Aが電力ヒューズの最小定格となる。次に各変圧器の熱的強度は、

　　　三相200 kV・A変圧器　　　　17.5×25≒438［A］　　　　時間2秒
　　　単相50 kV・A変圧器　　　　 7.6×25＝190［A］　　　　時間2秒

　これを同図（b）に×印で表している。G50（T30）Aの電力ヒューズでは、三相200 kV・A変圧器は保護されるが、単相50 kV・A変圧器は2秒以内に短絡保護ができないことがわかる。このため、単相50 kV・A変圧器についてはMCCBまでの絶縁を短絡しないように強化するか、もしくは専用の電力ヒューズやカットアウトヒューズを設ける必要がある。

　このように、複数の変圧器を1個の電力ヒューズで保護するときは、**変圧器の組合せによっては保護できない（特に容量の小さい変圧器）**ことがあるので注意しなければならない。 表3・2に、組合せ変圧器と電力ヒューズの適用例を示す。力率改善用のコンデンサ（直列リアクトルなし）を変圧器と並列に使用するときは、コンデンサ容量が変圧器容量の1/3以下であれば、コンデンサを無視して表3・2が適用できる。

表3・2　6.6 kV 三相、単相変圧器一括保護用電力ヒューズ適用例

容量 kV・A	単相変圧器 0	5	10	20	30	50	75	100	150	200
0		※	※	※	※	※	※	※	※	※
5	G5(T1.5)A									
10	※	G10(T3)A								
20	※		G20(T7.5)A							
30	※				※					
50	※			※	G30(T15)A		G40(T20)A			
75	※				※	※	※	G50(T30)A		
100	※				※	G40※(T20)A	※	※	G60(T40)A	
150	※		G40(T20)A				※	※	※	※
200	※	G40(T20)A					※	G60※(T40)A	※ / G75(T50)A	※

（三相変圧器）

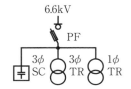

6.6kV
PF
3φ SC　3φ TR　1φ TR

注(1)　変圧器励磁突入電流は変圧器定格電流×10倍・0.1秒、繰り返しは3 000回を想定
　(2)　※印は二次側直下短絡時の過電流(変圧器定格電流×25倍)で2秒以内に遮断する
　(3)　力率改善用コンデンサを変圧器と並列に接続するとき、コンデンサ容量が変圧器容量の1/3以下であれば、コンデンサ容量を無視して選定できる

（2）コンデンサ

　コンデンサは、金属箔を電極とする複数個のコンデンサ素子が図3・10に示すように通常Ｙ結線に接続されている。このため、**素子が絶縁破壊しても初期の段階では大きな過電流とならないので保護は難しい**。コンデンサの破壊が進行して、最終素子が短絡すると相間短絡となり、大きな短絡電流が密閉されたコンデンサ容器内に流れ込む。これにより、絶縁油の分解、ガス化が急激に進み、内部圧力の上昇により容器が膨張して瞬時に破壊と噴油に至る。

　コンデンサを保護するには、素子が破壊した初期の段階で検出する方式（圧力検知方式、中性点電位検出方式など）と、最終短絡に至ったとき容器破壊を防止する電力ヒューズがある。小規模受電設備では安価な電力ヒューズが一般的に使用されている。

　コンデンサには、電極材料に金属蒸着膜を使用する機種もある。この電極は、一部が絶縁破壊しても自己回復する機能があるためSH方式（self-healing）と呼ばれる。これに対して、従来から使用されている金属箔電極はNH方式（non-self-healing）とも呼ばれる。SH方式では、素子の絶縁破壊が大きくなっても、蒸着膜の限流作用のため短絡状態にならず、電流の増加が抑制されるので内圧が徐々に上昇して容器が次第に膨張する。容器の膨張を利用して、

SH方式では機械的に回路を開放する保安装置が内蔵されている。しかし、万一の備えとしてSH方式コンデンサでも、電力ヒューズの設置が望ましいとされている。

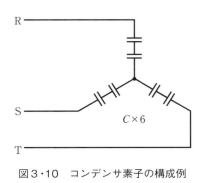

図3・10　コンデンサ素子の構成例

a. コンデンサの短絡保護

コンデンサ容器の破壊エネルギーの指標として、短絡電流の2乗と通過時間の積であるI^2tが使用される。容器の破壊確率が10%のエネルギーを、コンデンサの耐I^2tと呼び表3・3にその値を示す。

表3・3　コンデンサの耐I^2tの一例

コンデンサ容量 [kvar]	耐I^2t [A²·sec]
25 および 50	8.2×10^4
75 および 100	30×10^4
150 および 200	65×10^4

一方、電力ヒューズは通電時間が短くなると、ヒューズ内で生じた熱エネルギーは外部に放散することなく、その熱エネルギーはすべてヒューズエレメントの温度上昇に費やされる。このため通電時間が0.01秒以下になると、ヒューズが遮断完了するまでに必要とする遮断エネルギーや、ヒューズが溶断しない許容エネルギーは一定の値となる。遮断エネルギーと許容エネルギーは、指標としてI^2tを用いれば遮断エネルギーを最大動作I^2t、許容エネルギーを許容I^2tと呼び、表3・4と表3・5にその例を示す。

これより、コンデンサの破壊を防止するには電力ヒューズを次のように選定する。

コンデンサの耐I^2t＞電力ヒューズの最大動作I^2t

ここで、コンデンサ容量を直列リアクトルなしの75 kvarとする。コンデンサ容量が50 kvarを超えると専用の開閉器（VCB、LBSなど）が必要になる。ここでは、LBSを使用するものとして電力ヒューズを選定する。75 kvarコンデンサの耐I^2tは表3・3より30×10^4 A²·secであるから、電力ヒューズの最大動作I^2tはこれよりも小さいものとして、定格G75（C50）A以下の電力ヒューズを選定すればよい。

表3・4　電力ヒューズの最大動作I^2tの一例

ヒューズ容量[A]	最大動作I^2t [A²·sec]	ヒューズ容量[A]	最大動作I^2t [A²·sec]
G5(C1.5)	0.02×10^4	G40(C20)	2.5×10^4
G10(C3)	0.06×10^4	G50(C30)	5.3×10^4
G20(C7.5)	$0.4 \ \times 10^4$	G60(C405)	8.5×10^4
G30(G15)	$1.7 \ \times 10^4$	G75(G50)	23×10^4

表3・5　電力ヒューズの許容I^2tの一例

ヒューズ容量[A]	許容I^2t [A²·sec]	ヒューズ容量[A]	許容I^2t [A²·sec]
G5(C1.5)	0.00221×10^4	G40(C20)	0.392×10^4
G10(C3)	0.00882×10^4	G50(C30)	0.882×10^4
G20(C7.5)	$0.0551 \ \times 10^4$	G60(C405)	$1.57 \ \times 10^4$
G30(G15)	$0.221 \ \ \times 10^4$	G75(G50)	$2.45 \ \times 10^4$

ランダム投入3 000回のとき

b. コンデンサの突入電流

コンデンサを電源に投入したとき、変圧器と同様に突入電流が流れる。その値は回路条件、投入位相、並列コンデンサの有無などによって異なるが、その代表値としてJISでは、直列リアクトルなしのコンデンサでは定格電流の70倍の電流が0.002秒間流れるとして電力ヒューズの定格を定めている。したがって、コンデンサ定格電流の直近上位のC定格のヒューズを選定すれば、突入電流による電力ヒューズの溶断はない。75 kvarコンデンサの定格電流は6.56 Aであるから、直近上位のC定格であるG20(C7.5)A以上のものを選定すればよい。また、電力ヒューズの溶断のおそれのない許容I^2tから、ヒューズの最小定格電流を次のように選定してもよい。

ヒューズの許容I^2t＞コンデンサ突入電流のI^2t

75 kvarコンデンサの定格電流は6.56 Aであるからコンデンサの突入電流によるI^2tは、

$$(6.56 \times 70)^2 \times 0.002 \fallingdotseq 0.0422 \times 10^4 \, [A^2 \cdot sec]$$

表3・5の電力ヒューズの許容I^2tと照らし合わせると、ヒューズの最小定格電流はG20(C7.5)Aと選定できる。

この結果、NH式コンデンサに使用する電力ヒューズは短絡保護の点よりG75(C50)A以下と選定されているから、G75(C50)A～G20(C7.5)Aの範囲のいずれのヒューズを使用してもよい。

さて、実際のコンデンサでは高調波対策として直列リアクトルが使用される。このためコンデンサの突入電流は抑制され、一般的には6％直列リアクトルでは5倍の電流が0.1秒間流れるとされる。しかし、突入電流のために直列リアクトルのインダクタンスが飽和して突入電流がさらに増大するといわれる。このため、直列リアクトル付きコンデンサに使用する電力ヒューズについては、メーカーのカタログなどを参考にして選定すればよい。

参考文献

＊1 「限流ヒューズの繰り返し過電流特性」 電気学会技術報告（Ⅱ部）231号

＊2 「三菱電力ヒューズ技術資料」 三菱電機

＊3 カタログ「三菱高圧・特別高圧限流ヒューズ」 三菱電機

4章 変流器

受電設備に使用する高圧変流器（CT）は、平常時にはCT二次側に接続された電流計など
の計器に正確な電流を供給するが、短絡時には二次側に接続された過電流継電器（OCR）を
動作させる大きな電流を供給しなければならない。CTは過電流保護の要の位置にある。

4.1　CTの過電流特性[*1, *2]

（1）CTの過電流定数

CTの一次電流が増加すると、二次電流も比例して大きくなる。しかし、**短絡などの過電
流が流れると、CT鉄心内が磁気飽和して一次電流と二次電流が比例しなくなり、OCRの瞬
時要素が正しく動作しなくなる。**

CTの過電流領域における特性を示すものに**定格過電流定数**がある。**定格過電流定数**nと
は、CTが定格負担（力率遅れ0.8）の下で比誤差が0.1（10%）になるときの電流値を、CTの定
格一次電流で除した値で、$n>10$のように表す。

ここで、比誤差について説明する。図4・1はCTの等価回路で、ベクトル図はCTの二
次誘起電圧E_2を基準に描いている。CTの一次漏れインピーダンス（一次巻線のインピーダ
ンスをいう）は二次側に比べると小さいので無視している。ベクトル図より、CT二次電流I_2
は、CT二次漏れインピーダンスZ_2と二次側に接続される負荷（負担）Z_bにより位相がφ_2遅れ

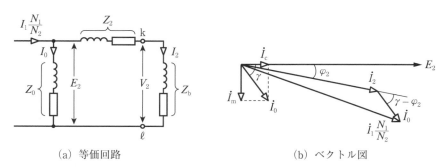

(a) 等価回路　　　　　　　　　　　　　　（b) ベクトル図

I_1：一次電流[A]　　$I_1\dfrac{N_1}{N_2}$：理想のCT二次電流[A]　　I_2：二次電流[A]　　I_0：励磁電流[A]　　I_c：I_0の鉄損分電流

I_m：I_0の磁化分電流　　E_2：二次誘起電圧[V]　　V_2：二次端子電圧[V]

Z_0：励磁インピーダンス[Ω]　　Z_2：二次漏れインピーダンス[Ω]　　Z_b：二次側に接続される負担[Ω]

図4・1　CTの等価回路とベクトル図

る。CTの励磁電流$\dot{I}_0$は、磁化電流$\dot{I}_m$と鉄損電流$\dot{I}_c$のベクトル和で、E_2よりγ遅れる。さて、K_nを公称変流比、Kを真の変流比とすれば、CTの比誤差εは次式によって表される。

$$\varepsilon = \frac{K_n - K}{K}$$

ここで、

$$K_n = \frac{二次巻線}{一次巻線} = \frac{N_2}{N_1}$$

$$K = \frac{実際の一次電流}{実際の二次電流} = \frac{\dot{I}_1}{\dot{I}_2}$$

これを代入して、

$$\varepsilon = \frac{\dfrac{N_2}{N_1} - \dfrac{\dot{I}_1}{\dot{I}_2}}{\dfrac{\dot{I}_1}{\dot{I}_2}} = -\frac{\dot{I}_1 \left(\dfrac{N_1}{N_2}\right) - \dot{I}_2}{\dot{I}_1 \left(\dfrac{N_1}{N_2}\right)}$$

ベクトル図からわかるように$I_1 \left(\dfrac{N_1}{N_2}\right) > I_2$のため、$\varepsilon$は負の値となる。また、$\dot{I}_1 \left(\dfrac{N_1}{N_2}\right)$と$\dot{I}_2$の位相差は小さいので、

$$\dot{I}_1 \left(\frac{N_1}{N_2}\right) - \dot{I}_2 \doteqdot \dot{I}_0 \cos(\gamma - \varphi_2)$$

とおくと、

$$\varepsilon = -\frac{\dot{I}_0}{\dot{I}_1 \left(\dfrac{N_1}{N_2}\right)} \cos(\gamma - \varphi_2) \tag{4・1}$$

これより、比誤差εは位相差$(\gamma - \varphi_2)$が0のとき最大となる。すなわち励磁電流$\dot{I}_0$とCT二次電流$\dot{I}_2$が同相のときで、

$$\varepsilon = -\frac{\dot{I}_0}{\dot{I}_1 \left(\dfrac{N_1}{N_2}\right)} \tag{4・2}$$

このように、CTの誤差は励磁電流I_0の大きさによって定まる。それゆえ、(4・2)式によって比誤差εが0.1になるときのI_0を求めることにより、過電流定数を計算することができるが詳細は後述する。

さて既に述べたように、CT一次側に過電流定数nを超える短絡電流が流れると、二次電流の増加率は低下する。この例を図4・2に示す。②の$n > 10$のとき、一次電流が過電流定数に相当する電流（CT一次電流30 A×10倍）の300 A前後から二次電流の増加率が低下して次第に飽和することがわかる。このため、CTが持つ二次電流の供給能力の目安を過電流定数nに相当する電流値と考えれば、安全側に保護協調を検討することができる。

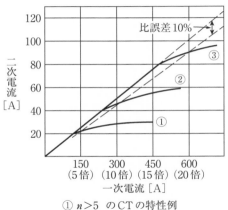

① $n>5$ のCTの特性例
② $n>10$ のCTの特性例
③ $n>20$ のCTの特性例

図4・2 CTの過電流特性(30/5A)

（2）過電流定数とOCR瞬時要素整定値

CTは、短絡などの過電流が流れたときはOCRの瞬時要素の整定値以上の電流を供給して、OCRを確実に動作させなければならない。CT二次定格電流は5Aで定格過電流定数nのCTでは、電流供給能力は$5 \times n$であるから瞬時要素整定値S_{in}との間に次式が成立すればよい。

$$5 \times n > S_{in} \qquad (4 \cdot 3)$$

例えば、瞬時要素整定値が40Aのとき(4・3)式より$n>8$となるが、CTの過電流定数は3、5、10と区分されているから$n>10$を使用すればよい。図4・3に、CT50/5AとOCR(瞬時要素40A整定)を組み合わせた特性例を示す。CTの一次側に500Aの電流が流れても、$n>5$のCTではOCRの瞬時要素は動作しない。$n>10$で動作することがわかる。

（3）CTの負担と過電流定数

CTの二次側に接続される計器、リレー、二次配線などによって消費される皮相電力[V・A]を負担といい、CT二次定格電流5Aを基準にして表す。接続される計器などのインピーダンスを[Ω]で表すと、電流が5[A]、電圧が$5A \times \Omega$[V]であるから$5^2 \times \Omega$[V・A]が負担となる。負担は[Ω]でも表示されるが、このときは$[\Omega] = [V \cdot A]/5^2$と換算すればよい。

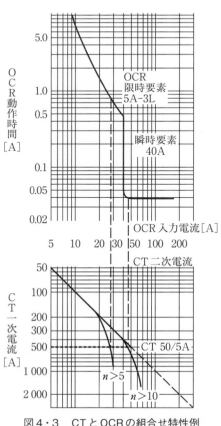

図4・3 CTとOCRの組合せ特性例

　CTの定格負担とは、所定の性能を保証できる許容負担をいい、5、10、15、25、40 V·A の区分があり、CTに接続される負担の合計 V·A 以上の定格負担のCTを使用すればよい。過去には、負担の大きい誘導円盤形などが使用されたので40 V·AのCTが多く使用された。現在では、負担の小さい静止形OCRが採用されるようになり、CTも10、25 V·A などが使用されている。

a．負担から求める過電流定数

　図4·1の等価回路でCT二次側に定格負担が接続され、定格過電流定数 n 倍の電流が流れたとき、二次誘起電圧 E_2 は次式で表される。

$$\dot{E}_2 = n\dot{I}_2(\dot{Z}_2 + \dot{Z}_b)$$

ここで、

　$\dot{I}_2$：CT定格二次電流　5〔A〕

　$\dot{Z}_2$：CT二次漏れインピーダンス〔Ω〕

　$\dot{Z}_b$：CTの二次側に接続される定格負担〔Ω〕

　この E_2 に対して励磁電流 I_0 が流れる。さて上式で、CTに接続する負担を定格負担 Z_b よりも小さくすると、CT二次電流は nI_2 よりも大きくなっても二次誘起電圧 E_2 を一定に保つことができる。E_2 が変わらなければ I_0 も変わらないので、(4·2)式より比誤差も変わらない。これは、**CTの二次負担を小さくすれば、より大きな二次電流すなわち過電流定数を実質的に大きくすることができる**ことを示している。これを式で表すと次のようになる。

$$5 \times n(\dot{Z}_2 + \dot{Z}_b) = 5 \times n_x(\dot{Z}_2 + \dot{Z}_{bx})$$

ここで、

　n　：定格過電流定数

　n_x：負担 Z_{bx} における過電流定数

これより、負担 Z_{bx} における過電流定数 n_x は次のように求められる。

$$n_x = \frac{\dot{Z}_2 + \dot{Z}_b}{\dot{Z}_2 + \dot{Z}_{bx}} \times n \tag{4·4}$$

　上式より定格負担40 V·A、過電流定数 $n > 10$ のCTに実負担25 V·Aを接続したときの過電流定数を計算してみる。

　定格負担40 V·Aと実負担25 V·Aを力率0.8として Ω 換算すると、

　　40 V·A：$Z_b = 40/5^2 = 1.6$〔Ω〕$\dot{Z}_b = 1.28 + j0.96$〔Ω〕

　　25 V·A：$Z_{bx} = 25/5^2 = 1.0$〔Ω〕$\dot{Z}_{bx} = 0.8 + j0.6$〔Ω〕

　CTの二次漏れインピーダンスを $\dot{Z}_2 = 0.11 + j0.11$ とすれば(4)式より、

$$n_x = \frac{\sqrt{(0.11 + 1.28)^2 + (0.11 + 0.96)^2}}{\sqrt{(0.11 + 0.8)^2 + (0.11 + 0.6)^2}} \times 10 \fallingdotseq 15.0$$

と求められ、過電流定数は10から15に大きくなる。なお、力率が不明のときは0.8〜1.0としても大きな変化はない。この方法は簡単であるが、定格過電流定数の実力が定格値よりも大きい場合でも、定格値を基準とするため、実際に使用できる過電流定数よりも小さく計算される。より精度を高く求めるには、次に述べるCTの励磁特性曲線を利用する。

b．励磁特性曲線から求める過電流定数[*2]

CTの過電流定数は、(4・2)式で説明したように比誤差が-0.1になるときの励磁電流I_0を求めることにより計算できる。このため、CTの二次誘起電圧E_2と励磁電流I_0との関係を示す励磁特性曲線が必要になる。図4・4にCTの励磁特性の測定回路を示す。CTの二次端子k-ℓに可変電流源（OCR試験器など）を接続し、印加電圧V_2と電流I_2を実効値表示のテスタとクランプメータなどで測定すれば、容易に特性曲線が得られる。CTの一次端子は開放しているので、I_2は励磁電流I_0に等しい。CTの励磁インピーダンスZ_0と二次漏れインピーダンスZ_2は、$Z_0 \gg Z_2$の関係にあるから、印加電圧V_2はほぼ二次誘起電圧E_2に等しいのでV_2をE_2と読み替える。こうして、Y軸に二次誘起電圧E_2、X軸に励磁電流I_0とする励磁特性曲線を描くことができる。

図4・5に定格負担$25\,\mathrm{V \cdot A}$、過電流定数$n > 10$の励磁特性曲線例①を示す。次に、X軸に励磁電流I_0の10倍のスケールで二次電流I_2を目盛る。二次漏れインピーダンスも含めた負担における二次誘起電圧と二次電流の関係$E_2 = I_2(Z_2 + Z_b)$を書き込んで②、③、④の直線を描く。

例えば、CTの二次漏れインピーダンス$\dot{Z}_2 = 0.11 + \mathrm{j}0.11$、CT二次側に定格負担の$25\,\mathrm{V \cdot A}$（$\dot{Z}_b = 0.8 + \mathrm{j}0.6$）を接続したとき、

$$|\dot{Z}_2 + \dot{Z}_b| = \sqrt{(0.11 + 0.8)^2 + (0.11 + 0.6)^2} \fallingdotseq 1.15\,[\Omega]$$

これより、$E_2 = 1.15 \times I_2$の関係から③の直線を得る。そして、①と③の交点P_2から二次電流$I_2 = 50\,[\mathrm{A}]$を読み取る。

ここから、過電流定数nを次の手順によって求める。CTの励磁電流I_0と二次電流I_2が同相のとき、比誤差εは(4・2)式で表されるからその絶対値は、

$$\varepsilon = \frac{I_0}{I_1\left(\dfrac{N_1}{N_2}\right)}$$

図4・1の等価回路より、I_0とI_2が同相なら$I_1\left(\dfrac{N_1}{N_2}\right) = I_0 + I_2$であるから上式は、

$$\varepsilon = \frac{I_0}{I_0 + I_2}$$

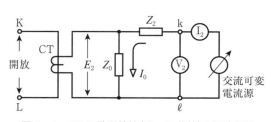

図4・4　CTの励磁特性（V_2-I_2曲線）の測定回路

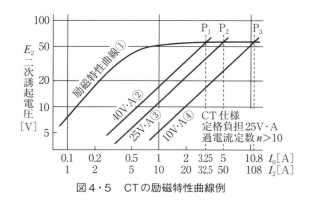

図4・5　CTの励磁特性曲線例

これより、

$$I_0 = \frac{\varepsilon}{1-\varepsilon} I_2$$

上式で、比誤差 ε を 0.1 とすれば、

$$I_0 = \frac{0.1}{1-0.1} I_2 \fallingdotseq 0.1 I_2$$

となり、I_2 は I_0 の 10 倍になることがわかる。こうして、図 4・5 は X 軸に I_0 と $I_2 = 10 \times I_0$ を目盛ることで、$\varepsilon = 0.1$ における二次電流 I_2 と二次誘起電圧 E_2 の関係を描いているのである。

さて、CT の過電流定数 n は次式で表される。

$$n = \frac{比誤差10\%における一次電流}{定格一次電流} = \frac{I_1}{I_{2R}\left(\dfrac{N_2}{N_1}\right)} = \frac{I_1\left(\dfrac{N_1}{N_2}\right)}{I_{2R}}$$

ここで、I_{2R} は CT の定格二次電流で 5 A である。$I_1\left(\dfrac{N_1}{N_2}\right) = I_0 + I_2$ であるから上式は、

$$n = \frac{I_0 + I_2}{I_{2R}}$$

ここに、先に求めた $I_0 = \dfrac{\varepsilon}{1-\varepsilon} I_2$ を代入して、

$$n = \frac{I_2}{I_{2R}}\left(1 + \frac{\varepsilon}{1-\varepsilon}\right)$$

比誤差 ε を 0.1 とする過電流定数 n は、

$$n = \frac{I_2}{I_{2R}}\left(1 + \frac{0.1}{1-0.1}\right) \fallingdotseq \frac{I_2}{I_{2R}} \times 1.1$$

上式が励磁特性曲線から求められる過電流定数 n を示している。I_2 は、図 4・5 の③から求めた 50 A、$I_{2R} = 5$ [A] を代入して、

$$n = \frac{I_2}{I_{2R}} \times 1.1 = \frac{50}{5} \times 1.1 = 11$$

こうして、図 4・5 の励磁特性曲線から過電流定数は 11 と求められる。図 4・5 の特性を示す CT は、定格負担 25 V・A、過電流定数 $n > 10$ であるから、過電流定数の実力値は 11 を有していることがわかる。この CT に 10 V・A の負担を接続すれば、④の直線より $I_2 = 108$ [A] が求められるから、

$$n = \frac{I_2}{I_{2R}} \times 1.1 = \frac{108}{5} \times 1.1 \fallingdotseq 24$$

と求められる。この方法は、CT の実力を示す励磁特性曲線から求めるため、より正確な過電流定数が得られる。しかし、(4・2) 式で説明したように励磁電流 I_0 と二次電流 I_2 が同相としているので、求められる過電流定数は最低値を示している。

4.2 CT二次電流引外し方式[*1, *3~6]

（1）CT負担とOCR接点

規模の小さい受電設備では、設備の簡素化と経済的な面より真空遮断器（VCB）の引外しは、CT二次電流で直接VCBの引外しコイルを励磁する電流引外し方式が多く採用される。図4・6に電流引外し方式の回路図を示す。

平常時は、OCRの接点は閉路している。短絡事故が発生すると、CT二次電流は大きな値となりOCRは動作する。そして、常時閉路しているb接点が開路すると、CT二次電流はVCBの引外しコイルを励磁してVCBは開放する。短絡事故では、CT二次電流は大きな値となるので、これを開路するb接点が損傷することがある。

CTの一次側に大きな短絡電流が流れると、鉄心の飽和により二次電流は抑制される。しかし、次のような使用状態のときは、二次電流が大きくなるので注意しなければならない。

① **CTの一次定格電流が小さいとき**

一次定格電流が小さいと、同じ短絡電流が流れてもCT二次電流が大きくなる。

② **CTの定格負担に対して、実負担が小さいとき**

CTに接続される実負担が小さいと、実力の過電流定数が大きくなるからCT二次電流も大きくなる。

表4・1にCTの耐電流試験による二次電流の測定例を示す。CT比が小さいほど、また実負担が定格負担よりも小さいほど、CT二次電流が大きくなることがわかる。リレーの接点容量は60A程度のため、測定例のように大きな波高値を持つ二次電流を開閉することは過酷な責務となる。このため、表4・1に示すように2回の動作でも接点損傷を受けることがある。

小容量の受電設備では、一次電流が20～40AのCTを使用することが多いため、CTの選定（一次電流、定格負担）には十分注意しなければならない。

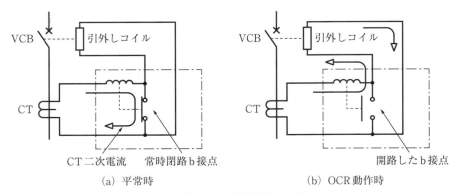

（a）平常時　　　　　　　　（b）OCR動作時

図4・6　電流引外し方式

表4・1　CTの耐電流試験による二次電流測定例

定格負担	変流比 [A]	実負担 [V・A]	一次電流最大波高値 [kA]	二次電流最大波高値 [A]	OCR b 接点の状態
10 V・A	20/5	8	32.1	1 490	損傷
		9	32.1	1 370	良
	30/5	6.6	34.1	820	良
25 V・A	20/5	17.5	32.1	1 140	損傷
		21	32.1	830	良
	30/5	15.5	31.2	1 040	損傷
		17.0	31.2	894	良
	40/5	9.8	30.2	1 210	損傷
		14.5	30.2	894	良

注(1)　キュービクル式高圧受電設備用CT、定格耐電流12.5 kA/0.125 s、過電流定数$n>10$
　(2)　OCRは静止形、接点開路容量AC110 V 60 A、接点の状態は2回の耐電流試験後の状態を示す
　(3)　表の一次電流は短絡電流12.5 kA（実効値）にほぼ相当する最大波高値である

表4・2　高圧受電設備用CTの組合せ条件

組合せ機器の形式					変流器の適用負担 [V・A]
遮断器	過電流継電器	変流器			
		定格負担	形名	一次電流	
VF-8 VF-13 （電流引外し）	静止形 MOC-A1T-R形	10 V・A	CD-10ANA	20 A注(1)	9〜10注(2)
			CD-10CNA		
			CD-10ANA	30〜200 A注(1)	7〜10注(2)
			CD-10CNA		
		25 V・A	CD-25ANA	20 A注(1)	22〜25注(2)
			CD-25CNA		
			CD-25ANA	30、40 A注(1)	18〜25注(2)
			CD-25CNA		
			CD-25ANA	50〜200 A	10〜25
			CD-25CNA		
		40 V・A	CD-40ANA	20〜200 A	25〜40
			CD-40CNA		

注(1)　変流器の一次電流が小さいため、コンデンサ引外し方式を推奨する
　(2)　使用負担が適用負担より小さくなる場合は、負担調整器を使用する

　CTの一次電流は、指針の見やすさから契約電力の1.5倍程度とするが、VCBが電流引外し方式のときはリレーの接点損傷を考慮して大きめに選定するのが望ましい。
　CTの定格負担は、誘導円盤形OCRでは15〜30 V・Aと大きいので40 V・Aのものが一般的に使用されてきた。しかし、静止形OCRでは4〜6 V・Aのため、CTも10または25 V・Aを使用しなければならないのに40 V・Aが使用されることもある。また、10、25 V・AのCTを使用しても、実負担が定格負担よりも小さいときは負担調整器（ダミー負荷）を接続して、定格負担に近づけるようにする。メーカーによっては表4・2のようにCT、VCB、OCRの組合せ条件を公表しているところもある。

① 表4・2の組合せを適用すれば、2回までの短絡事故遮断が可能である。

② 短絡事故を遮断したときは、CTとその二次側に接続されている計器、OCRなどを点検する。特にCTが20/5Aのときは、OCRの点検（目視、テスタによるb接点の導通テストなど）に配慮する。

③ CTの定格一次電流が20〜40Aと小さいときは、VCBの引外し方式として、コンデンサ引外しで行うことを奨励している。

電流引外し方式に使用するOCRのリレー接点は、JIS C 4602により60Aで100回繰り返すことが定められている。メーカーでは、リレーをプラグイン形として交換可能にしたり、強化形と称して開閉能力の大きなリレーを使用しているところもある。

注）**コンデンサ引外し方式**：図4・7のようにコンデンサを常時充電しておき、OCR動作時にはコンデンサの電圧を操作電源として利用する方式をコンデンサ引外しという。OCRの接点には、引外しコイルの小さな電流が流れるが、二次電流とは無関係のため接点損傷のおそれはない。

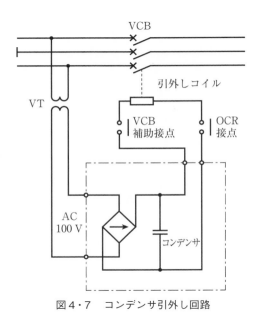

図4・7　コンデンサ引外し回路

（2）CT負担とVCB引外し

VCBの引外しがCTの二次電流引外し方式では、VCBの引外しコイルがCTの負担になる。引外しコイルの負担は75V・A程度であるから、CTの定格負担も大きな機種を選定しなければと考えがちである。しかし、**引外しコイルの動作はCTの出力電圧が引外しコイルの動作電圧以上あればよいと考える。このため、CTは引外しコイルの負担に関係なく選定することができる。**

短絡事故時の電流がCTに流れると、電流値は過電流定数の領域を超えた大きな値のためCTの鉄心は極端に飽和して、図4・8に示すように二次電圧V_2、二次電流I_2は尖頭波形となる。VCBの引外しコイルは、25V程度の電圧で動作するから、図4・8のV_2が25Vに相当する実効値電圧以上であればよい。

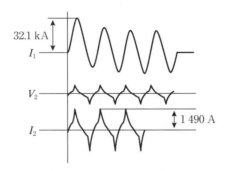

図4・8　短絡電流が流れたときのCT電圧電流の波形例

　図4・1 (a)の等価回路で、CT二次側に定格負担V・Aに相当する計器などが接続され、一次側に定格過電流定数nに相当する電流が流れたとき、CTは比誤差-10%の状態にあり、鉄心内は磁気飽和が始まっている。このときの二次電圧V_2を、ここでは飽和電圧V_0と読み替える。電流がさらに増加すると、飽和のため二次電圧は正確には少しずつ大きくなるが、ここではわかりやすく安全側に考えて、二次側の負担や一次電流の多少にかかわらず飽和電圧V_0は一定と考える。定格負担をV・Aで表すと、

$$V_0 = \frac{\text{定格負担[V・A]}}{5^2} \times 5 \times n \, [\text{V}]$$

　上式で示される飽和電圧V_0はCT固有の値であり、定格負担の小さいCTの飽和電圧は低く、定格負担の大きいCTでは高くなる。そして、**短絡電流が流れたときCT二次側の負担の大小にかかわらず、CT二次側の出力電圧は少なくとも飽和電圧V_0は確保される**と考えてよい。

　いま、CTの仕様を25 V・A、定格過電流定数$n > 10$とすれば飽和電圧V_0は、

$$V_0 = \frac{25}{5^2} \times 5 \times 10 = 50 \, [\text{V}]$$

となり、25 V・AのCTは少なくとも50 Vの出力電圧を有している。VCBの引外しコイルの動作電圧を25 Vとすれば、VCBの動作には問題ない。

　次に、CTの仕様を10 V・A、定格過電流定数$n > 10$とすれば、

$$V_0 = \frac{10}{5^2} \times 5 \times 10 = 20 \, [\text{V}]$$

　このように、10 V・AのCTでは出力電圧が低いためVCBの動作が困難になる。しかし、実際にはCTの飽和特性やVCBの引外し特性を改善して、10 V・AのCTでもVCBが動作するようにしている。

4.3 V結線CTの負担計算*7

高圧受電設備に使用されるCTは、図4・9 (a)に示すように2個のCTをV結線に接続して使用される。このとき、2個のCT (CT$_a$とCT$_c$)に接続される負担は、図4・9 (b)の等価回路に示すように不平衡となるため、CTが分担する割合は等しくならない。

図4・9 (c)にa相CT二次電流I_aを基準としたベクトル図を示す。高圧側の負荷電流が平衡していると、CT二次側の各相電流も三相平衡している。ベクトル図より、CTの二次出力電圧$\dot{V}_{ab}$、$\dot{V}_{cb}$は、

$$\dot{V}_{ab} = \dot{V}_{ra} - \dot{V}_{rb} + \dot{V}_{AB} \tag{4・5}$$

$$\dot{V}_{cb} = \dot{V}_{rc} - \dot{V}_{rb} + \dot{V}_{CB} \tag{4・6}$$

ここで、

$\dot{I}_a$, $\dot{I}_b$, $\dot{I}_c$: CTの定格二次電流[A]

$\dot{V}_{ra}$, $\dot{V}_{rb}$, $\dot{V}_{rc}$: CT二次配線による電圧降下[V]

（二次配線は細いのでリアクタンスは無視し、抵抗rのみによる電圧降下とする）

$\dot{V}_{AB}$, $\dot{V}_{CB}$: CT二次側に接続された負担$\dot{Z}$(リレー、計器など)による電圧降下[V]

$\dot{V}_{AB} = \dot{I}_a\dot{Z}$, $\dot{V}_{CB} = \dot{I}_c\dot{Z}$

$\dot{Z}$, $\cos\varphi$: 負担のインピーダンス[Ω]と遅れ力率。電流を基準としたベクトル図のため、遅れ力率のときφは正となる。

いま(4・5)式の$\dot{V}_{ra} - \dot{V}_{rb}$を、$|\dot{V}_{ra} - \dot{V}_{rb}| = |r(\dot{I}_a - \dot{I}_b)| = \sqrt{3}\, rI_a = \sqrt{3}\, V_r$とおいて、$\sqrt{3}\, V_r$を基準にして(4・5)式を絶対値で表すと、

$$V_{ab}^2 = \{\sqrt{3}\, V_r + V_{AB}\cos(\varphi - 30°)\}^2 + V_{AB}^2\sin^2(\varphi - 30°)$$

両辺にI_a^2を乗じると、

$$U_a^2 = \{\sqrt{3}\, B_l + Y_a\cos(\varphi - 30°)\}^2 + Y_a^2\sin^2(\varphi - 30°)$$
$$= 3B_l^2 + 2\sqrt{3}\, B_l Y_a\cos(\varphi - 30°) + Y_a^2 \tag{4・7}$$

ここで、

$U_a = V_{ab}I_a$: a相CTが分担する負担[V・A]

$B_l = V_rI_a$: CT二次配線の片道の負担[V・A]

$Y_a = V_{AB}I_a$: a相CTに接続されるリレー、計器などの負担[V・A]

これより、a相CTが分担する負担U_aはリレーや計器の力率$\cos\varphi$によって異なり、$\varphi = +30°$(遅れ)のとき最大となるから、

$$U_a = \sqrt{3B_l^2 + 2\sqrt{3}\, B_l Y_a + Y_a^2} = \sqrt{3}\, B_l + Y_a \tag{4・8}$$

この結果、a相CTの負担の最大値は$\varphi = 30°$(遅れ)のときで、リレーや計器の負担Y_aと二次配線の片道分の負担B_lの$\sqrt{3}$倍の和となることがわかる。

次に、同様にc相CTの負担を(4・6)式より求めると、

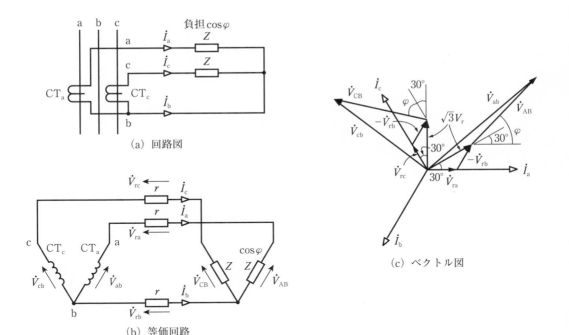

(a) 回路図

(b) 等価回路

(c) ベクトル図

図4・9　∨結線CTの回路とベクトル図

$$\dot{V}_{cb}{}^2 = \left\{ \sqrt{3}\, V_r + V_{CB}\cos(\varphi+30°) \right\}^2 + V_{CB}{}^2 \sin^2(\varphi+30°)$$

両辺に $I_c{}^2$ を乗じると、

$$U_c{}^2 = \left\{ \sqrt{3}\, B_1 + Y_c\cos(\varphi+30°) \right\}^2 + Y_c{}^2 \sin^2(\varphi+30°) = 3B_1{}^2 + 2\sqrt{3}\, B_1 Y_c\cos(\varphi+30°) + Y_c{}^2$$

ここで、

$U_c = V_{bc} I_c$：c相CTが分担する負担[V・A]

$Y_c = V_{CB} I_c$：c相CTに接続されるリレー、計器などの負担[V・A]

c相CTの最大負担は、上式より $\varphi = -30°$ で進み力率のとき生じ、その値はa相CTが分担する最大負担に等しい。しかし、実回路ではCTに接続されるリレーや計器は遅れ負荷であるから、c相CTが分担する負担はa相CTより小さくなる。このため、CTの定格負担を選定するには、a相負担の最大値(4・8)式に基づいて算出すればよい。

さて、CTの定格負担 U_a と接続される負荷の負担 Y_a が定まると、CT二次配線の許容長を求めることができる。(4・7)式より、

$$\sqrt{3}\, B_1 = \sqrt{U_a{}^2 - Y_a{}^2 \sin^2(\varphi-30°)} - Y_a\cos(\varphi-30°)$$

$B_1 = I_a{}^2 r$ とおいて、

$$r = \frac{\sqrt{U_a{}^2 - Y_a{}^2 \sin^2(\varphi-30°)} - Y_a\cos(\varphi-30°)}{\sqrt{3}\, I_a{}^2} [\Omega]$$

ここで求めた r は、CT二次配線の片道の許容抵抗値であり、容易に許容長に換算できる。$\varphi = 30°$（遅れ）とおいて次のように表すこともある。

$$r = \frac{U_a - Y_a}{\sqrt{3}\, I_a{}^2} [\Omega] \tag{4・9}$$

[計算例]

　図4・10にCTの二次側に接続するリレーや計器類の負担[V・A]を示す。これよりCTに必要な定格負担を選定する。

　a相CTの最大負担U_aは(4・8)式から、

$$U_a = \sqrt{3}\,B_l + Y_a = \sqrt{3} \times 2.3 + 18.1 \fallingdotseq 22.1\,[\mathrm{V \cdot A}]$$

　これよりCTは、直近上位の定格負担25 V・Aを選定する。ここで、CT二次配線の負担を片道の$\sqrt{3}$倍としたが、配線が短いときはわかりやすく片道分の2倍と概算することもある。

　ここで、CTの定格負担を25 V・Aとすれば、二次配線に許容される片道の配線抵抗値は(4・9)式より、

$$r = \frac{U_a - Y_a}{\sqrt{3}\,I_a^2} = \frac{25 - 18.1}{\sqrt{3} \times 5^2} \fallingdotseq 0.159\,[\Omega]$$

　配線に$2\,\mathrm{mm}^2$ IV線（導体抵抗$9.24\,\Omega/\mathrm{km}$）を使用すれば、片道の許容配線長Lは次のように求められる。

$$L = \frac{0.159}{9.24 \times 10^{-3}} \fallingdotseq 17\,[\mathrm{m}]$$

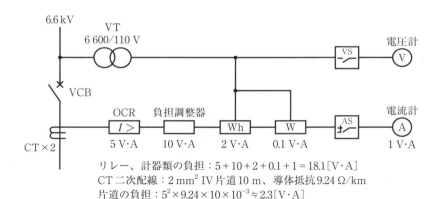

リレー、計器類の負担：$5+10+2+0.1+1 = 18.1\,[\mathrm{V \cdot A}]$
CT二次配線：$2\,\mathrm{mm}^2$ IV片道10 m、導体抵抗$9.24\,\Omega/\mathrm{km}$
片道の負担：$5^2 \times 9.24 \times 10 \times 10^{-3} \fallingdotseq 2.3\,[\mathrm{V \cdot A}]$

図4・10　VT、CTの接続機器

4.4　CTの二次電圧

　計器用変圧器（VT）は二次側端子短絡禁止、CTは二次側端子開放禁止と正反対の取扱いとなる。VTの二次側端子を短絡すれば、短絡電流が流れ焼損するから短絡禁止はわかりやすい。一方、CTの二次側端子の開放がなぜ許されないのか、素直には理解できない。

　CTの二次側の電流については、CT本来の機能に関することであり取り上げられやすいが、二次側端子に生じる電圧については通常数V程度であり関心を呼ぶことは少ない。し

かし、CTの一次側にコンデンサの突入電流が流れたとき、あるいは二次側端子を開放すると、二次端子に生じる電圧が数十Vから数百Vになり、CTや二次側機器の絶縁を脅かすことになる。

（1）負荷電流による二次電圧

図4・1（a）で示すCT等価回路より、負荷電流によるCT二次端子電圧V_2を計算する。

$$V_2 = Z_b I_2 \, [\mathrm{V}]$$

CTの仕様を50/5、二次側に接続される負担（実負担）Z_bを25 V・A、CTの一次側に流れる負荷電流を30 Aとすれば、

$$V_2 = \frac{25}{5^2} \times \frac{5}{50} \times 30 = 3.0 \, [\mathrm{V}]$$

このように、通常の負荷電流が流れているときは、CTの二次電圧は数V程度であり問題となることはない。

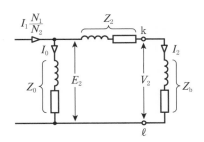

図4・1（a）　CTの等価回路とベクトル図（再掲）

（2）過渡電流による二次電圧

CTには、変圧器やコンデンサの突入電流および電動機の起動電流などの過渡電流が流れる。このうち、コンデンサの突入電流は電流値も大きく高周波成分を含むため、CTにとっては過酷なものとなる。

図4・11の系統で、直列リアクトルなしのコンデンサを電源に投入すると、突入電流I（実効値）はコンデンサの定格電流をI_C、電源系統のリアクタンスをX_L、コンデンサのリアクタンスをX_Cとすれば、おおよそ次式で表される（15章の3参照）。

$$I = I_C \sqrt{\frac{X_C}{X_L}} \, [\mathrm{A}] \tag{4・10}$$

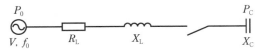

P_0：系統の短絡容量　　R_L：系統の抵抗
P_C：コンデンサ容量　　X_L：系統のリアクタンス
V　：系統の線間電圧　　X_C：コンデンサのリアクタンス
f_0　：系統の周波数

図4・11　コンデンサ系統図

突入電流は時間とともに減衰し、投入後1/2サイクル程度で消滅する。

次に電源周波数をf_0とすれば、突入電流の過渡周波数fは次のように表される。

$$f = f_0 \sqrt{\frac{X_C}{X_L}} \ [\mathrm{Hz}] \tag{4・11}$$

一般的な電源系統では、線路の抵抗R_LはリアクタンスX_Lに比べ小さいので無視すれば、線路の線間電圧をVとおいて電源系統の短絡容量P_0は、

$$P_0 = \sqrt{3}\, V \frac{V}{\sqrt{3}\, X_L} = \frac{V^2}{X_L} \ [\mathrm{V \cdot A}]$$

同様に、コンデンサ容量P_Cを$P_C = V^2/X_C$と表せば、

$$X_L = \frac{V^2}{P_0}, \quad X_C = \frac{V^2}{P_C}$$

これを、（4・10）、（4・11）式に代入すれば、

$$I = I_C \sqrt{\frac{P_0}{P_C}} \ [\mathrm{A}] \tag{4・12}$$

$$f = f_0 \sqrt{\frac{P_0}{P_C}} \ [\mathrm{Hz}] \tag{4・13}$$

このように、コンデンサ突入電流Iと過渡周波数fは大略（4・12）、（4・13）式で表される。いま、図4・11で電源の短絡容量P_0を100 MV・A、コンデンサ容量を100 kvarとすれば、

$$I = I_C \sqrt{\frac{100 \times 10^6}{100 \times 10^3}} \fallingdotseq 31.6 I_C \ [\mathrm{A}]$$

$$f = f_0 \sqrt{\frac{100 \times 10^6}{100 \times 10^3}} \fallingdotseq 31.6 f_0 \ [\mathrm{Hz}]$$

これより、突入電流は定格電流の30倍を超え、周波数も電源周波数の30倍を超えている。

さて、この大きな突入電流がCTの一次側に流れると二次側端子にどのような電圧が生じるか検討する。図4・1（a）で、CT比50/5 A、CTの実負担25 V・A（力率0.8）とすれば、実負担のインピーダンス$\dot{Z}_b$は、

$$\dot{Z}_b = \frac{25}{5^2}(0.8 + \mathrm{j}0.6) = 0.8 + \mathrm{j}0.6 \ [\Omega]$$

コンデンサ突入電流Iと過渡周波数fは、コンデンサ容量を100 kvarとすればそれぞれ$31.6 I_C$、$31.6 f_0$と求められているから、CT二次端子の電圧V_2は、

$$\dot{V}_2 = \dot{I}_2 \dot{Z}_b \ [\mathrm{V}]$$

ここで、$\dot{Z}_b$のリアクタンス（ωL）分は過渡周波数fによって31.6倍となるから、

$$\dot{V}_2 = 31.6 \times \frac{100 \times 10^3}{\sqrt{3} \times 6.6 \times 10^3} \times \frac{5}{50} \times (0.8 + 31.6 \times \mathrm{j}0.6) \fallingdotseq 27.6 \times (0.8 + \mathrm{j}19.0)$$

$$|\dot{V}_2| \fallingdotseq 525 \ [\mathrm{V}]$$

この計算例では、直列リアクトルを付けないコンデンサでは、投入瞬時にCT二次端子には500 Vを超える電圧が生じるので、二次側に接続されたリレーや計器類の絶縁を脅かすこ

とになる。

　コンデンサに直列リアクトルを取り付けると、直列リアクトルのリアクタンスが加算され、回路全体のインピーダンスが大きくなるので突入電流と過渡周波数は抑制される。6％直列リアクトルのとき、突入電流は5倍程度、過渡周波数は4倍程度となるため、二次端子の電圧も問題のない低い電圧に抑えることができる。

　コンデンサに隣接して充電されている並列コンデンサがあると、並列コンデンサからも突入電流が供給されるため、直列リアクトルを付けないと突入電流や過渡周波数は200～300倍に達する。これにより、CTや二次側の電圧はさらに高くなるので、**並列コンデンサがあるときはそれぞれに直列リアクトルの取付けが必要になる。**

（3）CTの二次端子開放

　CTは、通常の使用状態では一次電流と二次電流による磁束は打ち消し合い、鉄心内には励磁電流による磁束のみが存在する。もし、CT二次端子が開放すると二次電流は流れないので、一次電流はすべて励磁電流となり鉄心内の磁束は大きく飽和する。

　図4・12は、CTの励磁電流 I_0 と鉄心内の磁束 ϕ（磁束密度 B）をわかりやすく描いてある。励磁電流が通常の範囲であれば磁束とは比例関係にある。しかし、過大な励磁電流が流れると磁気飽和のため磁束はほぼ一定の扁平(へんぺい)な波形となる。CTの二次誘起電圧 E_2 は、磁束の変化率 dϕ/dt に比例するから、磁束の変化率の大きなところでは急峻(きゅうしゅん)な波形の高電圧となり、磁束が飽和しているところでは誘起電圧は低くなる。この様子を図4・13に示している。

　このような状態になると、鉄損の増大による温度上昇とともに、高い誘起電圧のためCT自身や二次側に接続された機器の絶縁損傷のおそれもある。このため、CT二次端子は回路を開放しないことが原則となる。

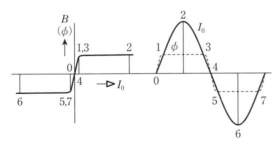

図4・12　励磁電流と磁束の波形例

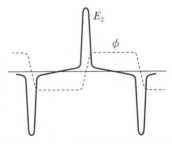

図4・13　二次誘起電圧の波形例

参考文献

＊1 「TR129　計器用変成器適用指針」（一社)日本電機工業会技術資料

＊2 「自家用電気設備Ｑ＆Ａ」OHM 1998年7月別冊　オーム社

＊3 「JSIA-T007　高圧受電設備における変流器二次電引外し方式の課題と考察」（一社)日本配電盤工業会

＊4 「三菱保護継電器技術資料集」　三菱電機

＊5 「三菱指示電気計器・計器用変成器技術資料集」　三菱電機

＊6 JIS C 4620「キュービクル式高圧受電設備」

＊7 「計器用変成器」池田三穂司 著　電気書院

5章 高圧線路の地絡

　配電線の事故の多くは地絡である。配電線の中性点は接地されていない非接地方式のため、線路が大地に接して地絡になっても帰路がないから電流が流れない。しかし、実際には配電線路が長いため、線路と対地間の静電容量を介してわずかに流れる。これが地絡電流で、通常数〜20 Aの電流であるがケーブル化が進んだ大都市ではさらに大きくなる。配電線の短絡電流（数千A）に比べるとはるかに小さいので、線路や機器の熱的被害は軽度である。しかし、配電線の地絡は公衆安全を脅かし、波及事故となるから地絡保護は重要である。

5.1　健全時の電圧と電流

　配電線は非接地方式であるが、配電用変電所には線路の地絡検出用の接地形計器用変圧器（EVT）が設置され、線路の中性点と大地間にはEVTの等価抵抗R_nが接続されている。この様子を図5・1に示す。この等価抵抗値は通常$10\,\mathrm{k}\Omega$なので実質的には高抵抗の接地系統といえる。配電線の各相には、架空線路やケーブル線路の対地静電容量が存在し、相ごとにC_a、C_b、C_cで表している。地絡時には、線路の導体抵抗やインダクタンスは対地静電容量のインピーダンスに比べると小さいので無視される。また、EVTの等価抵抗も対地静電容量のインピーダンスよりもかなり大きいので、概略検討するときは無視することもある。

　図5・1は、配電線路に地絡や短絡がない健全なときを示しており、配電線の線路と対地間にあるインピーダンスは、対地静電容量CとEVTの等価抵抗R_nだけである。線路の電圧が三相平衡していると、各相の対地静電容量が等しければ静電容量に流れる電流$\dot{I}_a$、$\dot{I}_b$、$\dot{I}_c$は等しいので、

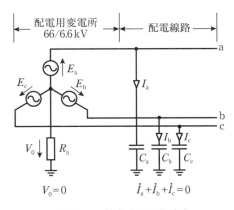

図5・1　健全時の配電線路

$$\dot{I}_\mathrm{a}+\dot{I}_\mathrm{b}+\dot{I}_\mathrm{c}=0$$

となり大地には流出しない。しかし、実系統では各相の対地静電容量には若干の不平衡があるため大地に流出して、EVTの等価抵抗を通じて電源側に還流する。

5.2 完全地絡時の電圧と電流

図5・2(a)は、配電線路のa相が完全地絡（地絡抵抗が0Ω）した様子を示している。図5・2(b)図はそれをわかりやすく描き直している。a相は大地に完全に接しているから対地電圧$\dot{V}_\mathrm{a}$は0である。そして、b相とc相の対地電圧$\dot{V}_\mathrm{b}$、$\dot{V}_\mathrm{c}$は図5・2(b)に示すように線間電圧に等しくなるので、相電圧の$\sqrt{3}$倍に上昇する。これを図5・3のベクトル図に示す。この電圧がb、c相の対地静電容量に印加されるので電流$\dot{I}_\mathrm{b}$、$\dot{I}_\mathrm{c}$が流れる。a相は完全地絡しているので電流は流れない。また、EVTの等価抵抗R_nには地絡したa相の相電圧が印加されるので電流$\dot{I}_\mathrm{n}$が流れる。地絡点にはこれらの電流の和が流れるから地絡電流$\dot{I}_\mathrm{g}$は、

$$\dot{I}_\mathrm{g}=\dot{I}_\mathrm{n}+\dot{I}_\mathrm{b}+\dot{I}_\mathrm{c}$$

ここで、

$$\dot{I}_\mathrm{n}=\frac{\dot{E}_\mathrm{a}}{R_\mathrm{n}}$$

$$\dot{I}_\mathrm{b}=\mathrm{j}\omega C_\mathrm{b}\dot{V}_\mathrm{b}$$

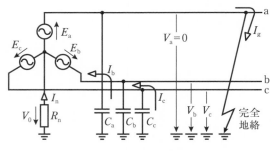

（a）a相完全地絡時の電圧、電流

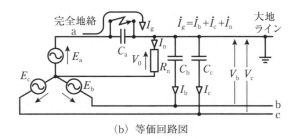

（b）等価回路図

図5・2　a相完全地絡時の配電線路

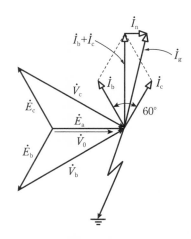

図5・3　a相完全地絡時のベクトル図

$$\dot{I}_c = j\omega C_c \dot{V}_c$$

各相の静電容量が等しいとすれば、$C = C_b = C_c$ とおいて、

$$\dot{I}_g = \frac{\dot{E}_a}{R_n} + j\omega C(\dot{V}_b + \dot{V}_c)$$

ベクトル図より、

$$|\dot{V}_b + \dot{V}_c| = |\sqrt{3}\,\dot{V}_b| = |3\dot{E}_a|$$

であるから、

$$I_g = \sqrt{\left(\frac{E_a}{R_n}\right)^2 + (3\omega C E_a)^2}\,[\mathrm{A}]$$

こうして、a 相完全地絡時の地絡電流が求められる。ここで、EVTの等価抵抗R_nを 10 kΩとすれば、等価抵抗R_nに流れる電流は、

$$I_n = \frac{E_a}{R_n} = \frac{\dfrac{6\,600}{\sqrt{3}}}{10 \times 10^3} \fallingdotseq 0.381\,[\mathrm{A}]$$

このようにI_nの値は小さいので、

$$I_g \fallingdotseq 3\omega C E_a\,[\mathrm{A}] \tag{5・1}$$

と概略計算することもある。図5・2（b）より、a相が完全地絡したときEVTの等価抵抗R_nに生じる電位V_0は地絡電圧（零相電圧、接地電圧ともいう）と呼び、相電圧E_aに等しい。後述する地絡継電器の入力要素として地絡電流I_g、地絡電圧V_0が使用される。

5.3 地絡電流の検出

線路が地絡すると、地絡電流は図5・2に示したように、地絡点から大地に、大地から対地静電容量を通じて電源側に還流する。このため、地絡を検出するには線路の途中に図5・4に示す零相変流器（ZCT）を設置して、三相各相の電流のベクトル和を測定すればよい。

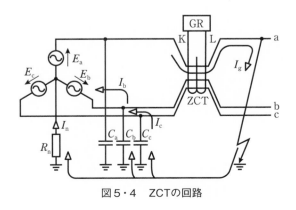

図5・4　ZCTの回路

線路が健全なときは、三相各相の電流は平衡しているので$\dot{I_a}+\dot{I_b}+\dot{I_c}=0$となりZCTの出力はない。ZCT以降で地絡が生じると、地絡電流$\dot{I_g}$は大地に流出するからZCTで$\dot{I_g}$を検出することができる。

5.4 地絡電圧の検出

　配電線路が地絡すると、図5・2で示したように線路と大地間に地絡電圧V_0が生じる。これを検出するには、配電用変電所では**接地形計器用変圧器**が使用される。一方、配電線路に接続される高圧受電設備では**コンデンサ形接地電圧検出装置**が使用されている。

（1）接地形計器用変圧器（EVT）
　配電線路が地絡すると、各相の対地電圧$\dot{V_a}$、$\dot{V_b}$、$\dot{V_c}$が不平衡になるので地絡電圧を検出することができる。図5・5（a）は、配電用変電所に設置されたEVTの回路図でa相が完全地絡した状態である。EVTは、一次側がY結線で電源側に接続され、二次側の△結線の一端子は図5・5（b）に示すように開放されているので**オープンデルタ結線**とも呼ばれる。

　配電線路が健全なときは、EVTの一次側に印加される線路の対地電圧$\dot{V_a}$、$\dot{V_b}$、$\dot{V_c}$は電源の相電圧$\dot{E_a}$、$\dot{E_b}$、$\dot{E_c}$に等しい。EVT二次出力電圧を$\dot{e_a}$、$\dot{e_b}$、$\dot{e_c}$とすればEVTの巻数比$n=\dfrac{E_a}{e_a}=\dfrac{V_a}{e_a}$であるから、EVT二次側の出力電圧（オープンデルタ電圧、地絡電圧）$\dot{v_0}$は、

$$\dot{v_0}=\dot{e_a}+\dot{e_b}+\dot{e_c}=\frac{1}{n}(\dot{V_a}+\dot{V_b}+\dot{V_c})=\frac{1}{n}(\dot{E_a}+\dot{E_b}+\dot{E_c})=0$$

電源の電圧$\dot{E_a}$、$\dot{E_b}$、$\dot{E_c}$は平衡しているから出力電圧v_0は0である。ただ、実際には各相の対地静電容量が若干不平衡になるので、対地電圧$\dot{V_a}$、$\dot{V_b}$、$\dot{V_c}$が不平衡となり多少の電圧（残留電圧）が生じる。

　次にa相が完全地絡すると$\dot{V_a}=0$であるから、

$$\dot{v_0}=\frac{1}{n}(\dot{V_a}+\dot{V_b}+\dot{V_c})=\frac{1}{n}(\dot{V_b}+\dot{V_c})$$

$\dot{V_b}$と$\dot{V_c}$は、図5・3のベクトル図より60°の位相差があり$|\dot{V_b}+\dot{V_c}|=\sqrt{3}\,|\dot{V_b}|=3|\dot{E_a}|$であるから、

$$v_0=\frac{3}{n}E_a \tag{5・2}$$

　ここで、EVTの一次／二次の定格電圧を$E_a=\dfrac{6\,600}{\sqrt{3}}$、$e_a=\dfrac{110}{\sqrt{3}}$[V]とすれば巻数比$n=60$、

相電圧$E_a=\dfrac{6\,600}{\sqrt{3}}\fallingdotseq 3\,810$を代入して、

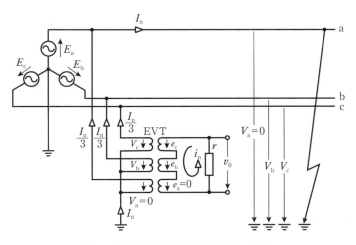
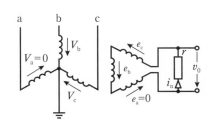

（a）a相完全地絡のEVTの電圧、電流 　　　　（b）EVTのオープンデルタ結線

図5・5　EVTの回路図

$$v_0 = \frac{3 \times 3\,810}{60} \fallingdotseq 190\,[\mathrm{V}]$$

となり、完全地絡すればEVTの二次側には190 Vの電圧が得られることがわかる。EVT二次側には図5・5に示すように抵抗rが接続されているので電流i_nは、

$$i_n = \frac{v_0}{r} = \frac{3E_a}{rn}\,[\mathrm{A}]$$

これを一次電流$\dfrac{I_n}{3}$に換算すると、

$$\frac{I_n}{3} = \frac{i_n}{n} = \frac{3E_a}{rn^2}$$

この$\dfrac{I_n}{3}$は、EVTの一次側の各相に流れる電流である。そして、この電流は二次側のi_nに対応して流れるので同相である。これを三相一括すると$3 \times \dfrac{I_n}{3} = I_n$になる。この$I_n$がEVTの一次側接地線に流れる地絡電流であり、次式のように表される。

$$I_n = 3 \times \frac{I_n}{3} = 3 \times \frac{3E_a}{rn^2} = \frac{E_a}{\dfrac{rn^2}{9}} = \frac{E_a}{R_n}\,[\mathrm{A}] \tag{5・3}$$

なお、上式で、R_nはEVTの一次側から見た等価抵抗を示しており、次式となる。

$$R_n = \frac{rn^2}{9}\,[\Omega]$$

[計算例]

EVTの巻数比を$n = 60$、二次抵抗rを25 Ωと仮定したときの、等価抵抗R_nと完全地絡時にEVTに流れる電流I_nを計算する。

$$R_n = \frac{rn^2}{9} = \frac{25 \times 60^2}{9} \, [\Omega] = 10 \, [\mathrm{k}\Omega]$$

$$I_n = \frac{3\,810}{10 \times 10^3} \, [\mathrm{A}] = 381 \, [\mathrm{mA}]$$

（2）コンデンサ形接地電圧検出装置（ZVT）

配電用変電所にはEVTを設置するが、高圧受電設備ではZVTによって地絡電圧を検出している。

図5・6にZVTの回路図を示す。いま、線路が健全なときはZVTのコンデンサ C_1 に三相平衡した対地電圧 $\dot{V}_a$、$\dot{V}_b$、$\dot{V}_c$ が印加されるのでコンデンサ C_2 に電流は流れない。このため出力 $\dot{v}_0$ は生じない。

a相が抵抗 R_g で地絡すると、各相の対地電圧は不平衡となるからZVTの接地側から C_2 を通じて各相の C_1 に $\dot{I}_{na}$、$\dot{I}_{nb}$、$\dot{I}_{nc}$ の電流が流れる。ZVTの出力変圧器のインピーダンスは C_2 よりもはるかに大きいことを考慮すると、

$$\dot{V}_a = (\dot{I}_{na} + \dot{I}_{nb} + \dot{I}_{nc}) \frac{1}{j\omega C_2} + \frac{\dot{I}_{na}}{j\omega C_1}$$

$$\dot{V}_b = (\dot{I}_{na} + \dot{I}_{nb} + \dot{I}_{nc}) \frac{1}{j\omega C_2} + \frac{\dot{I}_{nb}}{j\omega C_1}$$

$$\dot{V}_c = (\dot{I}_{na} + \dot{I}_{nb} + \dot{I}_{nc}) \frac{1}{j\omega C_2} + \frac{\dot{I}_{nc}}{j\omega C_1}$$

これより、

$$(\dot{I}_{na} + \dot{I}_{nb} + \dot{I}_{nc}) = \frac{\dot{V}_a + \dot{V}_b + \dot{V}_c}{\dfrac{3}{j\omega C_2} + \dfrac{1}{j\omega C_1}}$$

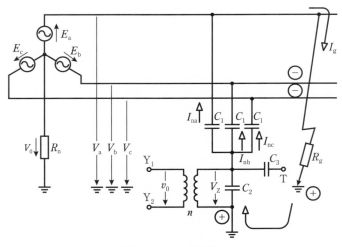

図5・6　ZVTの回路

表5・1　EVTとZVTの出力特性例

地絡状態	高圧側の地絡電圧	EVTのオープンデルタ電圧	ZVTのY₁−Y₂出力電圧例
完全地絡	3 810 V	190 V	1 200 mV
5 %	$3\,810 \times 0.05 \fallingdotseq 190\,[V]$	$190 \times 0.05 = 9.5\,[V]$	$1\,200 \times 0.05 = 60\,[mV]$

C_2 の両端に生じる電圧 $\dot{V}_Z$ は、

$$\dot{V}_Z = (\dot{I}_{na} + \dot{I}_{nb} + \dot{I}_{nc}) \frac{1}{j\omega C_2} = \frac{C_1}{3C_1 + C_2}(\dot{V}_a + \dot{V}_b + \dot{V}_c)$$

各相の電源相電圧を平衡した $\dot{E}_a$、$\dot{E}_b$、$\dot{E}_c$、線路の地絡電圧を $\dot{V}_0$ とすれば図5・6より各相の対地電圧は、

$$\dot{V}_a = \dot{V}_0 - \dot{E}_a, \quad \dot{V}_b = \dot{V}_0 - \dot{E}_b, \quad \dot{V}_c = \dot{V}_0 - \dot{E}_c$$

であるから、

$$\dot{V}_a + \dot{V}_b + \dot{V}_c = 3\dot{V}_0$$

これより、

$$\dot{V}_Z = \frac{C_1}{3C_1 + C_2}(\dot{V}_a + \dot{V}_b + \dot{V}_c) = \frac{C_1}{3C_1 + C_2} 3\dot{V}_0 \tag{5・4}$$

ここで、a相が完全地絡すると $\dot{V}_0 = \dot{E}_a$ であるから、一般的な例として $C_1 = 250\,[pF]$、$C_2 = 0.122\,[\mu F]$ とすれば、

$$V_Z = \frac{C_1}{3C_1 + C_2} 3E_a = \frac{250 \times 10^{-12} \times 3 \times 3\,810}{3 \times 250 \times 10^{-12} + 0.122 \times 10^{-6}} \fallingdotseq 23.3\,[V]$$

ZVTの出力変圧器の巻数比 $n = 20$ とすれば、ZVTの出力端子 $Y_1 - Y_2$ の電圧 v_0 は、

$$v_0 = \frac{23.3}{20} \fallingdotseq 1.2\,[V]$$

このように、完全地絡すると出力端子 $Y_1 - Y_2$ の電圧 v_0 は1.2 Vとなる。表5・1にEVTとZVTの出力特性を示すが、EVTの出力電圧に比べるとZVTは小さな値である。

（3）ZVTの試験用端子T

ZVTには、DGRの動作電圧を試験するため図5・6の端子Tが設けられている。停電して試験するとき、図5・7の端子Tに試験電圧 V_T を加え、出力変圧器の一次側に（5・4）式で

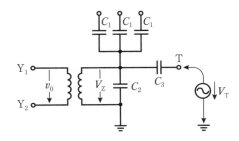

図5・7　ZVTの試験用端子T

示す電圧 V_Z を生じさせればよい。図 $5 \cdot 7$ で、V_T と V_Z は次のように表される。

$$V_Z = \frac{C_3}{C_3 + C_2} V_T$$

端子 T に接続されたコンデンサ C_3 の容量を $C_3 = 3C_1$ とすれば、

$$V_Z = \frac{C_1}{3C_1 + C_2} 3V_T$$

完全地絡時の V_Z は $(5 \cdot 4)$ 式で $V_0 = E_a$ とおいて求められるから、

$$V_Z = \frac{C_1}{3C_1 + C_2} 3E_a$$

これより、試験用端子 T に線路の相電圧 E_a に等しい電圧 V_T を印加すればよい。通常の試験では、地絡電圧 5 ％タップで行われるから、$3\,810 \times 0.05 ≒ 190 \,[\mathrm{V}]$ を印加する。

5.5　地絡継電器

（1）地絡電流と地絡電圧の方向の定め方

　配電線の a 相が完全地絡したとき、図 $5 \cdot 8$ (a) のように地絡電流は a 相から大地に流れると定めると、地絡電流は ZCT の K → L 端子に流れるから、K 端子の極性は（＋）で L 端子は（－）である。各相の対地静電容量と EVT は、大地側から電源側に地絡電流が流れるから、a 相と大地の極性は（＋）で b 相と c 相は（－）となる。このように、地絡電流は ZCT の K → L 端子に流れるとすれば、EVT（ZVT でも同じ）の大地側が（＋）となるのが正常な状態である。

　次に、b 相と c 相を（＋）と考えると図 $5 \cdot 8$ (b) のように地絡電流が ZCT の L → K 端子に流れる。このときは線路の極性は図 $5 \cdot 8$ (a) とは逆になり、EVT は大地側が（－）となる。このように地絡時の方向はどちらに定めてもよく、表 $5 \cdot 2$ に取りまとめて示す。

　この方向の定め方は、方向性地絡継電器（DGR）の動作条件となるので十分理解する必要がある。

　図 $5 \cdot 9$ は、高圧受電設備に適用する DGR の試験回路を示している。図 $5 \cdot 8$ (a) と同様に、ZCT の K 端子側が（＋）とすれば ZVT の大地側を（＋）としなければならない。図 $5 \cdot 9$ では、ZVT の大地側を（－）に接続されているから逆位相となり DGR は動作しない。

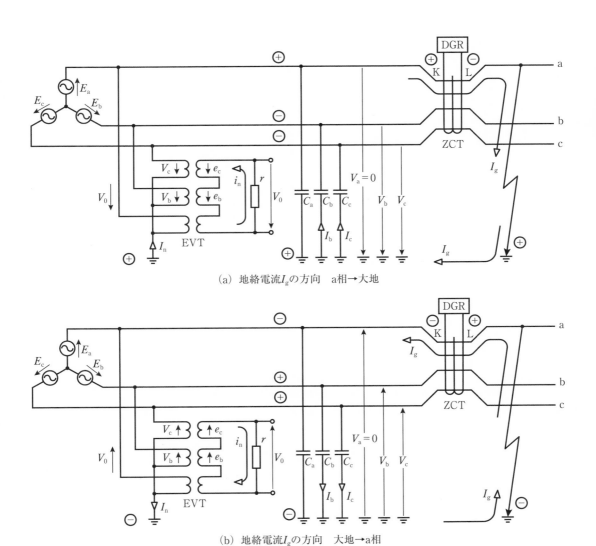

(a) 地絡電流I_gの方向　a相→大地

(b) 地絡電流I_gの方向　大地→a相

図5・8　地絡電流と地絡電圧の方向の定め方

表5・2　a相が地絡したときの極性の定め方

ZCTに流れる I_gの方向	電圧極性		v_0の方向
	a相、大地	b、c相	
K→Lのとき	⊕	⊖	大地側が⊕
L→Kのとき	⊖	⊕	大地側が⊖

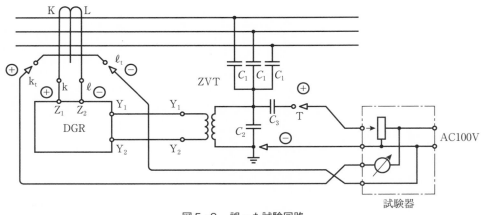

図5・9　誤った試験回路

（2）無方向の地絡継電器（GR）

図5・4で示した地絡継電器は、ZCTで検出された地絡電流の値が整定値を超えると動作する。地絡電流がZCTのK→LあるいはL→K端子のいずれの方向でも動作するので、無方向の地絡継電器（GR）ともいう。GRを使用すると、後述する「もらい事故」を招くおそれがあるので信頼性は低い。また、ZCTの巻線比を1/1 000、GRの入力抵抗を100Ωとすれば、GRの整定電流値が200 mAのとき、GRの入力電圧は、

$$100 \times 200/1\,000 = 20\,[\text{mV}]$$

と微弱な値であり外部ノイズなどの影響を受けやすい。

（3）方向性地絡継電器（DGR）

方向性地絡継電器（DGR）は、地絡したときに生じる地絡電流 I_g と地絡電圧 V_0、そして両者の位相角 θ の3つの要素によって動作する。無方向の地絡継電器（GR）が地絡電流 I_g の単要素で動作するのに対しDGRは信頼性が高いので、最近では一般的な設備にまで広く使用されている。

配電用変電所の各回線には地絡保護用としてDGRが設置されている。図5・10において配電線路に地絡が発生したとき、DGRがどのように動作するかについて述べる。

① 1号線に接続された高圧受電設備Aのa相で完全地絡が生じている。各回線に生じる地絡電流と、配電用変電所のEVTに生じる地絡電圧 v_0（大地側が＋）を図5・10に示す。

② 1号線のZCT$_1$には、2、3号線の地絡電流▷▷▷▷とEVTの電流○▷▷▷がK→Lに流れるから1号線のDGRは動作する。このとき、1号線のb、c相の地絡電流✕▶は ZCT$_1$をL→Kに通過し、配電用変圧器を経由してa相にb、c相の合計した地絡電流✕▷▷がK→Lに流れるため相殺されてZCT$_1$には検出されない。つまり、事故回線のDGRは2号線と3号線やEVTによって生じる地絡電流によって動作するのである。一方、事故点の高圧受電設備のZCT$_4$には1号線の地絡電流も含めて検出されるので、配電変電所のZCT$_1$よりも大きな検出電流となる。

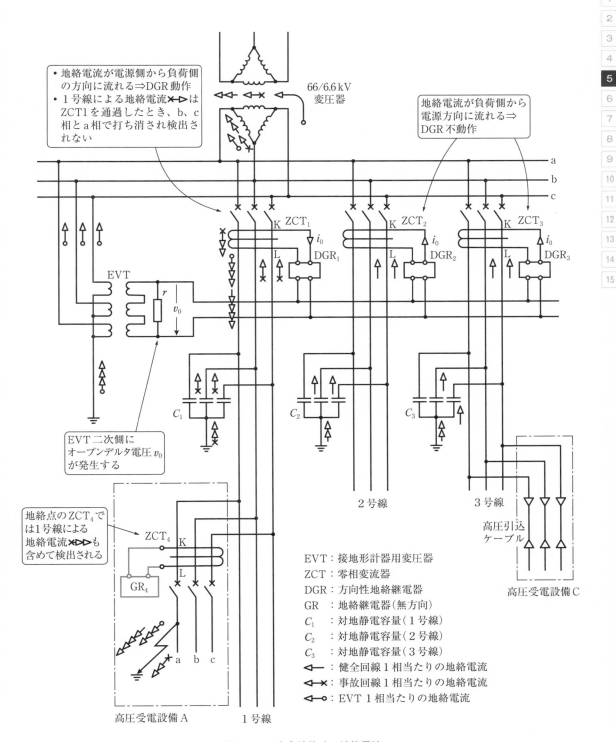

図5・10　完全地絡時の地絡電流

③　2号線、3号線のZCTには地絡電流➡がL→Kに流れるのでDGRは動作しない。

このように、DGRは事故回線のみを選択遮断できるため信頼性の高い設備となる。

さてDGRの動作を、ここではわかりやすく地絡電流がZCTに流れる方向によって定めているが、実際にはDGR内で位相判定を行っている。図5・11にDGRの位相特性例を示す。位相の動作領域は、地絡電圧 $V_0 (v_0)$ を基準にして地絡電流 I_g が進み145°（±25°）～遅れ35°（±20°）の範囲内にあり、併せて I_g と V_0 が整定値（高圧受電設備では通常0.2 A, 5 %）を超えたときDGRは動作する。図5・3のベクトル図で示したように、地絡電流は対地静電容量の充電電流であるから I_g は V_0 よりほぼ90°進んでいる。1号線のDGRに入力する I_g と V_0 はこの状態に相当するから動作する。しかし、2、3号線の地絡電流は逆方向になるからほぼ90°遅れとなりDGRは動作しない。

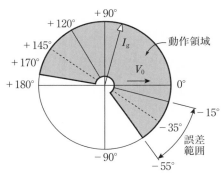

図5・11　DGRの位相特性例

5.6　完全地絡電流

（1）完全地絡電流は不変

配電線路で1相が地絡すると地絡電流が流れる。その大きさは地絡抵抗 R_g によってさまざまであるが、最大のときは地絡抵抗が0のときで、これを**完全地絡**と呼ぶ。地絡電流 I_g は、図5・12の等価回路から次のように求められる（6章の1参照）。

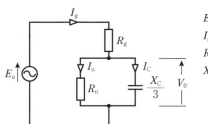

E_a：電源相電圧[V]
I_g：地絡電流[A]
R_n：EVTの等価抵抗[Ω]
X_C：対地静電容量の1相当たりの
　　　リアクタンス[Ω/相]

$$X_C = \frac{1}{\omega C}$$

図5・12　a相地絡時の等価回路

$$\dot{I}_{\mathrm{g}} = \frac{\dot{E}_{\mathrm{a}}}{R_{\mathrm{g}} + \cfrac{1}{\cfrac{1}{R_{\mathrm{n}}} + \cfrac{3}{-\mathrm{j}X_{\mathrm{C}}}}}$$

完全地絡時の電流I_{g}は、$R_{\mathrm{g}}=0$とおいて、

$$\dot{I}_{\mathrm{g}} = \frac{\dot{E}_{\mathrm{a}}}{R_{\mathrm{n}}} + \frac{3\dot{E}_{\mathrm{a}}}{-\mathrm{j}X_{\mathrm{C}}}$$

第1項は、**配電用変電所の接地形計器用変圧器 (EVT) の等価抵抗R_{n}に流れる電流I_{n}**である。第2項はバンクに**接続された全線路の対地静電容量の充電電流I_{C}**で、配電線を構成する架空線とケーブルの長さによって電流値は定まる。線路導体の抵抗とインダクタンスは小さいので無視できるから、**同一バンク内では、配電線のどの回線のどの地点で地絡しても完全地絡時の地絡電流値は変わらない。**配電用変電所の出口でも、配電線の末端で地絡しても完全地絡時の電流は同じである。線路が短絡したとき、短絡箇所が配電用変電所から遠いほど短絡電流が小さくなるのとは大きな違いである。

第1項の電流I_{n}は、$R_{\mathrm{n}}=10\,[\mathrm{k}\Omega]$とすれば、

$$\dot{I}_{\mathrm{n}} = \frac{\dot{E}_{\mathrm{a}}}{R_{\mathrm{n}}} = \frac{3\,810}{10 \times 10^{3}} = 0.381\,[\mathrm{A}]$$

第2項の電流をI_{g0}と表示すれば、

$$\dot{I}_{\mathrm{g0}} = \frac{3\dot{E}_{\mathrm{a}}}{-\mathrm{j}X_{\mathrm{C}}}\,[\mathrm{A}] \tag{5・5}$$

I_{n}はI_{g0}よりはるかに小さいから、完全地絡時の電流はI_{g0}にほぼ等しいので、I_{g0}は**系統の完全地絡電流**とも呼ばれる。

このI_{g0}は、配電線の地絡特性を知るうえで重要な指標で、配電線路を構成する架空線とケーブルの長さから事前に計算することができる。一般的には数〜20 Aであるが、ケーブル化の進んだ都市部ではさらに大きくなる。

図5・10の配電系統で、各回線の構成が**表5・3**のときに流れる完全地絡電流を計算してみる。架空線の1相当たりの対地静電容量Cは次式で求められる。

$$C = \frac{0.02413}{\log_{10}\dfrac{8h^{3}}{rD^{2}}}\,[\mu\mathrm{F/km}]$$

表5・3　配電系統の構成例

回線名	線路の長さ [km]	
	架空線	ケーブル CVT150 mm²
1号線	8	5
2号線	5	2
3号線	7	2
計	20	9

ここで、

h：電線の地上高[m]

r：電線の半径[m]

D：導体の幾何学的平均間隔[m]

$$D = \sqrt[3]{D_{12}D_{23}D_{31}}$$

架空線の装柱を図5・13とし、導体を$150\,\mathrm{mm}^{2}$銅線とすれば$r=8.05\,[\mathrm{mm}]$であるから、

$$C = \cfrac{0.02413}{\log_{10} \cfrac{8 \times 12^3}{8.05 \times 10^{-3} \times (0.7 \times 0.7 \times 1.4)^{\frac{2}{3}}}} \fallingdotseq 0.0038 \fallingdotseq 0.004 \,[\mu\mathrm{F/km}]$$

電線の太さや装柱方法が多少異なっても対地静電容量には大きな影響を与えないので、架空線では1相当たり0.004 μF/km として計算することが多い。

CVTケーブルの対地静電容量は、JIS C 3606に記載されているので表5・4に示す。同JISの解説によれば次式で算出されている。

$$C = \cfrac{0.02413\varepsilon_\mathrm{s}}{\log_{10} \cfrac{D}{d}} \times 1.1 \,[\mu\mathrm{F/km}]$$

ここで、

ε_s ：絶縁体の比誘電率（CVT ケーブルは $\varepsilon_\mathrm{s} = 2.3$）

D ：絶縁体外径（$d_1 + 2t_2 \times 0.9$）

d ：絶縁体内径（$d_1 + 2t_1$）

d_1 ：導体外径[mm]

t_1 ：内部半導電層の厚さ[mm]（解説によれば $t_1 = 1$[mm]）

t_2 ：絶縁体の厚さ[mm]（解説によれば、製造上の誤差を見込んで最低値90％）

1.1：絶縁体内・外径のばらつきなどによる係数

6.6 kV、CVT150 mm^2 ケーブルについて計算する。JISのデータから $d_1 = 14.7$[mm]、$t_2 = 4.0$[mm]を上式に代入して、

$$C = \cfrac{0.02413\varepsilon_\mathrm{s}}{\log_{10} \cfrac{D}{d}} \times 1.1 = \cfrac{0.02413 \times 2.3}{\log_{10} \cfrac{14.7 + 2 \times 4.0 \times 0.9}{14.7 + 2 \times 1}} \times 1.1 \fallingdotseq 0.52 \,[\mu\mathrm{F/km}]$$

さて、表5・4のケーブルの静電容量は、製造上のばらつき1.1を見込んだり、内部半導電層の厚さを1 mm としているが、実際には0.1 mm 程度であるので真値よりも20〜30％程度

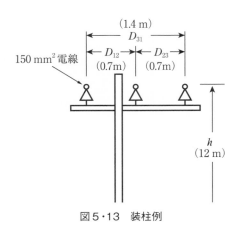

図5・13　装柱例

表5・4　6.6 kV CVT ケーブルの対地静電容量

	公称断面積[mm^2]				
	38	60	100	150	200
1相当たりの対地静電容量[μF/km]	0.32	0.37	0.45	0.52	0.51

表5・5　6.6 kV CVT ケーブルの対地静電容量（参考）

	公称断面積[mm^2]				
	38	60	100	150	200
1相当たりの対地静電容量[μF/km]	0.21	0.25	0.31	0.37	0.37

大きめになっている。この静電容量は、絶縁耐力試験を実施するときに試験器の容量を算出する目安として示されている。このため、試験器に余裕を持たせる必要があり大きめとなっているのである。耐圧試験の実績などより、より真値に近い静電容量を表5・5に示す。

ここでは表5・5を適用して、表5・3の配電系統の1相当たりの対地静電容量を計算する。

架空線　：$C = 0.004 \times 20 = 0.08\,[\mu F]$

ケーブル：$C = 0.37 \times 9 = 3.33\,[\mu F]$

これより、**対地静電容量の大部分はケーブル**によることがわかる。なお、対地静電容量には線路の柱上変圧器や高圧受電設備の引込ケーブルなどにもあるが小さいので無視する。系統の完全地絡時の電流 I_{g0} は(5・5)式から次のように求められる。

$$\dot{I}_{g0} = \frac{3\dot{E}_a}{-jX_C} = j3\omega C\dot{E}_a = j3 \times 2\pi \times 50 \times (0.08 + 3.33) \times 10^{-6} \times 3810 \fallingdotseq j12.2\,[A]$$

（2）完全地絡電流とB種接地抵抗値

完全地絡電流は、配電線路を構成する架空線とケーブルの長さによって求められるため、電力会社では事前に配電用変電所のバンクごとに計算している。計算方法は、電気設備の技術基準の解釈（電技解釈）に基づいている。電技解釈には、B種接地について概ね次のように記載されている。

「B種接地工事の抵抗値は、高圧側線路の1線地絡電流のアンペア数で150を除した値に等しいオーム数とする。ただし、地絡が生じたとき1秒以内に線路を遮断する装置を設けるときは150を600に置き換えることができる。このとき、1線地絡電流は実測値または次の計算式により得た値とする」（ここで表記された1線地絡電流は、系統の完全地絡電流 I_{g0} を指す）。

$$I_{g0} = 1 + \frac{\dfrac{V}{3}L - 100}{150} + \frac{\dfrac{V}{3}L' - 1}{2}\,[A]$$

注）右辺の第2、第3項が負になるときは0とする。I_{g0} の小数点以下は切り上げ、2未満のときは2とする。

ここで、

V：線路の公称電圧を1.1で除した電圧[kV]

6.6 kV は $\dfrac{6.6}{1.1} = 6.0\,[kV]$ となる。

L：同一バンクに接続された高圧線路（ケーブルは除く）の電線延長[km]

三相線路では線路の長さの3倍になる。

L'：同上ケーブル部分の線路の長さ[km]

線路の長さとケーブルの長さは等しい。

上式に、表5・3の数値を代入して、

$$I_{g0} = 1 + \cfrac{\cfrac{6}{3} \times 20 \times 3 - 100}{150} + \cfrac{\cfrac{6}{3} \times 9 - 1}{2} \fallingdotseq 9.6 \,[\mathrm{A}]$$

小数点を切り上げて $I_{g0} = 10\,[\mathrm{A}]$ と求められる。

　B種接地は、架空線の高圧と低圧配線の混触あるいは変圧器の高低圧巻線間などの混触により低圧側に高圧の電気が充電したとき危険であるから、低圧回路の電圧上昇を抑制するために設けられている。配電線では、高圧地絡時には1秒以内に線路を遮断されるので、B種接地点の電圧を600 V以下に抑制するような接地抵抗値を選定する。図5・14に変圧器内での混触した様子を示す。混触により高圧回路の地絡電流 I_{g0} が低圧側のB種接地の抵抗 R_B に流入して $I_{g0} \times R_B$ の電圧が生じる。この電圧が600 V以下になるような R_B の抵抗値とする。このとき、210 V動力回路では各相の対地電圧は、線間電圧を加算して図4のように最大でa相とc相は810 V、b相は600 Vにそれぞれ上昇することがわかる。

　これより、$I_{g0} = 10\,[\mathrm{A}]$ の系統ではB種接地抵抗値（許容値）は次のように算出される。

$$R_B = \frac{600}{10} = 60\,[\Omega]$$

　また、B種接地抵抗値がわかれば上式から逆算して系統の完全地絡電流を知ることができる。

　さて系統の完全地絡電流は、対地静電容量から12.2 A、電技解釈からは10.0 Aと求められたが、かなりの差異がある。対地静電容量については、電技解釈ではケーブルの種類や太さに関係なく一律に算出されているから正確性に欠けることもあるが、差異を認めて概算値として使用すればよい。

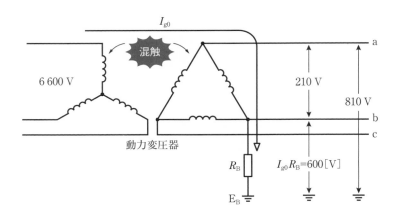

図5・14　混触時のB種接地極の電圧

5.7 配電線の地絡特性

（1）v_0はI_gによって定まる

配電線で地絡すると、図5・12に示すようにEVTの等価抵抗R_nに地絡電圧V_0が生じる。

$$V_0 = I_g \frac{1}{\sqrt{\left(\dfrac{1}{R_n}\right)^2 + \left(\dfrac{3}{X_C}\right)^2}} [\text{V}]$$

系統の完全地絡電流I_{g0}は(5・5)式から、

$$I_{g0} = \frac{3E_a}{X_C} [\text{A}]$$

これよりV_0は次式で表される。

$$\frac{V_0}{E_a} = I_g \frac{1}{\sqrt{\left(\dfrac{E_a}{R_n}\right)^2 + I_{g0}{}^2}}$$

上式で、V_0/E_aは「地絡抵抗R_gにおける地絡電圧÷完全地絡時の地絡電圧」であり、これをEVTのオープンデルタ電圧に換算すると「$v_0/190$」に等しいから、

$$\frac{V_0}{E_a} = \frac{v_0}{190} = I_g \frac{1}{\sqrt{\left(\dfrac{E_a}{R_n}\right)^2 + I_{g0}{}^2}}$$

これよりオープンデルタ電圧v_0は次式で表される。

$$v_0 = \frac{I_g}{\sqrt{\left(\dfrac{E_a}{R_n}\right)^2 + I_{g0}{}^2}} \times 190 [\text{V}] \tag{5・6}$$

上式でE_a/R_nは、EVTの等価抵抗R_nに流れる完全地絡時の電流I_nであり、系統の完全地絡電流I_{g0}よりかなり小さいので、(5・6)式は概略で次のように表してもよい。

$$v_0 \fallingdotseq \frac{I_g}{I_{g0}} \times 190 [\text{V}]$$

これよりオープンデルタ電圧v_0は、ほぼ地絡電流I_gの大きさに比例し、完全地絡時には190 Vになる。これは重要なことで、**v_0はI_gに依存しており、I_gの大きさによってv_0は定まるのである。**

それでは、(5・6)式からv_0とI_gの関係を求めてみる。(5・6)式に、$E_a = 3\,810\,[\text{V}]$、$R_n = 10\,[\text{k}\Omega]$を代入して、$I_{g0}$が0～25 Aの範囲について$v_0$と$I_g$の関係を求めると図5・15が得られる。本図より次のようなことがわかる。

配電線で地絡が生じてオープンデルタ電圧v_0が20 Vであった。I_{g0}が20 Aの系統では、v_0が20 Vに達する地絡電流I_gは図5・15より$I_g = 2.1\,[\text{A}]$と読み取ることができる。次に、I_{g0}が6 Aの系統では$I_g = 0.63\,[\text{A}]$でv_0が20 V生じるのである。このように、同じ地絡電圧を生

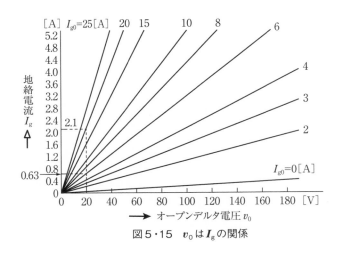

図5・15　v_0 は I_g の関係

じさせるのに必要とする地絡電流は、系統の完全地絡電流 I_{g0} によって異なるのである。

　ここで、配電用変電所のDGRの整定値を

　　地絡電流 $I_0 = 0.2$ [A]

　　オープンデルタ電圧 $v_0 = 10\%$（$190 \times 0.1 \fallingdotseq 20$ [V]）

とする。いま、I_{g0} が20Aの系統で地絡が生じたとき、地絡電流が0.2Aを超えると I_0 要素は動作するが、v_0 要素はまだ動作しない。地絡電流が増加して2.1Aに達したとき初めて v_0 要素が動作する。これで両要素が動作するので、位相判定が良であればDGRは動作する。I_{g0} が6Aの系統では、$I_g = 0.2$ [A]で I_0 要素は動作、0.63Aで v_0 要素が動作する。

　DGRの I_0 整定値が0.2Aであると、なんとなく地絡電流が0.2A以上流れるとDGRが動作するように思いがちであるが、I_{g0} が20Aの系統では約10倍の2.1AでDGRは動作するのである。

（2）I_g は R_g で定まる

　オープンデルタ電圧 v_0 は、地絡電流 I_g によって定まることがわかった。それでは I_g はどうであろうか。図5・12の等価回路を見ると、E_a、R_n、X_C は配電系統の固有値であり、地絡抵抗 R_g のみが変数であるから、I_g は R_g によって定まると考えてよい。図5・12より線路の地絡電圧 V_0 は、

$$\dot{V}_0 = \frac{\dfrac{1}{\dfrac{1}{R_n} + \dfrac{3}{-jX_C}}}{R_g + \dfrac{1}{\dfrac{1}{R_n} + \dfrac{3}{-jX_C}}} \dot{E}_a = \frac{\dot{E}_a}{1 + \dfrac{R_g}{R_n} + \dfrac{3R_g}{-jX_C}}$$

上式を絶対値で表し両辺を2乗すると、

$$\left(\frac{E_a}{V_0}\right)^2 = \left(1 + \frac{R_g}{R_n}\right)^2 + \left(\frac{3R_g}{X_C}\right)^2 \tag{5・7}$$

また、V_0 は次のようにも表されるから、

$$\dot{V}_0 = \frac{1}{\dfrac{1}{R_\mathrm{n}} + \dfrac{3}{-\mathrm{j}X_\mathrm{C}}} \dot{I}_\mathrm{g}$$

同様に絶対値で表し両辺を2乗すると、

$$\left(\frac{3}{X_\mathrm{C}}\right)^2 = \left(\frac{I_\mathrm{g}}{V_0}\right)^2 - \left(\frac{1}{R_\mathrm{n}}\right)^2$$

これを(5・7)式に代入して、

$$\left(\frac{E_\mathrm{a}}{V_0}\right)^2 = \left(1 + \frac{R_\mathrm{g}}{R_\mathrm{n}}\right)^2 + \left\{\left(\frac{I_\mathrm{g}}{V_0}\right)^2 - \left(\frac{1}{R_\mathrm{n}}\right)^2\right\}R_\mathrm{g}^2$$

上式から I_g を求めると、

$$I_\mathrm{g} = \frac{E_\mathrm{a}}{R_\mathrm{g}}\sqrt{1 - \left(1 + \frac{2R_\mathrm{g}}{R_\mathrm{n}}\right)\left(\frac{V_0}{E_\mathrm{a}}\right)^2}$$

ここで、V_0/E_a をオープンデルタ電圧で表すと $v_0/190$ であるから、

$$I_\mathrm{g} = \frac{E_\mathrm{a}}{R_\mathrm{g}}\sqrt{1 - \left(1 + \frac{2R_\mathrm{g}}{R_\mathrm{n}}\right)\left(\frac{v_0}{190}\right)^2}\ [\mathrm{A}] \tag{5・8}$$

上式に、$E_\mathrm{a} = 3\,810\,[\mathrm{V}]$、$R_\mathrm{n} = 10\,[\mathrm{k}\Omega]$ を代入して、地絡抵抗 $R_\mathrm{g} = 0.5$, 1.0, $\cdots$, $20\,[\mathrm{k}\Omega]$ について v_0 と I_g の関係を求め、図5・15に記入すれば図5・16が得られる。

図5・15より v_0 を20 V発生させる I_g は、I_g0 が20 Aの系統では2.1 A、6 Aの系統では0.63 Aであった。図5・16から、このときの地絡抵抗 R_g を求めると、それぞれ1.8 kΩと6.0 kΩである。つまり、DGRの $v_0 = 20\,[\mathrm{V}]$ 整定のとき、I_g0 が20 Aの系統では1.8 kΩ以下、6 Aの系統では6.0 kΩ以下の地絡抵抗で動作する。

一般的に配電線の地絡保護は、地絡抵抗が4〜8 kΩで動作するのが望ましいとされる。この例でもわかるように、I_g0 が20 Aを超えるような都市部の系統では2 kΩ以下の低い感度となっている。

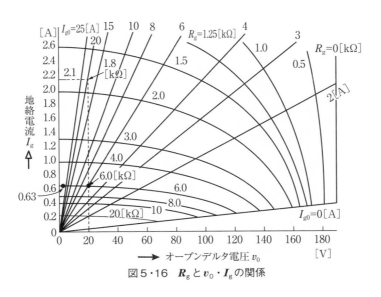

図5・16 R_g と $v_0 \cdot I_\mathrm{g}$ の関係

（3）v_0と検出感度

DGR の v_0 整定値と検出可能な地絡抵抗 R_g について検討する。(5·6)式と(5·8)式から、

$$v_0^2 = \frac{I_g^2}{\left(\dfrac{E_a}{R_n}\right)^2 + I_{g0}^2} \times 190^2 = \frac{190^2}{\left(\dfrac{E_a}{R_n}\right)^2 + I_{g0}^2} \times \left(\frac{E_a}{R_g}\right)^2 \times \left\{1 - \left(1 + \frac{2R_g}{R_n}\right)\left(\frac{v_0}{190}\right)^2\right\}$$

これより v_0 を求めると、

$$v_0 = \frac{190}{\sqrt{\left(1 + \dfrac{R_g}{R_n}\right)^2 + \left(\dfrac{I_{g0} R_g}{E_a}\right)^2}} \ [\text{V}] \tag{5·9}$$

上式に $E_a = 3\,810\,[\text{V}]$、$R_n = 10\,[\text{k}\Omega]$ とし、$I_{g0} = 4,\ 6,\ \cdots,\ 25\,[\text{A}]$ ごとに R_g と v_0 の関係を求めれば図5·17が得られる。本図からも、$I_{g0} = 20\,[\text{A}]$ の系統でDGRの v_0 整定値を20Vとすれば、地絡抵抗の検出感度は1.8 kΩ となる。都心部ではケーブル配線による地中化が進んでいるので、I_{g0} は増加傾向にあり検出感度はさらに低下している。検出感度の低下は、公衆安全の面から望ましくない。都心部の一部では検出感度の向上のため、配電用変電所の v_0 整定値は7.5％（15 V）で運用されている。

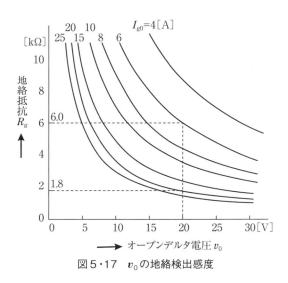

図5·17　v_0 の地絡検出感度

（4）地絡時の位相特性

配電線で地絡が生じると、DGRには地絡電流 I_g と地絡電圧 V_0、および両者の位相角 θ が入力される。図5·12の等価回路より I_g は次のように表される。

$$\dot{I}_g = \left(\frac{1}{R_n} + \frac{3}{-jX_C}\right)\dot{V}_0$$

上式より V_0 を基準とする I_g の位相角 θ は、

$$\theta = \tan^{-1} \frac{\dfrac{3}{X_C}}{\dfrac{1}{R_n}} \text{（進み）}$$

これより、位相角θは地絡抵抗R_gに関係なく定まり、通常の配電線路では地絡電流が正弦波形であれば進み$90°$に近くなる。

（5）高圧受電設備にEVTが使用されない理由

高圧線路の地絡電圧を検出するのに、配電用変電所や特高需要家では接地形計器用変圧器（EVT）が、高圧受電設備にはコンデンサ形接地電圧検出装置（ZVT）が使用されている。なぜ、このように使い分けされているのであろうか。その理由は、それぞれの対地インピーダンスの大きさにある。

EVTの対地インピーダンス（等価抵抗）は一般的に$10\,\text{k}\Omega$であるが、ZVTでは数$\text{M}\Omega$程度ある。このインピーダンスが配電線に接続されるので、EVTでは**高圧需要家の数が多いと線路の対地インピーダンスが低くなり、DGRの検出感度が低下する**のである。

EVTとZVTの結線を図5・18と図5・19に示す。図5・20は配電線路が地絡したときの等価回路で、高圧需要家にEVTまたはZVTを使用したときを示している。

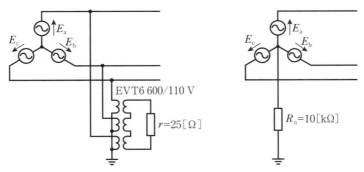

図5・18　EVTの結線と等価回路

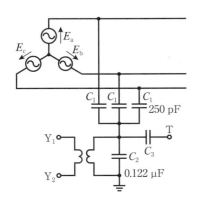

$$X_{C1} = \frac{1}{\omega C_1} = \frac{10^{12}}{2\pi \times 50 \times 250}$$
$$\doteqdot 12.7\,[\text{M}\Omega]$$

$$X_{C2} = \frac{1}{\omega C_2} = \frac{10^6}{2\pi \times 50 \times 0.122}$$
$$\doteqdot 26.1\,[\text{k}\Omega]$$

$X_{C1} \gg X_{C2}$のためX_{C2}は無視できる

図5・19　ZVTの結線と等価回路

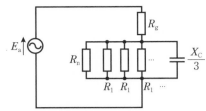

R_n：配電用変電所 EVT の等価抵抗
R_1：高圧需要家 EVT の等価抵抗
$\dfrac{X_C}{3}$：配電線路の対地インピーダンス
（a）EVT

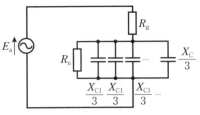

$\dfrac{X_{C1}}{3}$：高圧需要家 ZVT の対地インピーダンス
（b）ZVT

図5・20　地絡時の等価回路

　いま、同一系統の配電線に接続された高圧受電設備の EVT を20台としたときの検出感度について検討する。図5・20（a）に示すように、高圧受電設備の EVT 等価抵抗 R_1（10 kΩ）×20台は、配電用変電所の EVT 等価抵抗 R_n（10 kΩ）と並列に接続されるから、見かけ上の EVT 等価抵抗 $R_n{}'$ は、

$$R_n{}' = \frac{10 \times 10^3}{21} \fallingdotseq 476\,[\Omega]$$

　いま、$I_{g0} = 6\,[\mathrm{A}]$ の系統で $v_0 = 20\,[\mathrm{V}]$ 整定のとき DGR の検出感度は（5・9）式より、

$$v_0 = \frac{190}{\sqrt{\left(1 + \dfrac{R_g}{R_n{}'}\right)^2 + \left(\dfrac{I_{g0}\,R_g}{E_a}\right)^2}} = \frac{190}{\sqrt{\left(1 + \dfrac{R_g}{476}\right)^2 + \left(\dfrac{6 \times R_g}{3\,810}\right)^2}}$$

　これを解くと、$R_g \fallingdotseq 3.3\,[\mathrm{k}\Omega]$ と求められる。高圧受電設備に EVT を使用しなければ図5・17より検出感度は 6.0 kΩ であるから、かなり低下することがわかる。

　次に ZVT の対地インピーダンス X_{C1} は、図5・19に示すように 12.7 MΩ であるから20台並列接続しても等価インピーダンスは、

$$\frac{X_{C1}}{3} \times \frac{1}{20} = \frac{12.7 \times 10^6}{3} \times \frac{1}{20} \fallingdotseq 212\,[\mathrm{k}\Omega]$$

　このように **ZVT の対地インピーダンスは、EVT の等価抵抗 R_n よりもはるかに大きいから、DGR の検出感度には何ら影響を与えない**ことがわかる。このため、高圧受電設備には ZVT が使用されるのである。

　さらに付記すれば、配電線路が地絡により線路が停止したとき、電力会社では事故点探索のため線路の絶縁抵抗測定を行う。このとき、高圧受電設備に EVT を使用していると、一次巻線 EVT の中性点が接地されているから測定値は 0 となり探索が困難になる。

（6）低圧地絡が配電線に及ぼす影響

　低圧線路が地絡したとき、図5・21のように地絡点から B 種接地を通じて変圧器二次側に地絡電流が流れる。この地絡電流によって変圧器一次側にも電流が誘導されるので、高圧側の地絡保護装置に何らかの影響を与えるのではと心配になる。図5・21に変圧器に流れる地

絡電流の様子を示す。低圧回路のa相で地絡すると、地絡電流がB種接地を通じて変圧器二次巻線のb→aとb→c→aに分流して地絡点に戻る。これに対応して、高圧側では地絡電流がa、b相間を単相電流として循環するが、大地には流出しない。このため、EVTの等価抵抗R_nには地絡電流は流れないので地絡電圧V_0は生じない。また、高圧側のZCTには地絡電流が流れるが、a、b相で相殺されるので検出されない。このように、**低圧の地絡は高圧側の地絡保護には影響を及ぼさない**ことがわかる。図5・21に変圧器結線が△−△の例を示すが、他の結線でも同様である。

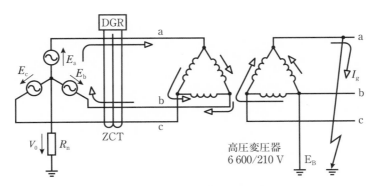

図5・21　低圧地絡が高圧側に及ぼす影響

5.8　間欠地絡[*1, 2]

高圧線路で地絡すれば、図5・22(a)に示すように地絡電流と地絡電圧は基本波を主成分とする連続した波形になるのが一般的である。しかし、地絡の原因がケーブルのピンホールやがいしの表面閃絡などの場合では、放電距離が長いため地絡放電を維持できなくなり地絡電流が途切れ、再度放電を繰り返すことがある。これを**間欠地絡**と呼び、図5・22(b)に波形例を示す。

間欠地絡時の地絡電流は、ごく短時間のパルス状の電流(針状波形)が半サイクルに複数回生じるもの、正負またはどちらか一方の極性の電流、あるいは正弦波形に近い電流が数サイ

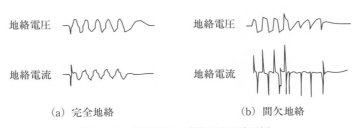

(a) 完全地絡　　　　　　(b) 間欠地絡

図5・22　地絡電圧、地絡電流の波形例

クルの間隔で繰り返すなどさまざまである。地絡電圧と電流の波形が正弦波と大きく異なると、DGRが正しく動作しないことがある。

　以下、ケーブルを例にとって説明する。高圧CVTケーブルが水トリーなどにより導体から絶縁体（厚さ4mm）を通じて銅テープ遮へい層まで導通すると地絡電流が流れ、その熱エネルギーによって絶縁体に小さなピンホールが生じる。そして、地絡電流は銅テープ遮へい層接地線を通じて大地に流出する。このとき、地絡点に接しているビニルシースはピンホールで生じた熱エネルギーに

写真5・1　ケーブル表面のピンホール

よって熱せられ、小さな穴が開くことがある（写真5・1）。しかし、地絡電流が小さいとき、あるいは通電時間が短いと、熱エネルギーが少ないので加熱されて膨らむが穴に至らないこともある（写真5・2）。

　図5・23に、高圧配電線に接続されたケーブルのa相が間欠地絡した様子を示す。図5・24は、間欠地絡が継続しているときの各部の電圧、電流のモデル波形例である。

　図5・24で、t_1時刻以前は地絡電流が途切れた状態（消弧区間）にある。t_1時刻では、対地間の静電容量Cの充電電圧（地絡電圧）は$-V_{01}$、a相の相電圧は$+E_{a1}$に達している。地絡点の電圧（ケーブル導体と銅テープ遮へい層間の電圧）V_gは図5・23（b）の等価回路より、次のように表される。

$$V_g = E_a - V_0$$

　上式に図5・24におけるt_1時刻のそれぞれの値を代入すると、

$$V_g = E_{a1} - (-V_{01}) = E_{a1} + V_{01}$$

ビニルシースの表面に膨らみ（突起）が見える

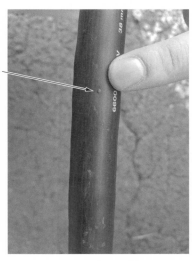

（a）ケーブル表面の膨らみ

（b）絶縁体のピンホール

絶縁体にはピンホールができている

写真5・2　ケーブル表面の膨らみ

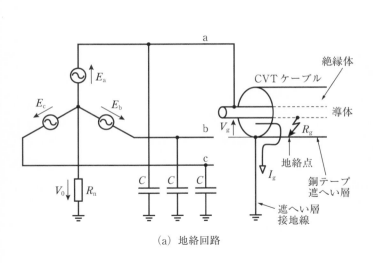

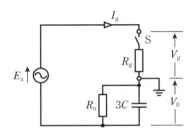

E_a：地絡相の相電圧[V]
V_g：地絡点の電圧[V]
V_0：地絡電圧[V]
I_g：地絡電流[A]
R_n：接地形計器用変圧器(EVT)の等価抵抗[Ω]
R_g：地絡抵抗[Ω]
C：線路の対地静電容量[F/相]
S：地絡スイッチ

（a）地絡回路

（b）等価回路

図5・23　高圧ケーブルの地絡様相

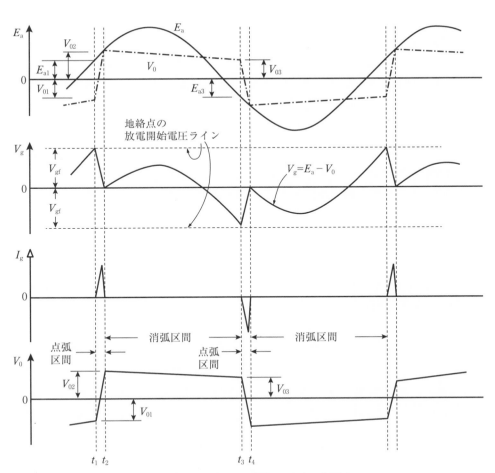

図5・24　間欠地絡時の各部のモデル波形例

この電圧が、ケーブル地絡点の絶縁体に生じたピンホール間の耐電圧（放電開始電圧 V_{gf}）を超えると再放電（再点弧）する。これは図5・23(b)でスイッチSが投入されたことに相当するから、対地静電容量には電源からアークを伴って急速に充電される。これが地絡電流 I_g である。地絡抵抗 R_g（放電中のピンホールの抵抗）は低抵抗のため、充電時間は電源周波数と比較するとごく短時間（点弧区間 t_1～t_2）に終了するから、その電流は針状波形となる。

完全地絡時の電流は、対地静電容量に正弦波電圧を印加したときに流れる電流で、電圧より位相が90°進んだ正弦波電流である。しかし、**間欠地絡時に流れる地絡電流 I_g は、対地静電容量を直流電圧で充電する過渡的な電流に相当している。**

充電が終了する t_2 時刻には、対地静電容量は電源電圧に等しい電圧 V_{02} まで充電され、地絡点に印加されている電圧 $V_g=0$ となるから、地絡電流によるアークは停止する（消弧。図5・23(b)のスイッチSは開放）。対地静電容量に充電された電圧 V_{02} は、DGRに入力される地絡電圧 V_0 である。アークが停止すると、ピンホール内は冷却されて絶縁は急速に回復する。消弧すると充電された電圧 V_{02} は、配電用変電所の接地形計器用変圧器（EVT）の等価抵抗 R_n や線路の漏えい抵抗を通じて徐々に放電して、半サイクル後の t_3 時刻には V_{03} となる。このとき、電源電圧を $-E_{a3}$ とすれば、地絡点の電圧 V_g は、

$$V_g = -E_{a3} - V_{03}$$

この電圧 V_g は、再放電開始電圧 V_{gf} に等しいので再放電する。以降は t_1 時刻と同様に繰り返す。

図5・24のモデル波形では、地絡電流 I_g と地絡電圧 V_0 はわかりやすくきれいな波形となっているが、実回路では V_0 の大きさが急変するため、線路の L と C による過渡現象によって図5・22(b)のように V_0 と I_g の波形は乱れる。しかし、図5・24の時間軸 t を圧縮すると図5・22(b)に相似していることがわかる。DGRにはこの V_0 と I_g が入力される。DGRの入力部にはフィルタが内蔵され、それぞれの基本波成分を抽出して位相判定をしているが、間欠地絡のように正弦波形と大きく異なる波形が入力されると、DGRは正常な動作判定が困難になることがある。

5.9　もらい事故

図5・10で、3号線に高圧受電設備Cの高圧引込ケーブルが接続されている。いま、1号線の高圧受電設備Aのa相で完全地絡すると、3号線の高圧受電設備Cのケーブルにも図5・25のように遮へい層接地線を通じてケーブルの静電容量に応じた地絡電流 I_g が流れる。

図5・25(a)は、高圧負荷開閉器（PAS）あるいは地中線用高圧負荷開閉器（UGS）内にDGRが設置されている例を示している。地絡電流はZCTのL→Kに流れるのでDGRは動作しない。図5・25(b)は、PAS内に無方向のGRが設置されている。同じく同図(c)は、キュービクル内に無方向のGRが設置されている。いずれの場合でも、無方向のGRのためケーブル

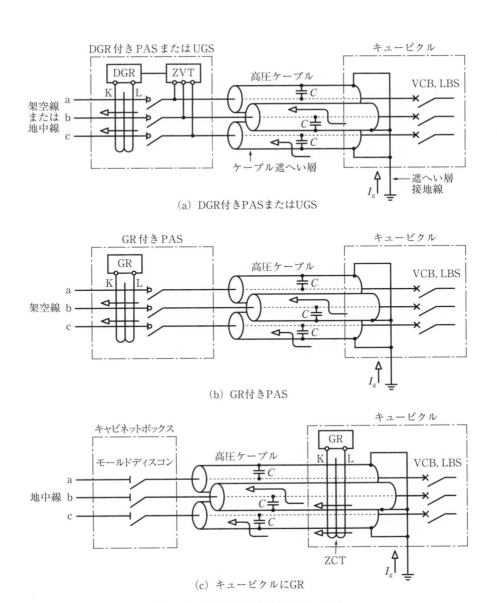

(a) DGR付きPASまたはUGS

(b) GR付きPAS

(c) キュービクルにGR

図5·25　高圧受電設備Cのもらい事故

が長いとGRは誤動作して停電となる。構外の事故で自構内のGRが誤動作することは迷惑なことで、これを**もらい事故**と呼んでいる。

　高圧ケーブルが長いほど対地静電容量が大きくなるからGRが誤動作しやすい。構外で完全地絡が生じたとき、高圧受電設備の高圧ケーブルによって生じる地絡電流I_gは(5·5)式より、

$$I_g = 3\omega CE \ [\text{A}]$$

　無方向のGRの整定値を0.2 Aとすれば、高圧ケーブルの許容対地静電容量Cは50 Hzのとき、

$$C = \frac{I_g}{3\omega E} = \frac{0.2}{3 \times 2\pi \times 50 \times \dfrac{6\,600}{\sqrt{3}}} \fallingdotseq 0.056 \times 10^{-6} \ [\text{F}] = 0.056 \ [\mu\text{F}]$$

99

高圧ケーブルをCVT38 mm^{2}とすれば、JISによると対地静電容量は0.32 µF/kmであるから0.056×$\frac{10^3}{0.32}$≒175[m]に相当する。この計算は地絡電流が正弦波の場合であり、実際の地絡電流はパルス状の間欠的な波形で高調波を多量に含んでいることが多い。GRにはフィルタを内蔵して基本波成分を抽出して動作させているが、安全率を見込む必要がある。また、対地静電容量には構内の分岐用高圧ケーブルや高圧電動機も考慮しなければならないので、無方向のGRでは数十m以下のケーブルに適用される。最近では、信頼性の面からケーブルの長さにかかわらず、DGRが使用されることが多くなっている。

もらい事故を防ぐにはDGRを使用するのが確実であるが、次のような方法も考えられる。

① **GRの整定値を0.4 Aに変更**

　整定値を0.2→0.4 Aにすれば、ケーブルの許容長は2倍になるから効果は大きい。しかし、配電用変電所のDGRは通常0.2 A整定であるから、保護協調の面から許されないことが多い。

② **ケーブル遮へい層接地線の施工方法の変更**

　高圧受電設備の受電方式が図5・25(c)のときだけ適用できる方法で、ケーブル遮へい層接地線を図5・26のようにZCTのL→Kにくぐらせて接地する。ZCT内で、遮へい層接地線に流れる電流と、各相の遮へい層に流れる電流が相殺されるので、もらい事故を防ぐことができる。

図5・26の方法は、もらい事故を防ぐには有効であるが欠点もある。ケーブル自身が劣化や外的損傷により地絡すると、図5・27に示すように地絡電流はZCT内で打ち消し合いGRは動作しない。一方、標準の結線である図5・25(c)では、GRは動作してキュービクルの主開閉器(VCBまたはLBS)を開放する。

ここで注意しなければならないのは、図5・25(c)と図5・27では受電用の主開閉器はケーブルの負荷側にあるため、開放しても事故点は除去できないから配電用変電所の遮断器が開

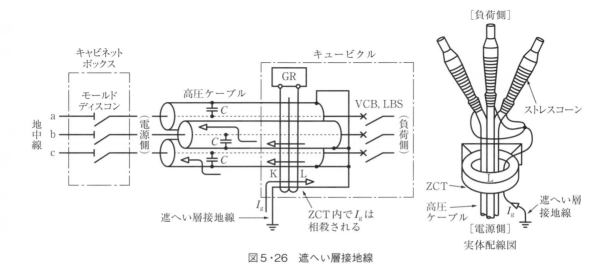

図5・26　遮へい層接地線

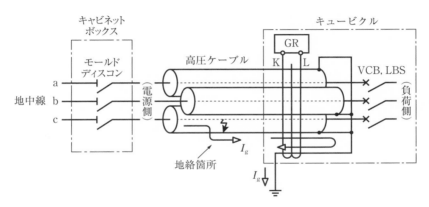

図5・27　ケーブル内で地絡したとき

放して、いわゆる波及事故となる。いずれの方法でも波及事故は避けられないが、主開閉器が開放するか投入のままになっているかの違いだけである。主開閉器が開放していると事故箇所の判明が容易となる。主開閉器以降の事故に対しては、いずれも正常に動作して波及事故にはならない。

5.10　ケーブルの地絡保護[*3]

　高圧ケーブルには、単心の架橋ポリエチレン絶縁ケーブルを3条より合わせたトリプレックス形のCVTケーブルが一般的に使用されている。CVTケーブルは、相ごとに絶縁層（厚さ4mm程度）の上に厚さ約0.1mmの銅テープを巻き、（遮へい層）接地している。これにより、充電部の導体と遮へい層間の電界が均一となり、絶縁体が安定した状態で使用ができる。また、ケーブルが絶縁不良により地絡すると、地絡電流が導体から絶縁層を通じて遮へい層に流れて、遮へい層接地線から大地に流出する。この電流をZCTで検出して地絡保護ができるのである。このとき、回路構成によっては、ZCTと遮へい層の接地線の施工方法が異なるので注意が必要である。

（1）遮へい層の接地

　遮へい層の接地線は、ケーブルを支持するブラケットの接地端子にビス止めされる。接地が外れると、ケーブルの安定使用に支障をきたすだけでなく、図5・28のように、遮へい層接地線と対地間に絶縁体と外皮（ビニルシース）の静電容量の比に按分した電圧 V が生じる。

$$V = \frac{C_1}{C_1 + C_2} E \,[\mathrm{V}]$$

ここで、

　C_1：導体と遮へい層間の静電容量［F］

C_2：遮へい層と大地間の静電容量［F］

E：線路の相電圧　3 810［V］

この電圧は数百ボルトを超えるため人体に対して危険となるので、電気安全の面からも外れることがあってはならない。

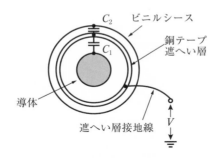

図5・28　遮へい層に生じる電圧

（2）片端接地

高圧受電設備の引込部にはケーブルが使用され、一般的には図5・29に示すようにキュービクル側のケーブル端で3相分の遮へい層接地線を一括接地している。もう一方の電源側のケーブル端は、相ごとに接地線を絶縁処理して開放して非接地としている。これを遮へい層の片端接地と呼んでいる。

構内にサブ変電所や高圧電動機が設置されているときは、主キュービクルから分岐ケーブルで送電される。主キュービクルでは、分岐回路の地絡保護用として分岐ケーブルにZCTを取り付け、分岐ケーブルの遮へい層は三相一括して接地している。ケーブルの他端は、サブ変電所などで開放して片端接地としている。この様子を図5・30に示す。ここで注意しなければならないのは、主キュービクルの**分岐ケーブルの遮へい層の接地線を図5・30のようにZCTのK→Lにくぐらせて接地しなければならない**。分岐ケーブルで地絡事故が生じたとき、ZCTをくぐらせないと地絡電流は「ケーブル導体→遮へい層」と流れるから、ZCT内で相殺されるので検出されない。このため、接地線をくぐらせることにより、初めて検出されるのである。受電引込部に使用する高圧ケーブルが、図5・25(c)のように遮へい層接地線はZCTをくぐらせないで接地するのを標準とするので大きな違いがある。

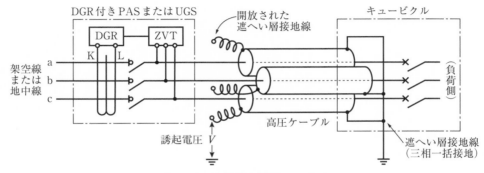

図5・29　片端接地（引込ケーブル）

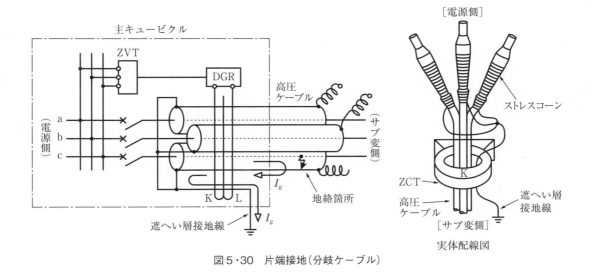

図5・30　片端接地（分岐ケーブル）

実体配線図

（3）開放端に生じる誘起電圧

　ケーブルには、遮へい層と導体間に相互インダクタンスがあるので、導体に流れる高圧負荷電流により遮へい層に電圧が誘起する。片端接地では、キュービクル側の遮へい層は接地されているから、その電圧は図5・29のように電源側の開放された接地線に現れる。CVTケーブルでは次式によって誘起電圧Vが求められる。

$$V = 2\omega I\left(\ln\frac{S}{r_\mathrm{m}}\right) \times 10^{-4}\,[\mathrm{V/km}]$$

ここで、

　$\omega = 2\pi f$　　$f = 50\,[\mathrm{Hz}]$

　I：負荷電流$[\mathrm{A}]$

　S：各相導体間の距離$[\mathrm{m}]$

　r_m：遮へい層の半径$[\mathrm{m}]$

$38\,\mathrm{mm}^2 \times 100\,\mathrm{m}$ CVTケーブルに$I = 100\,[\mathrm{A}]$の負荷電流が流れているとき、遮へい層接地線に現れる電圧Eは$S = 21.3\,[\mathrm{mm}]$、$r_\mathrm{m} = 7.65\,[\mathrm{mm}]$とおいて計算すれば、

$$V = 2 \times 2\pi \times 50 \times 100 \times \ln\frac{21.3}{7.65} \times 10^{-4} \times 0.1 \fallingdotseq 0.64\,[\mathrm{V}]$$

　このように、通常の負荷電流では誘起する電圧は小さいので問題になることはないが、短絡事故が生じたときは大きな短絡電流となる。短絡電流の値は受電点の位置にもよるが、電流値が大きいと誘起電圧が電気安全の目安である50Vを超えることもあるので、過去にはケーブルが100mを超えるときは、ケーブルの両端で遮へい層を接地する両端接地を勧めることもあった。しかし、開放端は絶縁処理され、事故時には瞬時に保護装置が動作して回路が開放されるので、現在では高圧受電設備のケーブルは片端接地が多くなっている。

（4）両端接地

高圧受電設備の多くは片端接地であるが、次のような現象もまれに生じることがある。

① ケーブルの片端接地が何らかの原因で外れたとき、遮へい層に異常電圧が生じる。

② ビニルシースの外傷などで遮へい層に水分が浸入すると、銅テープの腐食が進行して銅テープが破断することがある。破断すると、その箇所が異常発熱して絶縁体が劣化する。

この対策として両端接地とすれば、片端で異常が生じても他端で接地が確保されているから、とりあえず異常現象は避けられる。両端接地としたとき注意しなければならないのは、高圧ケーブルの絶縁測定である。高電圧メガ（5 kV、10 kV）による**G端子接地法**によって絶縁測定をするときは、**遮へい層の両端の接地を外す必要がある**。PAS受電の設備では、1号柱上の高所にある接地線を外さなければならない。

さて、両端接地するとケーブルが地絡したとき地絡電流は両端の接地点に分流するから、ZCTの取付け位置によっては地絡継電器の動作に影響する。

図5・31 (a) は、PAS・UGSに接続した引込ケーブルの両端接地例である。引込ケーブルが地絡すると、両端接地のため地絡電流 I_g は I_{g1} と I_{g2} に分流してそれぞれの接地点から大地に流出する。しかし、PAS・UGSのZCTはケーブルの電源側にあるから、地絡電流 I_g そのものを検出するので正常に動作する。

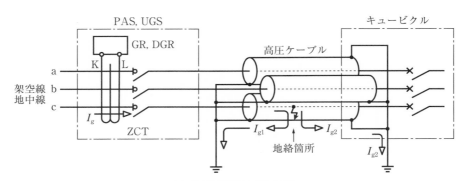

(a) PAS, UGSに GR, DGR

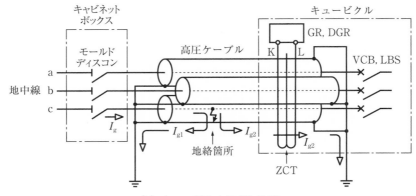

（b）キュービクルに GR, DGR

図5・31　両端接地（引込ケーブル）

図5・31（b）は、キュービクル側にZCTが設置されている。この場合は、ZCTは分流したI_{g2}を検出するから、検出感度が低下するので両端接地は望ましくない。

図5・32は分岐ケーブルの両端接地例である。ケーブルが地絡すると、ZCTには地絡電流I_gに加え、分流したI_{g1}が流入・流出するが、相殺されて地絡電流I_gのみが検出されるので正常に動作する。

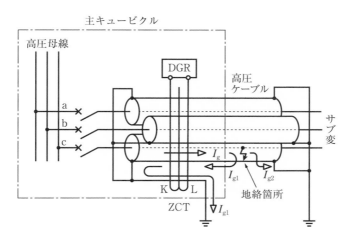

図5・32　両端接地（分岐ケーブル）

5.11　高圧ケーブルの絶縁測定

高圧受電設備で生じる高圧地絡の原因のうち最も多いのが高圧ケーブルである。このため、高圧ケーブルの絶縁管理は重要である。高圧ケーブルの絶縁抵抗値は非常に高いので、通常の高圧機器とは異なった測定方法と判断基準によって行われる。

（1）絶縁測定にあたって

高圧ケーブル（CV、CVT）に使用されている絶縁体は、架橋ポリエチレンでその絶縁性能は非常によい。絶縁抵抗値の明確な基準はないが、一つの指標として高電圧メガの5 000 Vレンジで測定して**10 GΩ（10 000 MΩ）以下は要注意**と判定される[*4]。一般的に、高圧機器や線路の絶縁抵抗値は6 MΩ以上とされるから、ケーブルに求められる絶縁レベルは非常に高いことがわかる。しかし、メガの説明書にはケーブルに対して漏れ電流が0.1 μA以下は良、0.1～1.0 μAは要注意と記載されている例もある。5 000 Vレンジで0.1 μAとすれば$5\,000/(0.1 \times 10^{-6}) = 50 \times 10^9 = 50\,[\text{GΩ}]$が目安となる。実際に現場で測定すれば、5 000 Vレンジでフルスケールの200 GΩとなることが多いことも経験する。

絶縁測定にあたってメガの出力電圧は、高圧6 600 Vの対地電圧の最大値は$\sqrt{2} \times 6\,600/\sqrt{3} \fallingdotseq 5\,390\,[\text{V}]$であるから、通常はこの電圧に相当する5 000 Vレンジ（DC出力

5 000 V）で測定される。一般の高圧回路では、1 000 Vメガが広く使用されているが出力電圧が低く測定範囲も2 000 MΩ以下のためケーブルに対しては正しい測定はできない。高圧地絡事故が生じたとき、**1 000 Vメガでは異常がないのに5 000 Vメガで地絡箇所が判明する**ことは経験することである。

ケーブルにはPAS、UGS、DSやLBSなどの機器が接続されているから、そのまま測定したのでは機器も含めた総合の絶縁測定（E法）となり、ケーブルの絶縁劣化を判断できる高い絶縁抵抗値は得られないことが多い。しかし、ケーブルを単独で測定するにはケーブルと機器の切り離しが必要になる。このとき、メガのガード端子Gを接地して測定するG端子接地法が役に立つ。G端子接地法により測定すれば、機器を接続したままケーブル単独の測定値を得ることができる。

| ある現場の実例 |

10年経過したCVTの埋設ケーブル40 mを5 000 VのG端子接地法で測定した。絶縁抵抗値は1 GΩ（1 000 MΩ）で、危険領域と判断して更新を予定していたが、半月後にケーブルの地絡によりUGSが動作した。

（2）G端子接地法による絶縁測定の原理

図5・33にG端子接地法による測定回路を示す。メガのG端子を接地し、L端子はLBSやDSの一次側に、そしてE端子はケーブルの大地から浮かした遮へい層接地線に接続する。

①　ケーブルの絶縁抵抗R_cに流れる電流I_cは、図5・33（b）に示すようにメガの内部抵抗R_0に流れる電流I_mとビニルシースの絶縁抵抗R_sの電流I_sの和に等しい。メガの内部抵抗は大きくても100 kΩ程度なので、ビニルシースの絶縁抵抗R_sの値がメガの内部抵抗よりもはるかに大きければ、メガの測定値I_mはほぼ絶縁抵抗の電流I_cに等しくなる。このため、G端子接地法の適用にあたっては**ビニルシースの絶縁抵抗R_sを500 V**もしくは**1 000 Vメガで測定して1 MΩ以上であることを確認**しなければならない。ビニルシースの絶縁抵抗が1 MΩ以下であれば、G端子接地法による測定の信頼性が低下するばかりでなく、ビニルシースの劣化・損傷による水分浸入のおそれがあり、水トリーにも進展するのでビニルシースの絶縁管理は重要である。

②　メガのガード端子Gを接地することにより、ケーブルに接続されているPAS、UGS、VCT、DSやLBSなどの絶縁抵抗R_nに流れる電流I_nは、メガのメータ部をバイパスするから測定値には影響を与えない。このG端子の機能により、ケーブルを回路から切り離すことなくケーブル単体の測定ができるのである。

③　メガは、測定物の絶縁抵抗が著しく低下すると垂下特性のため出力電圧が低下する。G端子接地法でも、ケーブルの絶縁抵抗R_cあるいはケーブルに接続された機器の絶縁抵抗R_nが低いと、出力電圧が低下して5 000 Vを印加することができないので正しい絶縁測定ができなくなる。メーカーにもよるが、20 MΩあるいは200 MΩ程度から垂下特性の領域に入る機種もある。最近では、出力電圧計付きのメガの機種もあるので出力電圧を確認しながら測定すればよい。

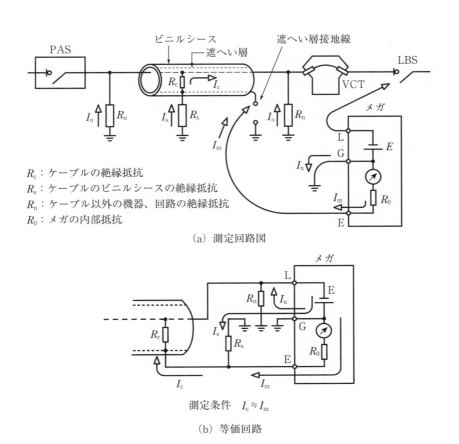

R_c：ケーブルの絶縁抵抗
R_s：ケーブルのビニルシースの絶縁抵抗
R_n：ケーブル以外の機器、回路の絶縁抵抗
R_0：メガの内部抵抗

(a) 測定回路図

測定条件　$I_c \fallingdotseq I_m$

(b) 等価回路

図5・33　G端子接地法によるケーブルの絶縁測定

④　メガのEとGの端子を入れ替えて測定する方法もある。E端子を接地して、G端子を遮へい層接地線に接続すれば、ケーブル以外の機器などの絶縁抵抗R_nが測定できる。もし、この測定値が著しく低いとメガの垂下特性の領域に入っているおそれがある。

参考文献

＊1　「保護リレーシステム工学」大浦好文 監修　（一社)電気学会

＊2　「間欠地絡事故時の零相電流分布とリレーの応動」前田隆文 著　電気技術者 2013-10

＊3　「高圧ケーブルの接地方式とその取扱い」大崎栄吉 著　新電気 2019-9,10　オーム社

＊4　技術資料第116号「高圧CVケーブルの保守・点検指針」(一社)日本電線工業会

6章 高圧地絡の故障計算

　高圧線路で1相が地絡することを1線地絡という。地絡によって生じる地絡電流や地絡電圧を計算することにより、地絡様相を解明し地絡保護が検討される。1線地絡の計算はいくつかの方法がある。ここでは、地絡すると三相回路の負荷が不平衡となることに着目する方法と、鳳－テブナンの定理について取り上げる。次に、線路の対地静電容量は各相で多少不平衡となるので、線路の中性点と大地間に残留電圧が生じる。これが地絡保護に与える影響について述べる。

6.1　配電線の地絡電流

（1）三相不平衡回路

　図6・1（a）で、高圧線路のa相が地絡抵抗 R_g で地絡している。線路の対地静電容量（リアクタンス X_C）は各相とも等しいものとし、電源側には接地形計器用変圧器 EVT の等価抵抗 R_n が大地間に接続されている。線路導体のインダクタンスと抵抗によるインピーダンスは小さいので無視している。図6・1（b）の等価回路で示すように、地絡したa相は R_g と X_C が並列になるので不平衡回路となる。

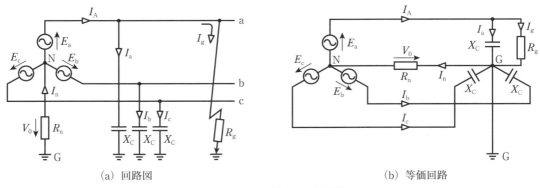

（a）回路図　　　　　　　　　　　　　　　（b）等価回路

図6・1　高圧線路の1線地絡

　電源の三相平衡した相電圧を E_a、E_b、E_c とし、各相の電流を I_A、I_b、I_c、等価抵抗 R_n の電流を I_n、電源中性点と大地間の地絡電圧を V_0 とすれば、

$$\dot{V}_0 = R_n \dot{I}_n \,[\mathrm{V}]$$

$$\dot{E}_a = \dot{I}_A \frac{1}{\dfrac{1}{R_g} + \dfrac{1}{-jX_C}} + \dot{V}_0 \,[\mathrm{V}]$$

$$\dot{E}_b = \dot{I}_b(-jX_C) + \dot{V}_0 \,[\mathrm{V}]$$

$$\dot{E}_c = \dot{I}_c(-jX_C) + \dot{V}_0 \,[\mathrm{V}]$$

ここで、

$$-jX_C = \frac{1}{j\omega C} \,[\Omega]$$

C : 線路の1相当たりの対地静電容量 [F/相]

$$\left.\vphantom{\begin{array}{c}1\\1\\1\\1\\1\\1\\1\end{array}}\right\} \quad (6 \cdot 1)$$

これを変形して、

$$\dot{E}_a \left(\frac{1}{R_g} + \frac{1}{-jX_C} \right) = \dot{I}_A + \left(\frac{1}{R_g} + \frac{1}{-jX_C} \right) \dot{V}_0$$

$$\frac{\dot{E}_b}{-jX_C} = \dot{I}_b + \frac{1}{-jX_C} \dot{V}_0$$

$$\frac{\dot{E}_c}{-jX_C} = \dot{I}_c + \frac{1}{-jX_C} \dot{V}_0$$

上式の両辺を加算すると、

$$\dot{E}_a \left(\frac{1}{R_g} + \frac{1}{-jX_C} \right) + \frac{E_b}{-jX_C} + \frac{E_c}{-jX_C} = \dot{I}_A + \dot{I}_b + \dot{I}_c + \left(\frac{1}{R_g} + \frac{3}{-jX_C} \right) \dot{V}_0$$

ここで、$\dot{I}_A + \dot{I}_b + \dot{I}_c = \dot{I}_n = \dfrac{\dot{V}_0}{R_n}$、電源電圧は三相平衡しているから $\dot{E}_a + \dot{E}_b + \dot{E}_c = 0$ とおいて、

$$\dot{V}_0 = \frac{\dfrac{\dot{E}_a}{R_g}}{\left(\dfrac{1}{R_g} + \dfrac{1}{R_n} + \dfrac{3}{-jX_C} \right)} = \frac{\dot{E}_a}{1 + \left(\dfrac{1}{R_n} + \dfrac{3}{-jX_C} \right) R_g} = \frac{\dfrac{1}{\dfrac{1}{R_n} + \dfrac{3}{-jX_C}}}{R_g + \dfrac{1}{\dfrac{1}{R_n} + \dfrac{3}{-jX_C}}} \dot{E}_a \,[\mathrm{V}] \qquad (6 \cdot 2)$$

次に、図 6・1 (b) の等価回路より各相の電流は次のように求められる。

$$\dot{I}_g = \frac{1}{R_g}(\dot{E}_a - \dot{V}_0) \,[\mathrm{A}]$$

$$\dot{I}_a = \frac{1}{-jX_C}(\dot{E}_a - \dot{V}_0) \,[\mathrm{A}]$$

$$\dot{I}_b = \frac{1}{-jX_C}(\dot{E}_b - \dot{V}_0) \,[\mathrm{A}]$$

$$\dot{I}_c = \frac{1}{-jX_C}(\dot{E}_c - \dot{V}_0) \,[\mathrm{A}]$$

$$\left.\vphantom{\begin{array}{c}1\\1\\1\\1\\1\\1\\1\end{array}}\right\} \quad (6 \cdot 3)$$

ここで、上式の $\dot{I}_a$、$\dot{I}_b$、$\dot{I}_c$ について次のように表す。

$$\left.\begin{aligned}
\dot{I}_a &= \frac{\dot{E}_a}{-\mathrm{j}X_C} - \frac{\dot{V}_0}{-\mathrm{j}X_C} = \dot{I}_{a0} - \dot{I}_{ag}\,[\mathrm{A}] \\
\dot{I}_b &= \frac{\dot{E}_b}{-\mathrm{j}X_C} - \frac{\dot{V}_0}{-\mathrm{j}X_C} = \dot{I}_{b0} - \dot{I}_{bg}\,[\mathrm{A}] \\
\dot{I}_c &= \frac{\dot{E}_c}{-\mathrm{j}X_C} - \frac{\dot{V}_0}{-\mathrm{j}X_C} = \dot{I}_{c0} - \dot{I}_{cg}\,[\mathrm{A}]
\end{aligned}\right\} \quad (6\cdot4)$$

上式で $\dot{I}_{a0}$、$\dot{I}_{b0}$、$\dot{I}_{c0}$ は、地絡前の各相の電流である。$\dot{I}_{ag}$、$\dot{I}_{bg}$、$\dot{I}_{cg}$ については後述するが、各相の対地静電容量に流れる地絡電流である。さて、図6・1（b）で、負荷側の中性点では $\dot{I}_g = \dot{I}_n - \dot{I}_a - \dot{I}_b - \dot{I}_c$ が成立するから（6・4）式を代入して、

$$\dot{I}_g = \dot{I}_n - (\dot{I}_{a0} - \dot{I}_{ag}) - (\dot{I}_{b0} - \dot{I}_{bg}) - (\dot{I}_{c0} - \dot{I}_{cg})$$

地絡前の正常時は $\dot{I}_{a0} + \dot{I}_{b0} + \dot{I}_{c0} = 0$ であるから、

$$\dot{I}_g = \dot{I}_n + \dot{I}_{ag} + \dot{I}_{bg} + \dot{I}_{cg}$$

上式よりa相で生じた地絡電流 I_g は、I_n と各相の対地静電容量に I_{ag}、I_{bg}、I_{cg} の大きさで分流することがわかる。ここで、各相の対地静電容量は等しいとしているから $I_{ag} = I_{bg} = I_{cg}$ である。

また、（6・4）式から次のように理解することもできる。各相の対地静電容量に流れる地絡電流（$\dot{I}_{ag}$, $\dot{I}_{bg}$, $\dot{I}_{cg}$）は、地絡前の電流（$\dot{I}_{a0}$, $\dot{I}_{b0}$, $\dot{I}_{c0}$）と地絡後の電流（$\dot{I}_a$, $\dot{I}_b$, $\dot{I}_c$）の差に等しい。図6・2（a）は地絡前、（b）は地絡後の、（c）は地絡電流のみ抽出した電流分布を示している。

地絡電流の計算は、次のように進める。

$\dot{I}_g$ は（6・3）式より、

$$\dot{I}_g = \frac{1}{R_g}(\dot{E}_a - \dot{V}_0)$$

上式に（6・2）式の $\dot{V}_0$ を代入して、

$$\dot{I}_g = \frac{\dot{E}_a}{R_g}\left(1 - \frac{\dfrac{1}{\dfrac{1}{R_n} + \dfrac{3}{-\mathrm{j}X_C}}}{R_g + \dfrac{1}{\dfrac{1}{R_n} + \dfrac{3}{-\mathrm{j}X_C}}}\right) = \frac{\dot{E}_a}{R_g + \dfrac{1}{\dfrac{1}{R_n} + \dfrac{3}{-\mathrm{j}X_C}}}\,[\mathrm{A}] \qquad (6\cdot5)$$

上式から、地絡電流 I_g の等価回路は図6・2（c）で表されることがわかる。これを描き直すと図6・3になる。

$\dot{I}_{ag}$、$\dot{I}_{bg}$、$\dot{I}_{cg}$ は（6・4）式より、

$$\dot{I}_{ag} = \dot{I}_{bg} = \dot{I}_{cg} = \frac{V_0}{-\mathrm{j}X_C}$$

上式に（6・2）式の $\dot{V}_0$ を代入して、

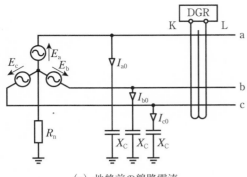

(a) 地絡前の線路電流

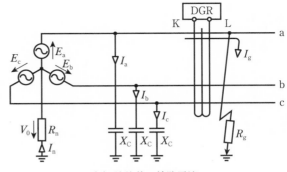

(b) 地絡後の線路電流

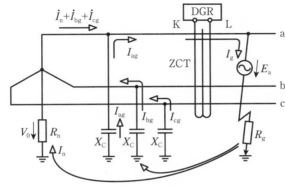

$$\dot{I}_{ag}=\dot{I}_{a0}-\dot{I}_{a}$$
$$\dot{I}_{bg}=\dot{I}_{b0}-\dot{I}_{b}$$
$$\dot{I}_{cg}=\dot{I}_{c0}-\dot{I}_{c}$$
$$\dot{I}_{g}=\dot{I}_{n}+\dot{I}_{ag}+\dot{I}_{bg}+\dot{I}_{cg}$$

(c) 地絡電流のみ抽出した電流分布

図6・2　a相地絡時の1線地路電流

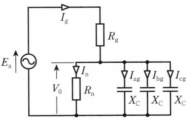

図6・3　a相地絡時の等価回路

$$\dot{I}_{ag}=\dot{I}_{bg}=\dot{I}_{cg}=\cfrac{\cfrac{1}{\cfrac{1}{R_{n}}+\cfrac{3}{-jX_{C}}}}{R_{g}+\cfrac{1}{\cfrac{1}{R_{n}}+\cfrac{3}{-jX_{C}}}}\frac{\dot{E}_{a}}{-jX_{C}}\ [\mathrm{A}] \tag{6・6}$$

$\dot{I}_{n}$ は(6・1)式より、

$$\dot{I}_{n}=\frac{\dot{V}_{0}}{R_{n}}\ [\mathrm{A}]$$

[計算例]

　次の線路定数を持つ配電線のa相で1線地絡したとき、各部の電圧、電流を求める。

- 配電用変電所の1台の変圧器に接続された配電線の対地静電容量Cの合計は1相当たり6.915 [μF/相]とすれば、

$$\frac{1}{-jX_C} = j\omega C = j2\pi \times 50 \times 6.915 \times 10^{-6} \fallingdotseq j2.17 \times 10^{-3} \, [1/\Omega]$$

- 地絡抵抗　　　　　：$R_g = 150 \, [\Omega]$
- EVTの等価抵抗：$R_n = 10 \, [k\Omega]$
- 電源相電圧　　　　：$E_a = 3\,810 \, [V]$, 50 [Hz]

(6・1)、(6・2)、(6・5)、(6・6)の各式から、

$$\dot{V}_0 = \frac{\cfrac{1}{\cfrac{1}{R_n} + \cfrac{3}{-jX_C}}}{R_g + \cfrac{1}{\cfrac{1}{R_n} + \cfrac{3}{-jX_C}}} E_a = \frac{\cfrac{1}{\cfrac{1}{10 \times 10^3} + j3 \times 2.17 \times 10^{-3}}}{150 + \cfrac{1}{\cfrac{1}{10 \times 10^3} + j3 \times 2.17 \times 10^{-3}}} \times 3\,810 \fallingdotseq 1\,949 - j1\,875 \, [V]$$

$$\dot{I}_g = \frac{E_a}{R_g + \cfrac{1}{\cfrac{1}{R_n} + \cfrac{3}{-jX_C}}} = \frac{3\,810}{150 + \cfrac{1}{\cfrac{1}{10 \times 10^3} + j3 \times 2.17 \times 10^{-3}}} \fallingdotseq 12.40 + j12.50 \, [A]$$

$$\dot{I}_n = \frac{\dot{V}_0}{R_n} = \frac{1\,949 - j1\,875}{10 \times 10^3} \fallingdotseq 0.19 - j0.19 \, [A]$$

$$\dot{I}_{ag} = \dot{I}_{bg} = \dot{I}_{cg} = \frac{\cfrac{1}{\cfrac{1}{R_n} + \cfrac{3}{-jX_C}}}{R_g + \cfrac{1}{\cfrac{1}{R_n} + \cfrac{3}{-jX_C}}} \frac{E_a}{-jX_C}$$

$$= \frac{\cfrac{1}{\cfrac{1}{10 \times 10^3} + j3 \times 2.17 \times 10^{-3}}}{150 + \cfrac{1}{\cfrac{1}{10 \times 10^3} + j3 \times 2.17 \times 10^{-3}}} \times 3\,810 \times j2.17 \times 10^{-3}$$

$$\fallingdotseq 4.07 + j4.23 \, [A]$$

　DGRに入力する地絡電流$\dot{I}_g$と地絡電圧$\dot{V}_0$は、

$$\dot{I}_g = 12.40 + j12.50 \, [A]$$

$$\dot{V}_0 = 1\,949 - j1\,875 \, [V]$$

　$\dot{V}_0$は、完全地絡時（100%）では$\dot{V}_0 = E_a = 3\,810 \, [V]$であるから、

$$\frac{V_0}{E_\mathrm{a}} = \frac{\sqrt{1\,949^2 + 1\,875^2}}{3\,810} \fallingdotseq 0.71$$

となり、71％の地絡電圧入力となる。

次に、$\dot{I}_\mathrm{g}$ と $\dot{V}_0$ の位相差を計算する。図6・3より、

$$\dot{I}_\mathrm{g} = \left(\frac{1}{R_\mathrm{n}} + \frac{3}{-\mathrm{j}X_\mathrm{C}} \right) \dot{V}_0$$

上式より $\dot{V}_0$ を基準とする位相差 θ は、

$$\theta = \tan^{-1} \frac{\dfrac{3}{X_\mathrm{C}}}{\dfrac{1}{R_\mathrm{n}}} = \tan^{-1}(3 \times 2.17 \times 10^{-3} \times 10 \times 10^3) \fallingdotseq \tan^{-1} 65.1 \fallingdotseq 89.1° \text{（進み）} \tag{6・7}$$

DGRの動作整定値を、$I_\mathrm{g} = 0.2\,[\mathrm{A}]$、$V_0 = 5\,[\%]$、$\theta = $ 進み角とすれば、動作条件をすべて満たしているのでDGRは動作する。

（2）鳳－テブナンの定理

鳳－テブナンの定理は、回路が簡単で理解しやすいため地絡電流の計算に広く使用される。図6・4（a）のように内部に複数の電源がある回路網があり、外部に引き出した端子A－Bから見た内部のインピーダンスを Z_0 とする。端子間に現れる電圧を E とすれば、端子間にインピーダンス Z を接続すると流れる電流 I は次式で表される。これが鳳－テブナンの定理である。

$$\dot{I} = \frac{\dot{E}}{\dot{Z}_0 + \dot{Z}}\,[\mathrm{A}] \tag{6・8}$$

図6・4（b）は、鳳－テブナンの定理による等価回路を示す。図6・5に示す高圧線路で、a相が地絡抵抗 R_g を通じて地絡しているので鳳－テブナンの定理を適用してみる。

地絡箇所を端子A－Bで引き出す。端子間に地絡抵抗 R_g が接続されると地絡状態となる。

① 地絡前に端子A－Bに現れる電圧 E はa相の相電圧 E_a に等しい。

② 端子A－Bから見た線路のインピーダンス Z_0 は次のように求める。

・線路導体のインダクタンスと抵抗、および電源側のインピーダンスは小さいので0とする。

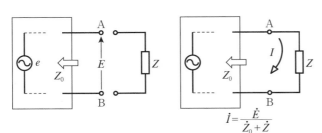

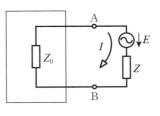

（a）回路図　　　　　　　　　　　　　　　　　（b）等価回路

図6・4　鳳－テブナンの定理

- 電源電圧 E_a、E_b、E_c は取り除き、端子Ａ－Ｂから見た線路の対地インピーダンスを対象とする。

このため、端子Ａ－Ｂから見た線路インピーダンスは図6・6 (a) のようになる。ここで線路の負荷側には高圧変圧器などが接続されているが、電源側のインピーダンスは０で短絡状態にあるから、端子Ａ－Ｂから見た線路の対地インピーダンスには何ら関与しない。

これより、端子Ａ－Ｂから見た線路インピーダンス Z_0 は次式で求められる。

$$\dot{Z}_0 = \frac{1}{\dfrac{1}{R_n} + \dfrac{3}{-jX_C}} \; [\Omega]$$

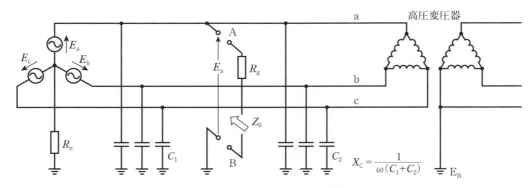

図6・5　地絡と鳳－テブナンの定理

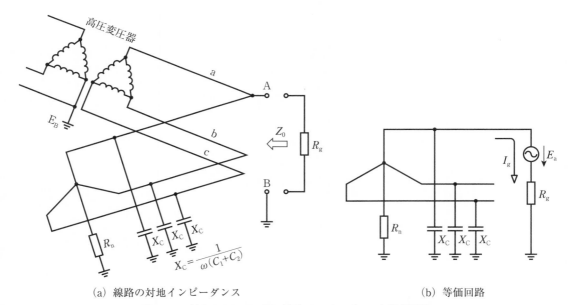

(a) 線路の対地インピーダンス　　　　　(b) 等価回路

図6・6　端子Ａ－Ｂから見た線路インピーダンスと等価回路

114

（6･8）式でE、ZをE_a、R_gと置き換え、上式のZ_0を代入すれば、地絡電流I_gは次のように求められる。

$$\dot{I}_g = \frac{\dot{E}_a}{R_g + \cfrac{1}{\cfrac{1}{R_n} + \cfrac{3}{-jX_C}}} \ [\mathrm{A}]$$

　上式は、三相不平衡回路として求めた（6･5）式と同じである。鳳－テブナンの定理を適用した等価回路を図6･6（b）に示す。同図をわかりやすく描き直すと図6･3になる。

6.2　配電線の残留電圧

　高圧配電線の中性点は非接地方式で、正常時には中性点と大地間の電位は0として通常取り扱っている。しかし架空配電線では、ねん架（線路の相を区間ごとに入れ替えて線路インピーダンスを三相平衡させること）されていないことに加え、線路には単相変圧器や単相線路が存在するため、線路の対地静電容量は多少三相不平衡となっているので線路の中性点と大地間に電圧が生じている。これを**残留電圧**と呼び、大きくても相間電圧の1％（3 810×1［%］≒38［V］）程度である。また、配電線路が長くなると線路の電圧降下が大きくなるので自動電圧調整器（SVR）が設置されるが、SVRは3相のうち2相のみ昇圧する∨結線が多く使用されている。このため、昇圧される相とされない相が生じるのでさらに残留電圧が大きくなり、方向性地絡継電器の零相要素（V_0）ランプが点灯することもある。

（1）線路不平衡による残留電圧
　図6･7の配電線で、各相の対地静電容量によるインピーダンスは不平衡でX_a、X_b、X_cとする。線路導体のインダクタンス、抵抗などは小さいから無視すれば、図6･7より中性点Nと大地間Gに生じる残留電圧V_zは次のように求められる。

　E_a、E_b、E_cは各相の平衡した相電圧とすれば、各相の静電容量に流れる電流I_a、I_b、I_cは、

$$\dot{I}_a = \frac{\dot{E}_a - \dot{V}_z}{-jX_a}, \quad \dot{I}_b = \frac{\dot{E}_b - \dot{V}_z}{-jX_b}, \quad \dot{I}_c = \frac{\dot{E}_c - \dot{V}_z}{-jX_c}$$

　$\dot{I}_a$、$\dot{I}_b$、$\dot{I}_c$の和は、配電用変電所の接地形計器用変圧器（EVT）の等価抵抗R_nを通じて電源側に還流して残留電圧V_zが生じる。

$$\dot{I}_a + \dot{I}_b + \dot{I}_c = \frac{\dot{V}_z}{R_n}$$

　両式より、

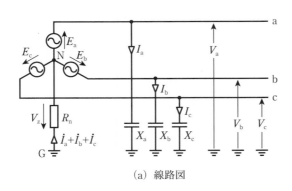

(a) 線路図

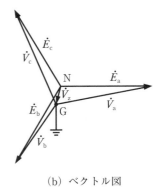

(b) ベクトル図

図6・7　不平衡線路の残留電圧

$$\dot{V}_z = \frac{\dfrac{\dot{E}_a}{-jX_a} + \dfrac{\dot{E}_b}{-jX_b} + \dfrac{\dot{E}_c}{-jX_c}}{\dfrac{1}{R_n} + \dfrac{1}{-jX_a} + \dfrac{1}{-jX_b} + \dfrac{1}{-jX_c}} \ [\text{V}]$$

EVT の等価抵抗 R_n は X_a、X_b、X_c よりもはるかに大きいので、

$$\frac{1}{R_n} \ll \frac{1}{X_a} + \frac{1}{X_b} + \frac{1}{X_c}$$

とすれば、線路不平衡による残留電圧は次式で求めてもよい。

$$\dot{V}_z \fallingdotseq \frac{\dfrac{\dot{E}_a}{-jX_a} + \dfrac{\dot{E}_b}{-jX_b} + \dfrac{\dot{E}_c}{-jX_c}}{\dfrac{1}{-jX_a} + \dfrac{1}{-jX_b} + \dfrac{1}{-jX_c}} \ [\text{V}] \tag{6・9}$$

　ここで、残留電圧の検討を容易にするため (6・9) 式を適用し、配電線路の中性点は完全な非接地として取り扱うことにする。

　残留電圧が生じると各相の対地電圧 V_a、V_b、V_c は図 6・7 (a) から次のように表される。

$$\dot{V}_a = \dot{E}_a - \dot{V}_z, \quad \dot{V}_b = \dot{E}_b - \dot{V}_z, \quad \dot{V}_c = \dot{E}_c - \dot{V}_z$$

　この様子を図 6・7 (b) のベクトル図に示す。残留電圧が生じると各相の対地電圧が不平衡になることがわかる。残留電圧 V_z のベクトル方向は、各相の対地インピーダンスによってあらゆる方向をとる。

　ここで、各相の対地静電容量を C_a、C_b、C_c とすれば、

$$\frac{1}{-jX_a} = j\omega C_a, \quad \frac{1}{-jX_b} = j\omega C_b, \quad \frac{1}{-jX_c} = j\omega C_c$$

これを (6・9) 式に代入して、

$$\dot{V}_z = \frac{C_a \dot{E}_a + C_b \dot{E}_b + C_c \dot{E}_c}{C_a + C_b + C_c}$$

さらに、

$$\dot{E}_b = \left(-\frac{1}{2} - j\frac{\sqrt{3}}{2}\right)\dot{E}_a$$

$$\dot{E}_c = \left(-\frac{1}{2} + j\frac{\sqrt{3}}{2}\right)\dot{E}_a$$

であるから、

$$\dot{V}_z = \frac{(2C_a - C_b - C_c) - j\sqrt{3}\,(C_b - C_c)}{2(C_a + C_b + C_c)}\dot{E}_a$$

絶対値で表すと、

$$V_z = \frac{\sqrt{C_a(C_a - C_b) + C_b(C_b - C_c) + C_c(C_c - C_a)}}{C_a + C_b + C_c}E_a\,[\text{V}] \tag{6·10}$$

なお、文献によっては (6·9) 式に負記号がつくこともあるが、図6·7の V_z を逆方向に定めたときである。

配電線の対地インピーダンスは対地静電容量のみで、線路導体のインダクタンスや抵抗は無視できるので、配電用変電所の同一バンクに接続された配電線のどの位置でも残留電圧は等しいと考えてよい。このため、**配電用変電所と配電線に接続された高圧受電設備で検出される残留電圧は等しいので、地絡保護協調に影響を与えることはない。**

[計算例]

配電用変電所の同一バンク変圧器に接続された配電線の総延長より配電線の残留電圧を計算する。

① 配電線の内訳

架空線：長さ50 km

配電線の装柱を図6·8としたとき、相の配置が非対称となるから相の位置によって対地静電容量は異なる[*1]

外相（a相とc相）：0.0041 μF/km

中相（b相）　　　：0.0035 μF/km

ケーブル：長さ1.8 km，CVT250 mm^2

各相の対地静電容量（JIS C 3606）：0.55 μF/km

② 各相の対地静電容量の合計

C_a と C_c：$0.0041 \times 50 + 0.55 \times 1.8 = 1.195\,[\mu\text{F}]$

C_b　　：$0.0035 \times 50 + 0.55 \times 1.8 = 1.165\,[\mu\text{F}]$

③ (6·10) 式で $C_a = C_c$ とすれば、

$$V_z = \frac{C_a - C_b}{2C_a + C_b}E_a = \frac{1.195 - 1.165}{2 \times 1.195 + 1.165}E_a \fallingdotseq 0.0084E_a\,[\text{V}]$$

これより、残留電圧は0.84%で $0.0084 \times 6\,600/\sqrt{3} \fallingdotseq 32\,[\text{V}]$ になる。

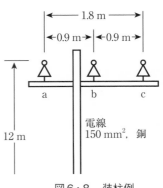

図6·8　装柱例

（電線
150 mm^2，銅）

1.8 m
0.9 m / 0.9 m
a　b　c
12 m

（2）残留電圧と地絡時のベクトル軌跡

残留電圧 V_z の配電線で、地絡したときに生じる地絡電圧 V_0 を求める。図6·9はa相が地

絡した様子を示している。地絡抵抗をR_gとすれば(6・9)式で$-jX_a$を$1/\{1/R_g+1/(-jX_a)\}$と置き換えると地絡電圧V_0が求められるから、

$$\dot{V}_0 = \cfrac{\left(\cfrac{1}{R_g}+\cfrac{1}{-jX_a}\right)\dot{E}_a + \cfrac{\dot{E}_b}{-jX_b} + \cfrac{\dot{E}_c}{-jX_c}}{\cfrac{1}{R_g}+\cfrac{1}{-jX_a}+\cfrac{1}{-jX_b}+\cfrac{1}{-jX_c}}$$

ここで、地絡以前に生じていた残留電圧V_zは(6・9)式より、

$$\dot{V}_z = \cfrac{\cfrac{\dot{E}_a}{-jX_a} + \cfrac{\dot{E}_b}{-jX_b} + \cfrac{\dot{E}_c}{-jX_c}}{\cfrac{1}{-jX_a}+\cfrac{1}{-jX_b}+\cfrac{1}{-jX_c}}$$

両式を組み合わせると、V_0は次式で表すことができる。

$$\dot{V}_0 = \dot{V}_z + \cfrac{\dot{E}_a - \dot{V}_z}{1+\left(\cfrac{1}{-jX_a}+\cfrac{1}{-jX_b}+\cfrac{1}{-jX_c}\right)R_g}$$

上式で、$\dot{E}_a - \dot{V}_z$は図6・7より地絡前のa相の対地電圧$\dot{V}_a$に等しいから$X=\cfrac{1}{\omega C}$とおいて、

$$\dot{V}_0 = \dot{V}_z + \cfrac{\dot{V}_a}{1+j\omega(C_a+C_b+C_c)R_g} = \dot{V}_z + \dot{V}_0{}'$$

ここで、$\dot{V}_0{}'$は地絡抵抗R_gでa相が地絡したときに生じる地絡電圧である。

$$\dot{V}_0{}' = \cfrac{\dot{V}_a}{1+j\omega(C_a+C_b+C_c)R_g}$$

この$V_0{}'$のベクトルの先端は、図6・9(b)に示すように地絡前の大地Gを基点とし地絡前の対地電圧$V_a(\overline{GP})$を直径とする円周上のG′点にある。地絡するとベクトル図の大地はGか

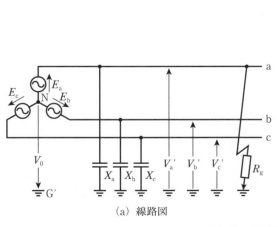

(a) 線路図

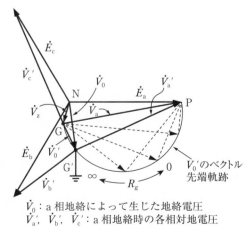

$\dot{V}_0$：a相地絡によって生じた地絡電圧
$\dot{V}_a{}'$,　$\dot{V}_b{}'$,　$\dot{V}_c{}'$：a相地絡時の各相対地電圧

(b) ベクトル図

図6・9　残留電圧とa相地絡

らG′に移動し、この間の電位差$(\overline{\mathrm{GG}'})$が$V_0'$である。地絡したときの地絡電圧$\dot{V}_0$は、$\dot{V}_z$と$\dot{V}_0'$の和であるからN−G′間の大きさとなり、方向性地絡継電器（DGR）にはこのV_0が入力される。a相の対地電圧$\dot{V}_a'$は、図6・9（a）より$\dot{E}_a - \dot{V}_0$であるから$\overline{\mathrm{G'P}}$で表される。地絡抵抗R_gが小さいとV_0'のベクトル先端G′は円周上を右方向に移動して、完全地絡の$R_g = 0$になるとP点に達し、a相の対地電圧V_a'は0になる。

　次に、図6・10はb、c相が地絡したベクトル図を示している。これによれば、線路の残留電圧V_zが存在すると、各相に同程度の地絡が生じてもDGRに入力される地絡電圧V_0の大きさは相によって多少異なる。図6・9、6・10の例では、b、c相よりもa相地絡のときが少し大きくなる。

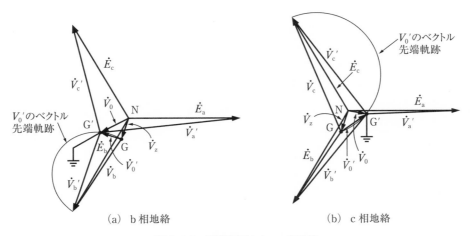

（a）b相地絡　　　　　　　　　（b）c相地絡

図6・10　残留電圧とb、c相地絡

（3）自動電圧調整器（SVR）設置に伴う残留電圧[*2]

　配電線の線路が長くなると、電圧降下が大きくなるのでSVRを設置して昇圧する。SVRの多くは∨結線で、3相のうち2相だけ昇圧するので各相の電圧が不平衡となり、SVRの一次側と二次側に残留電圧が生じる。

　図6・11は、SVRの1相分を表している。単巻変圧器の自動タップ切り替えにより電圧調整ができる。

　図6・12は∨結線のSVRを設置した配電線路を示している。SVRは、a相とc相を昇圧す

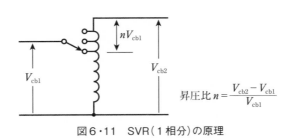

$$昇圧比\ n = \frac{V_{cb2} - V_{cb1}}{V_{cb1}}$$

図6・11　SVR（1相分）の原理

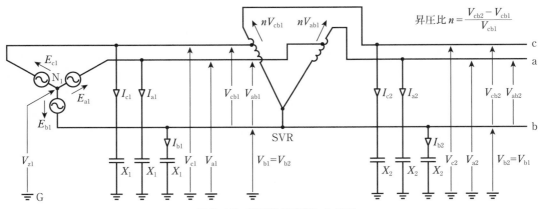

図6・12　配電線に設置したSVR

るがb相は昇圧しない。また、簡単のため線路の対地静電容量は平衡しているものとし、残留電圧 V_z はすべてSVRによって生じるものとする。

　さて、図6・12の回路は図6・13のように2つの回路に分けて考えることができる。図6・13（a）は電源からSVRまでを示す。SVR一次側の三相平衡相電圧を E_{a1}、E_{b1}、E_{c1}、対地電圧を V_{a1}、V_{b1}、V_{c1} とし、SVR設置に伴う一次側の残留電圧を V_{z1} とすれば、

$$\dot{V}_{a1} = \dot{E}_{a1} + \dot{V}_{z1}, \quad \dot{V}_{b1} = \dot{E}_{b1} + \dot{V}_{z1}, \quad \dot{V}_{c1} = \dot{E}_{c1} + \dot{V}_{z1} \tag{6・11}$$

　図6・13（b）はSVRから二次側線路を示している。SVR二次側の対地電圧を V_{a2}、V_{b2}、V_{c2}、二次側の平衡三相回路の相電圧を E_{a2}、E_{b2}、E_{c2}、SVR一次側の線間電圧を V_{ab1}、V_{cb1}、SVR二次側の残留電圧を V_{z2} とすれば、

$$\left.\begin{aligned}
\dot{V}_{a2} &= \dot{E}_{a2} - \dot{V}_{z2} = \dot{V}_{a1} + n\dot{V}_{ab1} \\
\dot{V}_{b2} &= \dot{E}_{b2} - \dot{V}_{z2} = \dot{V}_{b1} \\
\dot{V}_{c2} &= \dot{E}_{c2} - \dot{V}_{z2} = \dot{V}_{c1} + n\dot{V}_{cb1}
\end{aligned}\right\} \tag{6・12}$$

　注）V_{z1} と V_{z2} の方向はどのように定めてもよいが、ここでは図6・12と図6・13のように定めている。

　図6・12より、SVR一次側の中性点と大地間の残留電圧 V_{z1} を求める。一次側の対地静電容量のリアクタンス X_1 に流れる電流 I_{a1}、I_{b1}、I_{c1} は（6・11）式から、

$$\dot{I}_{a1} = \frac{\dot{V}_{a1}}{-jX_1} = \frac{\dot{E}_{a1} + \dot{V}_{z1}}{-jX_1}$$

$$\dot{I}_{b1} = \frac{\dot{V}_{b1}}{-jX_1} = \frac{\dot{E}_{b1} + \dot{V}_{z1}}{-jX_1}$$

$$\dot{I}_{c1} = \frac{\dot{V}_{c1}}{-jX_1} = \frac{\dot{E}_{c1} + \dot{V}_{z1}}{-jX_1}$$

　同じくSVR二次側では、X_2 に流れる電流 I_{a2}、I_{b2}、I_{c2} は図6・12と（6・11）、（6・12）式から、

$$\dot{I}_{a2} = \frac{\dot{V}_{a2}}{-jX_2} = \frac{\dot{V}_{a1} + n\dot{V}_{ab1}}{-jX_2} = \frac{\dot{E}_{a1} + \dot{V}_{z1} + n\dot{V}_{ab1}}{-jX_2}$$

$$\dot{I}_{b2} = \frac{\dot{V}_{b2}}{-jX_2} = \frac{\dot{V}_{b1}}{-jX_2} = \frac{\dot{E}_{b1} + \dot{V}_{z1}}{-jX_2}$$

$$\dot{I}_{c2} = \frac{\dot{V}_{c2}}{-jX_2} = \frac{\dot{V}_{c1} + n\dot{V}_{cb1}}{-jX_2} = \frac{\dot{E}_{c1} + \dot{V}_{z1} + n\dot{V}_{cb1}}{-jX_2}$$

ここで、線路は完全な非接地として取り扱えばX_1とX_2に流れる電流の和は0である。

$$0 = \dot{I}_{a1} + \dot{I}_{b1} + \dot{I}_{c1} + \dot{I}_{a2} + \dot{I}_{b2} + \dot{I}_{c2}$$

$$= \frac{\dot{E}_{a1} + \dot{V}_{z1}}{-jX_1} + \frac{\dot{E}_{b1} + \dot{V}_{z1}}{-jX_1} + \frac{\dot{E}_{c1} + \dot{V}_{z1}}{-jX_1} + \frac{\dot{E}_{a1} + \dot{V}_{z1} + n\dot{V}_{ab1}}{-jX_2} + \frac{\dot{E}_{b1} + \dot{V}_{z1}}{-jX_2} + \frac{\dot{E}_{c1} + \dot{V}_{z1} + n\dot{V}_{cb1}}{-jX_2}$$

$$= (\dot{E}_{a1} + \dot{E}_{b1} + \dot{E}_{c1})\left(\frac{1}{-jX_1} + \frac{1}{-jX_2}\right) + 3\dot{V}_{z1}\left(\frac{1}{-jX_1} + \frac{1}{-jX_2}\right) + n\frac{\dot{V}_{ab1} + \dot{V}_{cb1}}{-jX_2} \qquad (6\cdot13)$$

ここで、

$$\dot{E}_{a1} + \dot{E}_{b1} + \dot{E}_{c1} = 0$$

$$\dot{V}_{ab1} + \dot{V}_{cb1} = (\dot{E}_{a1} - \dot{E}_{b1}) + (\dot{E}_{c1} - \dot{E}_{b1}) = \dot{E}_{a1} + \dot{E}_{c1} - 2\dot{E}_{b1} = -3\dot{E}_{b1}$$

であるから$(6\cdot13)$式は、

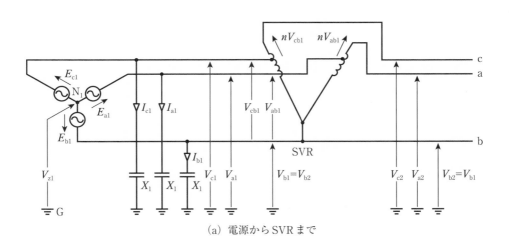

(a) 電源からSVRまで

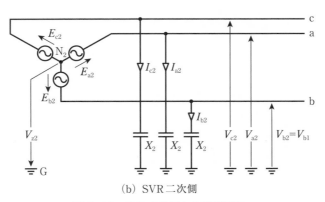

(b) SVR二次側

図$6\cdot13$　SVRを設置した等価回路

$$0 = 3\dot{V}_{z1}\left(\frac{1}{-jX_1} + \frac{1}{-jX_2}\right) - n\frac{3\dot{E}_{b1}}{-jX_2}$$

これより $\dot{V}_{z1}$ は、

$$\dot{V}_{z1} = \frac{-jX_1}{-jX_1 - jX_2}n\dot{E}_{b1} = \frac{X_1}{X_1 + X_2}n\dot{E}_{b1}$$

次に、SVR二次側の残留電圧 V_{z2} を求める。図 6・13(b) より X_2 に流れる電流 I_{a2}、I_{b2}、I_{c2} は、

$$\dot{I}_{a2} = \frac{\dot{V}_{a2}}{-jX_2} = \frac{\dot{E}_{a2} - \dot{V}_{z2}}{-jX_2}$$

$$\dot{I}_{b2} = \frac{\dot{V}_{b2}}{-jX_2} = \frac{\dot{E}_{b2} - \dot{V}_{z2}}{-jX_2}$$

$$\dot{I}_{c2} = \frac{\dot{V}_{c2}}{-jX_2} = \frac{\dot{E}_{c2} - \dot{V}_{z2}}{-jX_2}$$

再び、X_1 と X_2 に流れる電流の和を 0 とおけば、

$$\begin{aligned}
0 &= \dot{I}_{a1} + \dot{I}_{b1} + \dot{I}_{c1} + \dot{I}_{a2} + \dot{I}_{b2} + \dot{I}_{c2}\\
&= \frac{\dot{E}_{a1} + \dot{V}_{z1}}{-jX_1} + \frac{\dot{E}_{b1} + \dot{V}_{z1}}{-jX_1} + \frac{\dot{E}_{c1} + \dot{V}_{z1}}{-jX_1} + \frac{\dot{E}_{a2} - \dot{V}_{z2}}{-jX_2} + \frac{\dot{E}_{b2} - \dot{V}_{z2}}{-jX_2} + \frac{\dot{E}_{c2} - \dot{V}_{z2}}{-jX_2}\\
&= 3\left(\frac{\dot{V}_{z1}}{-jX_1} - \frac{\dot{V}_{z2}}{-jX_2}\right)
\end{aligned}$$

これより、

$$\dot{V}_{z2} = \frac{X_2}{X_1}\dot{V}_{z1}$$

上式に $\dot{V}_{z1} = \dfrac{X_1}{X_1 + X_2}n\dot{E}_{b1}$ を代入して、

$$\dot{V}_{z2} = \frac{X_2}{X_1 + X_2}n\dot{E}_{b1}$$

X_1 と X_2 を静電容量 C_1 と C_2 で表すと $X = \dfrac{1}{\omega C}$ であるから、

$$\left.\begin{aligned}
\dot{V}_{z1} &= \frac{C_2}{C_1 + C_2}n\dot{E}_{b1}\\
\dot{V}_{z2} &= \frac{C_1}{C_1 + C_2}n\dot{E}_{b1}
\end{aligned}\right\}(6\cdot14)$$

上式で表される残留電圧は、文献によっては負記号が付くこともあるが、そのときは図 6・12、図 6・13 の V_{z1} と V_{z2} の方向を逆に定めればよい。図 6・14 にベクトル図を示す。

配電線路では、SVR は線路の末端近くに設置されるので $C_1 > C_2$ となり、SVR で生じる残留電圧の多くは SVR の二次側の線路に現れる。線路が長くなると SVR をさらに設置して 2 段以上となり、SVR の二次側に接続された高圧受電設備の方向性地絡継電器（DGR）の零相

ランプ（V_0、通常5％）が点灯することがある。V_0ランプが点灯すると不安に感じるが、すぐにDGRが動作するわけではない。DGRは、V_0要素に加え地絡電流（I_0、通常0.2 A）と位相を確認して初めて動作する。V_0ランプが点灯していても実際に地絡しないと動作しないことを理解すれば、そのままとしてもよい。配電用変電所のDGRの整定が$V_0 = 10$［％］のときは、電力会社に確認すれば5％から7.5％に整定変更も可能である。

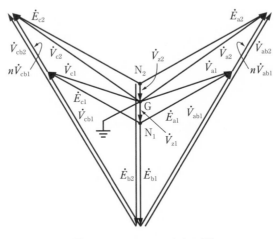

図6・14　SVRのベクトル図

（4）残留電圧の測定

　線路の残留電圧を測定するには、各相の対地電圧V_a、V_b、V_cが必要である。しかし、高圧受電設備の電圧計で表示されるのは線間電圧である。配電用変電所では、接地形計器用変圧器（EVT）の出力が残留電圧を示している。高圧受電設備では、方向性地絡継電器（DGR）に用いられるコンデンサ形接地電圧検出装置（ZVT）によって残留電圧が測定できる。

　図6・15にZVTの回路を示す。端子$Y_1 - Y_2$間に残留電圧が得られるので、オシロスコープあるいは精密なテスタで測定すればよい（5章の4参照）。

　図6・16は、端子$Y_1 - Y_2$間の出力電圧測定波形例で実効値で約10 mVである。ZVTの出力仕様を、線路の地絡電圧が5％のとき$Y_1 - Y_2$間の出力が60 mVとすれば線路の残留電圧は、

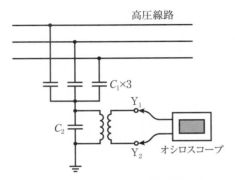

図6・15　ZVTによる残留電圧の測定

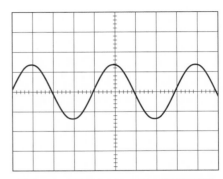

図6・16　ZVT $Y_1 - Y_2$の出力電圧波形例
（50 Hz、Y軸10 mV/DIV）

$$\frac{10}{60} \times 5 \fallingdotseq 0.8\,[\%]$$

となり線路の電圧値に換算すると、

$$3\,810 \times 0.8/100 \fallingdotseq 30\,[\mathrm{V}]$$

となる。

参考文献

＊1 「線路定数」大崎栄吉 著 新電気2018年6月号付録 オーム社
＊2 「自家用電気設備Q&A」OHM1998年7月別冊 オーム社

7章 配電線の地絡保護協調

　配電用変電所（配変）と配電線に接続された高圧受電設備には、それぞれ地絡保護装置が設置されている。高圧受電設備の構内で生じた地絡事故では、配変よりも高圧受電設備の地絡保護装置が先行動作して、波及事故にならないように保護協調を図らなければならない。

7.1　地絡保護協調

（1）保護協調の基本

　配変と高圧受電設備の地絡保護協調を図るため、それぞれに設置された地絡保護継電器の動作整定値と動作時間に整定差を設けなければならない。

　配変に設置された方向性地絡継電器（DGR）は次のように整定されている（関東地区）。

　　V_0：10%（20 V）

　　I_0：0.2 A

　　動作時間：0.9秒

　高圧受電設備には、無方向の地絡継電器（GR）あるいは方向性地絡継電器（DGR）が設置され、通常次のように整定される。

　GR では、

　　I_0：0.2 A

　　動作時間：0.2秒

　DGR では、

　　V_0：5 %（10 V）

　　I_0：0.2 A

　　動作時間：0.2秒

　図7・1に配変DGRと高圧受電設備のGR、DGRの保護範囲を示す。

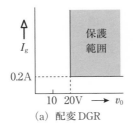
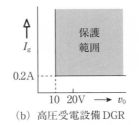
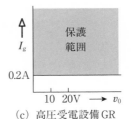

（a）配変 DGR　　　（b）高圧受電設備 DGR　　　（c）高圧受電設備 GR

図7・1　DGR・GRの保護範囲

地絡継電器が動作すると高圧受電設備の主開閉器が開放する。主開閉器には小規模施設では電力ヒューズ付き負荷開閉器（LBS）、それ以外の設備では真空遮断器（VCB）が使用され、LBSでは0.1秒、VCBでは3 Hz（50 Hzで0.06秒）で開路する。これより、高圧受電設備で地絡事故が生じたとき主開閉器が開路するまでの時間は、

　　GR・DGR＋LBS　　　0.3秒
　　GR・DGR＋VCB　　　0.26秒

　このとき、配変のDGRの動作時間は0.9秒であるから、高圧受電設備の主開閉器が先行動作して保護協調が取れていることがわかる。

（2）地絡協調図

　配電線の地絡特性図5・15に、配変と高圧受電設備のDGRの動作特性を書き込むと図7・2が得られる。同図は、保護協調を検討するうえで必要な$v_0 = 30$［V］以下を拡大して描いてある。

　いま、配電線路で地絡事故が発生して地絡電流が0.7 A流れたとき、接地形計器用変圧器（EVT）に生じるオープンデルタ電圧v_0を図7・2で検討する。v_0は配電系統の完全地絡電流I_{g0}によって変わるから、

　　$I_{g0} = 20$［A］の系統：$v_0 = 6.6$［V］
　　$I_{g0} = 10$［A］の系統：$v_0 = 13.3$［V］
　　$I_{g0} = 5$［A］の系統：$v_0 = 26.5$［V］

　これより、I_{g0}の大きい系統ほどEVTに生じるv_0の値は小さいことがわかる。このとき、配変と高圧受電設備のDGR動作は図7・2から、

　　$I_{g0} = 20$［A］の系統：高圧受電設備と配変のDGRはともに不動作

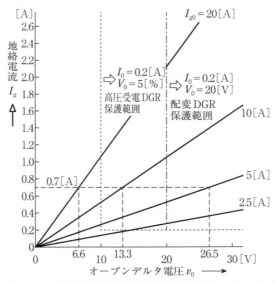

図7・2　地絡保護協調図（高圧受電設備DGR 0.2A、5%）

$I_{g0} = 10$ [A] の系統：高圧受電設備のDGRは動作、配変のDGRは不動作

$I_{g0} = 5$ [A] の系統：高圧受電設備と配変のDGRはともに動作

このようにI_{g0}が大きい都市部の系統では、地絡電流が0.7 A流れるとI_0要素は動作するが、V_0要素は整定値に達しないので配変と高圧受電設備のどちらのDGRも動作しない。しかし、$I_{g0} = 5$ [A] の系統では地絡電流が同じ0.7 Aでも、高圧受電設備と配変のDGRはともに動作する。このとき、それぞれのDGRの動作時間整定が0.2秒と0.9秒であるから、高圧受電設備側が先行動作して保護協調が図られる。

次に、高圧受電設備が無方向のGRのときの地絡保護協調図を図7・3に示す。GRはどのようなI_{g0}の系統でも、地絡電流が0.2 A以上流れると動作時間が0.2秒で動作するので、配変との保護協調に問題はない。

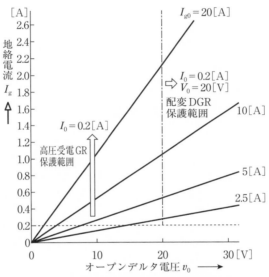

図7・3　地絡保護協調図（高圧受電設備 GR 0.2A）

7.2　地絡継電器の整定値変更

高圧受電設備の整定値は（関東地区）、GRは$I_0 = 0.2$ [A]、DGRでは$V_0 = 5$ [%]（10 V）、$I_0 = 0.2$ [A]、動作時間はいずれも0.2秒であるが、受電設備の運用、形態によって整定値を変更したいことがある。以下、各整定値について検討するが、電力会社との打合せにより保護協調が取れる範囲で変更できることもある。

（1）無方向GRの$I_0 = 0.4$ [A] 整定について[*1]

無方向のGRを設置している受電設備では、0.4 A整定を求める根拠として次のようなことがある。

① 受電設備が2段(主変とサブ変)になるとき

受電設備が2段(主変とサブ変)になるとき、主変を0.4 A、サブ変を0.2 Aとして、地絡電流の大きさによって選択遮断をして保護協調を図ろうとするものである。

しかし、地絡電流が0.2～0.4 Aの範囲では有効であるが0.4 Aを超えるとGRの動作時間は定限時で地絡電流の大きさに関係なく0.2秒であるから、動作電流に差をつけても同時に動作する。

主変とサブ変間の保護協調を図るには、DGRを使用して動作時間に差をつけることにより可能となる。

② もらい事故を防ぐため

もらい事故を防ぐには、方向性の機能を備えたDGRの採用が最も望ましい。しかし、GRの整定を0.4 Aとすれば、もらい事故の原因となる引込ケーブルの許容長が2倍になるから有効な方法ともいえる。0.4 A整定の根拠は次のとおりである。

配変のDGRのI_0整定値は0.2 Aであるが20 VのV_0要素を動作させるには、例えば$I_{g0}=5$ [A]の系統では、図7・4に示すように0.52 A以上のI_0が流れて初めてV_0要素が動作する。同様に、$I_{g0}=3.8$ [A](理論値)の系統ではI_0が0.4 A以上流れて20 Vとなり、V_0要素が動作する。このため、$I_{g0}=3.8$ [A]以上の系統では受電設備のGRの整定を0.4 Aとしても協調上問題ないとの考えである。

これに対して、

- 図7・4に示すように、$I_{g0}=3.8$ [A]以下の系統では受電設備のGRが動作しない領域が生じる
- 配電線の自動化が進み、事故発生時には系統切替が行われるので、系統のI_{g0}が小さくなることがある。

などの理由で0.4 A整定は困難な状況にある。

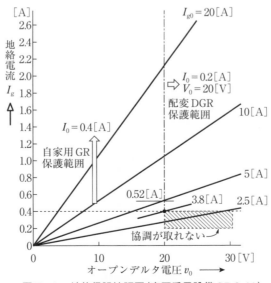

図7・4　地絡保護協調図(高圧受電設備 GR 0.4A)

（2）動作時間0.5秒について

　受電設備が2段（主変とサブ変）になると、DGR間の動作協調を図るため一般的に0.3秒の時間差をつけるから、主変DGRは0.5秒、サブ変DGRを0.2秒に整定する。配変のDGRは0.9秒であるから、主変の0.5秒とは0.4秒の時間差があり協調上問題がないので、電力会社の了解を得て整定変更ができる。高圧受電設備で3段になると配変も含めて動作協調は取れなくなる。この場合、動作協調を組み込んだDGRを使用すればよい。3段以上の多段でも、DGR間に協調信号を通じて協調動作をすることができるが詳細は後述する。

（3）V_0＝7.5 [%]整定について（6章の2参照）

　山間地などで配電線が長くなると、線路の電圧降下を補うため自動電圧調整器（SVR）を設置して線路電圧を昇圧している。SVRは∨結線のものが多く使用されるため、3相のうち2相だけ昇圧される。そのためSVR二次側線路では電圧が不平衡になるので、線路の中性点と対地間に残留電圧が生じる。これにより、線路が地絡していないのに、SVR二次側線路に接続された高圧受電設備のDGRのV_0ランプが点灯することもある。V_0ランプが点灯しても、地絡事故が生じなければDGRは動作しない。I_0入力と位相判定が加わって初めて動作する。したがって、V_0ランプが動作する理由を理解したうえでそのまま使用することもできる。また、配変のDGRのV_0整定が10％相当の20 Vであれば、余裕があるから7.5％整定も可能である。

7.3　DGRの動作協調

（1）慣性不動作時間と動作協調

　上位と下位DGRの動作協調を図るため、一般的には動作時間に0.3秒の整定時間差をつける。これはどのような理由によるものであろうか。

① 　DGRは、内部の動作時間整定回路の素子不良（コンデンサの容量抜けなど）により、ごく短時間の入力で誤動作することがある。この場合、短時間の微地絡でもDGRは誤動作してしまう。このため、JIS 4609ではI_0とV_0を同時に印加したとき50 ms以内の印加時間ではDGRは動作しないように定められている。JISではこれを**慣性特性**と呼んでいる。

② 　DGRのI_0とV_0の動作時間整定回路では、コンデンサの放電時間などによって生じる動作遅れがある。このため、入力がゼロになっても動作遅れに相当する余裕時間を見込まないとDGRは動作してしまう。

　いま、図7・5に示すようにDGRの整定時間をTとする。動作時間には変動幅があるため最短の時間をT'、これから余裕時間を差し引いた時間をtとすると、I_0とV_0の入力時間がt以内であればDGRは動作しない。この時間tをここでは**慣性不動作時間**と呼ぶ。この慣性不

動作時間が、DGR の動作時間協調に大きな関わりがある。

　図 7・6 は、DGR の動作時間協調の考え方を示している。上位と下位の DGR の協調を取るには次の条件を満足すればよい。

上位の DGR の慣性不動作時間＞下位 DGR の最長動作時間＋遮断器の動作時間

　次に具体例について検討する。表 7・1 は DGR の実力特性例である。これに基づき、下位を 0.2 秒とし、これに 0.3 秒の時間差を取って上位を 0.5 秒としたときの動作時間協調例を図 7・7 に示す。同図で遮断器（VCB）の遮断時間を 3 Hz（50 Hz で 0.06 秒）としているが、0.3 秒の時間差があると DGR 間の動作時間協調が取れていることがわかる。

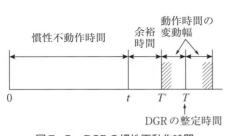

図 7・5　DGR の慣性不動作時間

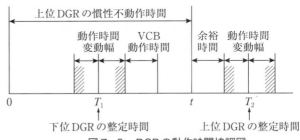

図 7・6　DGR の動作時間協調図

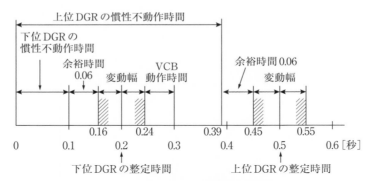

図 7・7　DGR の動作時間協調例

表 7・1　DGR の実力特性例

	整定値	動作変動幅	慣性不動作時間	余裕時間
上位 DGR	0.5 秒	0.45〜0.55 秒	0.39 秒	0.06 秒
下位 DGR	0.2 秒	0.16〜0.24 秒	0.10 秒	0.06 秒

（2）動作協調形のDGR[*2]

高圧受電設備で、DGRが3段になると各段の動作時間整定は、

最下位段0.2秒

次段0.2＋0.3＝0.5秒

最上位段（受電点）0.5＋0.3＝0.8秒

となる。しかし、配変の動作時間は0.9秒であるから、最上位段の0.8秒整定は許されない。これに対処するため、DGR相互間で動作協調を取り、3段以上でも動作協調が取れるDGRも商品化されている。

a．ロック協調形DGR

図7・8は4段のDGRの協調方法を示している。いま、ZCT_3とZCT_4の間で地絡すると、DGR_1、DGR_2、DGR_3は位相判定が正となり動作信号を出力するとともに、協調信号を上位DGRに送る。DGR_4は外部事故のために動作しない。各DGRは、下位DGRから送られた協調信号の有無により出力回路の動作時間を「有」のときは0.35秒、「無」のときは0.2秒に切り替える。このため地絡が発生すると、事故点の直近上位のDGR_3が0.2秒で動作する。何らかの原因で遮断器VCB_3が遮断できないときは、上位のDGRが0.35秒後に動作してバックアップ遮断する。

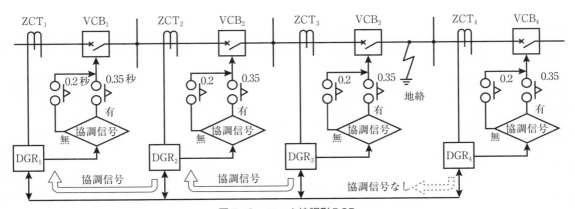

図7・8　ロック協調形DGR

b．フィーダ優先遮断機能付きDGR

図7・9で、受電点のDGR_1は0.5秒に、下位のDGRはすべて0.2秒に整定されている。ZCT_3とZCT_4の間で地絡すると、DGR_3は位相判定が正となり、瞬時接点が上位DGR_2の出力回路をロックする。このため、DGR_2は動作しない。事故点の直近上位のDGR_3は、DGR_4からのロック信号がないため0.2秒で動作する。何らかの原因で遮断器VCB_3が遮断できないときは、最も上位である受電点のDGR_1にはロック回路はないので、0.5秒後に動作してバックアップ遮断する。

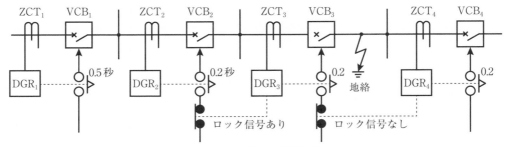

図7・9　フィーダ優先遮断機能付きDGR

7.4　配電線の再閉路

　配電線では、地絡や短絡事故が発生すると配変の遮断器をいったん開放し、１分後に強行送電する**自動再閉路方式**が採用されている。強行送電とは、事故が発生したときその原因調査や対策をとらずに再送電することである。事故の多くは間欠性の高抵抗地絡であり、短時間停電すれば自然消滅するので、再送電が成功する確率が高いのである。

　配電線の再閉路は、配変の再閉路リレーと配電線路に設置された時限式投入装置を備えた区分開閉器によって自動的に行われる。いま、図7・10に示す配電系統で、区分開閉器a_3〜a_4間で線路事故が発生している。図7・11は再閉路のタイムスケジュール例である。

　事故が発生すると、事故電流や地絡電圧などを検出して配変の回線用遮断器VCBが事故遮断する。線路が停止すると、回線に接続されたa_1以降の区分開閉器は無電圧を検出して

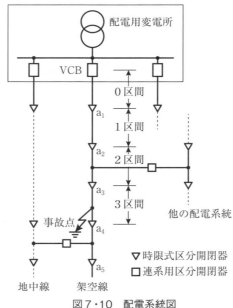

図7・10　配電系統図

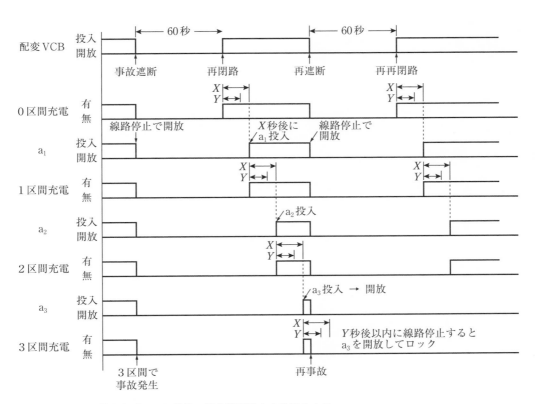

*X*時限：線路充電して*X*秒後に区分開閉器を自動投入する
*Y*時限：区分開閉器を投入して*Y*秒以内に線路停止すると開閉器を開放してロックする
　　時限例　*X*：7秒，*Y*：5秒

図7・11　再閉路のタイムスケジュール例

自動的に開放する。配変の再閉路リレーが起動して1分後にVCBが再投入される。これを**再閉路**と呼び、まずa_1までの0区間が充電される。線路に異常がなければ、a_1に内蔵されたタイマで*X*秒（7秒）後にa_1は投入され1区間が充電される。このようにして、a_2、a_3が自動投入される。

　a_3が投入して3区間が充電されると、事故点が自然消滅していないときは*Y*秒（5秒）以内に事故が再発生するので、配変のVCBが再遮断して線路は停止する。併せて、*Y*秒（5秒）を確認してa_3の投入回路がロックされる。次に、再閉路リレーが再び動作して配変のVCBが投入され、再再閉路となる。こうしてa_1、a_2が再び投入され、線路は2区間まで充電されるが、3区間はa_3がロックされているから停電が継続する。a_4以降は、配電線の自動化システムにより連系用区分開閉器が自動投入されて、隣接する他回線から送電される。こうして、停電区間はa_3～a_4間に限定されるのである。

参考文献

＊1　「6kV高圧受電設備の保護協調Q＆A」川本浩彦 著　エネルギーフォーラム

＊2　オムロン、光商工　カタログ

8章 PAS・UGS

高圧受電設備で生じる事故のうち、波及事故に進展する原因の多くは地絡であり、受電設備の主開閉器の電源側で生じている。これを防止するため、図8・1に示すように責任分界点に地絡保護機能を持つ開閉器が設置されている。この開閉器は、JIS C 4607の引外し形高圧交流負荷開閉器に該当するが、架空線引込み1号柱に設置する開閉器はPAS（Pole Air Switches）、地中線引込みではUGS（Underground Gas Switches）と通常呼ばれている。なお、PASとUGSが持つ基本的な保護機能は同じである。

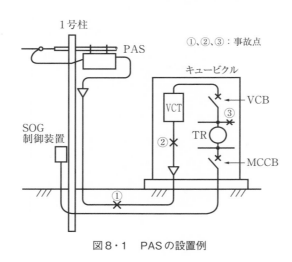

図8・1　PASの設置例

8.1　SOG動作

PAS・UGSはSOG動作と呼ぶ機能を有し、これを組み込んだSOG制御装置は、PAS（写真8・1）では1号柱の下部に取り付けられ、UGS（写真8・2）では本体に外付けされている。

SOG動作とは「過電流蓄勢トリップ付き地絡トリップ形」で、**SO動作**と**G動作**から成り立っている。図8・2にSOG動作の回路原理図を示す。

SOはStorage Over Current（Lock付き）の略で「過電流蓄勢トリップ」の部分を指す。短絡事故では、短絡電流がPASのロック電流値（通常600 A程度）を超えると、0.1秒以内にロックリレー（OCR）が動作してPASのトリップ回路をロックするので、PASは投入状態を維持する。短絡は継続するので、配電用変電所（配変）で事故遮断して線路が停止すると、短絡電流は消失するためロックリレーは復帰する。そして、線路の無電圧を検出して0.5秒後に過電流蓄勢リレーSOが動作して、操作回路のコンデンサCの蓄勢エネルギーでPASを開放す

（a）PAS

（b）PASのSOG制御装置

写真8・1　PAS

SOG
制御装置

UGS

キャビネット
ボックス

写真8・2　UGS

る。これをSO動作という。その後、配変では再閉路機能が働き1分後に再送電するが、事故点はPASで開放されているので再送電は成功する。なお、再送電が成功すれば配電線は1分間停電となるが、波及事故の扱いにはならない。短絡と地絡が同時に発生したときは、短絡が優先されPASは動作しない。

GはGroundで、「地絡トリップ」を指しG動作という。地絡事故では瞬時にPASを開放する。

短絡事故でPASをロックするのは、**PASの電流開閉能力が地絡電流と負荷電流に限られ、短絡電流を遮断できない**ためである。これは、短絡事故の頻度が少ないうえに、PASに遮断能力を持たせると大型で高価となるからである。そして、短絡事故が生じたときはいったん配変で線路を停止してSO動作で事故点を切り離し、1分後に再送電しようとする割り切った考えに基づいている。

図8・1に、1号柱に地絡継電器（GR）付きPASが設置された高圧受電設備を示す。SOG制御装置の操作電源はキュービクルの電灯変圧器から供給されているが、操作電源用変圧器（VT）を内臓したPASもある。図8・1に基づいて、PASの二次側で生じる事故の種類ごとにPASの保護動作について説明する。

• 事故点①、②、③で地絡事故

　PASはG動作で瞬時に開放する（GRの動作時間0.2秒＋PASの開放時間0.1秒）。

• 事故点①、②で短絡事故

　PASはSO動作で開放動作をロックする。線路停止して0.5秒後にPASを開放する。

• 事故点①、②で地絡と短絡事故が同時に発生

　PASは短絡を優先するから、SO動作で開放動作をロックする。線路停止して0.5秒後にPASを開放する。

• 事故点③で短絡

　PASはロック態勢に入る。キュービクルの主開閉器（VCB）が配変よりも先に事故遮断する。短絡電流が消失するとロックは解除される。ここで、図8・1のようにSOG制御装置の操作電源をキュービクルからとっている場合、主開閉器が開放すると電源が消失する。この

ため過電流と無電圧の両方の信号を受けるので、SO動作によりPASも主開閉器と併せて開放する。なお、VT内蔵のPASでは、SOG制御装置の電源はVTから供給されるのでSO動作はしない。

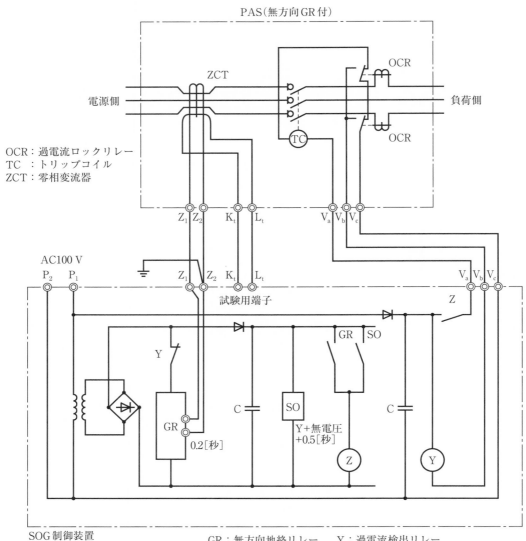

図8・2　SOG動作の回路原理

8.2 GRの二重設置

　既設の高圧受電設備の1号柱にGR付きPASを新設したとき、キュービクルに取り付けられているGRの取扱いが問題になる。図8・3では、PASのGR（上位）とキュービクルのGR（下位）の操作電源はキュービクルから供給されている。いま、高圧ケーブルで地絡が生じると上位と下位のGRが両方動作する。もし、PASよりもキュービクルの主開閉器が先に開放すると、操作電源は消失するのでPASは動作しない。しかし、事故点は主開閉器の電源側にあるから、主開閉器が開放しても事故は継続するので波及事故になる。このため、PASを新設するときはキュービクル側の既設GRは通常撤去される。

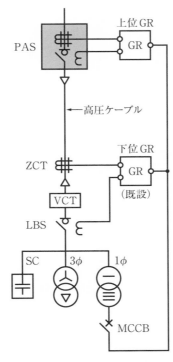

図8・3　GRの二重設置

8.3 PASによる受電操作

　PASの操作電源をキュービクルから供給している設備の受電操作手順については注意が必要である。受電操作を行うとき、通常の手順に従えば、

　　PAS→キュービクルの主開閉器（LBSなど）→低圧MCCB

の順に投入して受電完了となる。しかし、PASの操作電源確保を考えると次の手順が正しい方法となる。

いま、PASとLBS間の高圧ケーブルが地絡などの異常状態になっているとき、十分確認しないままPASを投入すると、操作電源がまだないから波及事故になる。このため、事前にLBSと操作電源用のMCCBを投入しておき、PASで最終投入して受電完了とするのが正しい手順となる。この手順では、PASの投入と同時に操作電源が確保できるから、PASの保護機能が働く。このとき、PASはキュービクル内の変圧器やコンデンサを直接投入することになるから開閉能力が心配になる。しかし、PASとLBSはほぼ同じ開閉能力を持つから、LBSを主開閉器とする受電設備であれば通常問題はない。受電設備が大きいときは、PASの負担を軽くするためにキュービクル内の動力変圧器やコンデンサなどは事前に開放しておく配慮が必要になる。

　さて、PASの操作電源を確保することは重要であり、操作電源用の変圧器（VT）を内蔵させたPASを使用すれば、投入と同時に操作電源が得られるので、通常どおりの手順で受電操作ができる。

　最近では、信頼性の高い機種として雷害対策用の避雷器（L）も併せて内蔵したVL・PASが広く使用されるようになっている。VL・PASは、通常は方向性地絡継電器（DGR）が使用されているからもらい事故の心配もない。

8.4　PAS・UGSの特異現象

（1）構内分散型電源によるPASのSO動作

　分散型電源として発電機を構内に設置している受電設備では、電源側の高圧配電線で短絡事故が発生すると、PASがSO動作により開放することがある。図8・4に、配電線に接続された構内発電機を示す。配電線で短絡事故が生じると、短絡電流が配電用変電所から供給されるが、構内の発電機からも供給される。PASには構内の発電機からの短絡電流が流れるから、方向性に関係なく電流値がPASのロック電流を超えるとトリップ回路をロックして投入状態を継続する。その後、配電用変電所と高圧受電用の過電流継電器（OCR）が動作して配電線は無電圧になる。そして、PASは無電圧を感知してから0.5秒後にSO動作してPASを開放する。このときPASはSO動作を表示するから、構内で短絡事故が生じたものとして調査しても事故点を見つけることはできない。

　この現象は、PASのロック電流以下では生じない。ロック電流はPASでは600 A程度、UGSでは450 A程度であるから、例えば6.6 kV発電機の短絡電流が450 Aに相当する発電機容量P_G[kV・A]は、発電機の短絡時のリアクタンスxを16%とすれば、

$$450 = \frac{\dfrac{P_G}{\sqrt{3 \times 6.6}}}{x} \times 100 \, [\text{A}]$$

これより大略次のように計算でき、かなり大きな発電機が対象となることがわかる。

$$P_G = \frac{\sqrt{3} \times 6.6 \times 450 \times 16}{100} \doteqdot 800 \, [\text{kV・A}]$$

　分散型発電機の大型化に伴いこのような事例が報告されているが、PASは正常なSO動作をしているのであり、対処方法がないのが現状である。この現象が生じたときは、**短絡事故の有無を電力会社へ確認すれば**よい。

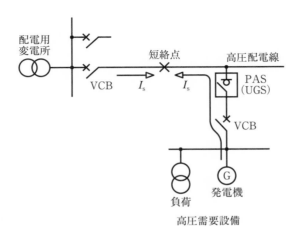

図8・4　構内発電機とPASのSO動作

（2）VT内蔵PAS・UGSの耐圧試験

　PAS・UGSの竣工耐圧試験を行うとき、通常はPASと高圧ケーブルを接続して三相一括で実施される。このとき、ケーブルが長い、あるいは試験電源の容量が小さいと、1相ごとに分けて行われることがある。しかし、**VTを内蔵したPAS・UGSでは三相一括が原則**となる。

　図8・5に、ケーブルS相の1相のみを実施する耐圧試験の様子を示す。同図では内蔵されたVTはS－T相間に接続されているから、耐圧試験の電流はVT一次巻線からT相のケーブルの静電容量Cに分流する。

　VTは小容量のため、この電流により耐圧試験中あるいは受電後まもなくVTが焼損したり、耐圧試験中に生じるVT二次側の過電圧によりサージ保護用のSPDが焼損することがある。VT内蔵PASの耐圧試験を実施するときは三相一括で実施し、試験電源の容量が不足するときはリアクトルを用いるなどして、相を分割する試験方法は避けなければならない。

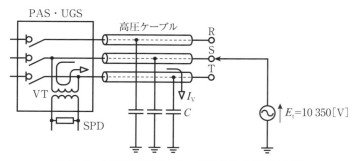

図8・5　VT内蔵PASとケーブル1相分の耐圧試験

8.5　PASの保守管理

（1）PASの地絡事故

　PASは1号柱に設置されているから、外部の環境にさらされる。PASの外箱は密封されているが、何らかの原因で密封が破れると昼夜の温度差による呼吸作用のため外気が出入りして、内部で結露した水分がたまる。このため、絶縁が次第に低下して波及事故に進展したり、操作機構が発錆して操作不能やトリップコイルの断線に至る例がある。密封が破れる原因は次のとおりである。

①　塩害、腐食性ガスあるいは鳥の糞、運搬中の塗膜の損傷などにより錆が発生して、やがてピンホールに成長する。

②　避雷器が内蔵されていないPASでは、雷サージが侵入すると導電部と外箱間でフラッシオーバするとともに短絡に移行して電源側から短絡電流が流れ込む。このため、PASの外箱は爆裂音とともに瞬時に底カバーが変形して、写真8・3に示すようにパッキンがはみ出し、アークや煤が外部に噴出する。そして、電源側の配変で事故遮断して波及

底カバーの変形と煤の付着　　はみ出したパッキン

写真8・3　PASの雷被害例(上がPASの底面)

事故となる。このとき、配電線の末端部にPASが設置されていると、短絡電流が小さいので軽度の損傷となり、線路が再閉路したときそのまま再受電することがある。しかし、PASは損傷して密封が破れているので外気が侵入する。

③　製造段階で貫通部のOリングに異物が挟まっていたり、工事業者が機密栓を接地端子と間違えて緩めたために機密が破れて事故になった例もある。

（2）保守管理の要点

PASは受電点に設置されているから、事故が生じると波及事故になりやすいのでPASの管理は重要である。

①　PASは1号柱の高所に設置されるから、日常点検は双眼鏡による目視が中心となる。錆の発生、碍管のひび割れなどに注意する。パッキンのはみ出しと煤の付着に気が付いて事前にPASを交換できた例もある。方向性SOG制御装置では、自己診断機能によってGR回路とSO回路の他に引外しコイルの断線を監視しているので、この機能を有効に活用する。

②　PASの内部で吸湿が疑われるときは絶縁測定が必要になるが、1号柱のPASの高圧部を測定するには、接続されている高圧ケーブルを切り離す必要があり容易ではない。このため、便法として、PAS内の低圧回路の絶縁抵抗を測定して高圧側の絶縁状態を推測することが行われている。PASとSOG制御装置を連絡する制御線は、PAS内で端子台を中継して配線される。このような配線のときは、過去の実績や実験により低圧と高圧回路の絶縁抵抗に一定の相関が認められているので、SOG制御装置のV_a、V_b、V_c配線（図8・2参照）を離線して絶縁抵抗が500Vメガで100MΩあれば高圧側に異常がないとされている。しかし、PASの劣化状況は多岐にわたるので一律に判断することは難しく、低圧回路が100MΩ以上でもPASの絶縁不良で波及事故になった例もある。

　最近のPASは端子台を使用しないで直接絶縁スリーブで接続することもあり、この

141

方法では相関はさらに低くなると考えられる。

③　高圧ケーブルの絶縁測定は、高電圧メガを使用してG端子接地法（5章の11参照）によって行われる。測定回路を図8・6の実線で示す。この測定回路を、図のようにGとE端子を入れ替えて破線のように接続すると、ケーブルを除いた高圧機器の合成された絶縁抵抗が測定できる。高圧機器とは、PAS、取引用計器用変成器（VCT）、キュービクルの主開閉器の一次側をいう。ここで、VCTはモールド形が使用されているので絶縁低下のおそれは少ない。主開閉器の一次側は目視点検が可能であり、絶縁が疑われるときは絶縁抵抗を測定することもできる。したがって、図の破線の方法で絶縁測定すれば、ある程度のPASの絶縁状態をチェックできる。

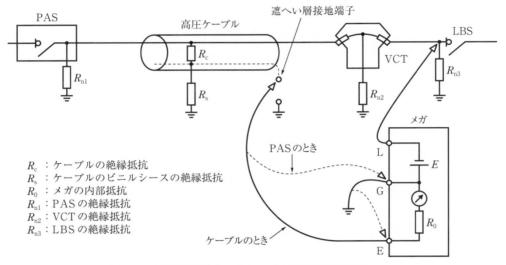

R_c　：ケーブルの絶縁抵抗
R_s　：ケーブルのビニルシースの絶縁抵抗
R_0　：メガの内部抵抗
R_{n1}：PASの絶縁抵抗
R_{n2}：VCTの絶縁抵抗
R_{n3}：LBSの絶縁抵抗

図8・6　G端子接地法によるケーブルとPASの絶縁チェック

142

9章 低圧回路の漏れ電流

　低圧回路では、電灯回路は単相３線式の中相が、動力回路では三相３線式（△結線）の１相がＢ種接地されている。そしてＢ種接地線には、線路や機器の絶縁抵抗や対地静電容量による微小な電流が常時流れている。これを漏れ電流と呼んでいる。線路の機器などで、絶縁劣化が進行すると漏れ電流が増加するので、クランプメータで測定すれば、線路の絶縁管理がある程度可能となる。

9.1　回路方式と漏れ電流

　漏れ電流が流れる原因は次のとおりである。

①　絶縁抵抗

　線路や機器の絶縁抵抗を通じて流れる電流で、電源電圧と同相で漏れ電流の有効分を示す。ここでは I_{0r} と表示する。絶縁抵抗に直接関与するので、漏れ電流から I_{0r} を分離検出すれば回路の絶縁状態をチェックすることができる。

②　対地静電容量

　線路や機器の対地静電容量によるもので、電源電圧よりも $90°$ 進んだ無効分の電流で I_{0c} と表示する。クランプメータで測定される電流は I_{0r} と I_{0c} のベクトル和で、これを I_0 と表示する。

③　インバータ機器

　インバータの出力回路には数十kHzから数百kHzの高周波成分の電圧が生じるので、線路や機器の微小な対地静電容量でも大きな漏れ電流となる。インバータで制御する工作機などの台数が多いと、クランプメータでＢ種接地線に流れる漏れ電流を測定すると数百mAになることがある。

　さて、線路や機器の絶縁状態が正常であれば絶縁抵抗による漏れ電流の有効分 I_{0r} は小さいので、正常時に流れる大部分の漏れ電流は対地静電容量による無効分 I_{0c} であるが、その様相は回路方式によって異なる。

（1）単相３線式回路

　図 9・1（a）は単相３線式回路の対地静電容量による漏れ電流を示している。Ｂ種接地抵抗は対地静電容量のリアクタンスよりもかなり小さいので無視している。a相とb相には対地静電容量を通じて漏れ電流 I_{0ca} と I_{0cb} が流れる。N相は、Ｂ種接地され対地電圧は０であるから漏れ電流は流れない。Ｂ種接地線に流れる漏れ電流は、$\dot{I}_{0ca}$ と $\dot{I}_{0cb}$ のベクトル和で $\dot{I}_{0c}$ である。図 9・1（a）からわかるように I_{0ca} と I_{0cb} の方向は反対方向にあるから、

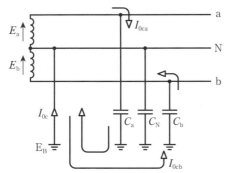

E_a, E_b：相電圧［V］
I_{0c}：B種接地線漏れ電流［A］
I_{0ca}, I_{0cb}：a，b相の漏れ電流［A］

$$\dot{I}_{0c}=\dot{I}_{0ca}-\dot{I}_{0cb}$$

（a）単相3線式

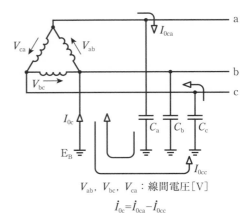

V_{ab}, V_{bc}, V_{ca}：線間電圧［V］

$$\dot{I}_{0c}=\dot{I}_{0ca}-\dot{I}_{0cc}$$

E_B：B種接地極

（b）三相3線式（△結線）

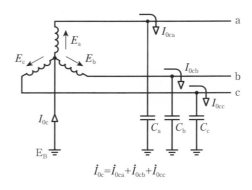

$$\dot{I}_{0c}=\dot{I}_{0ca}+\dot{I}_{0cb}+\dot{I}_{0cc}$$

（c）三相3線式（Y結線）

図9・1　回路方式と漏れ電流

$$\dot{I}_{0c}=\dot{I}_{0ca}-\dot{I}_{0cb}=\mathrm{j}\omega\left(C_a\dot{E}_a-C_b\dot{E}_b\right)［A］$$

このように、B種接地線に流れる漏れ電流はa相とb相の差となる。通常、a相とb相の対地静電容量は大きな違いはないから、a相とb相の電流が打ち消し合い、小容量の電灯変圧器ではB種接地線に流れる漏れ電流は数mA程度である。

（2）三相3線式（△結線）回路

△結線された三相回路では、図9・1（b）に示すように変圧器の1相（同図ではb相）の端子がB種接地される。このためa相とc相に漏れ電流$\dot{I}_{0ca}$と$\dot{I}_{0cc}$が流れ、そのベクトル和$\dot{I}_{0c}$がB種接地線に流れる。

$$\dot{I}_{0c}=\dot{I}_{0ca}-\dot{I}_{0cc}=\mathrm{j}\omega\left(C_a\dot{V}_{ab}-C_c\dot{V}_{bc}\right)$$

ここで、対地静電容量のC_aとC_cが等しいとしてCとおけば、

$$\dot{I}_{0c}=\mathrm{j}\omega C\left(\dot{V}_{ab}-\dot{V}_{bc}\right)$$

また、

$$|\dot{V}_{\mathrm{ab}} - \dot{V}_{\mathrm{bc}}| = \sqrt{3}\,|\dot{V}_{\mathrm{ab}}|$$

であるから、絶対値で表示すれば、

$$I_{0\mathrm{c}} = \sqrt{3}\,\omega C V_{\mathrm{ab}} \, [\mathrm{A}] \tag{9・1}$$

　上式で表される漏れ電流は、非接地式高圧配電線の完全地絡電流を求める式に等しい。つまり、△結線の1相を接地すると非接地式高圧配電線の完全地絡と同じ状態になっているから、**完全地絡電流に等しい漏れ電流が常時B種接地線に流れる**（5章の2参照）。小容量の動力変圧器では通常は十数mA程度であるが、インバータ負荷が多くなると漏れ電流は大きくなる。

（3）三相3線式（Y結線）回路

　三相400 V回路に使用されるY結線では、中性点がB種接地される。図9・1（c）に示すように各相には漏れ電流 $\dot{I}_{0\mathrm{ca}}$、$\dot{I}_{0\mathrm{cb}}$、$\dot{I}_{0\mathrm{cc}}$ が流れ、そのベクトル和 $\dot{I}_{0\mathrm{c}}$ がB種接地線に流れる。

$$\dot{I}_{0\mathrm{c}} = \dot{I}_{0\mathrm{ca}} + \dot{I}_{0\mathrm{cb}} + \dot{I}_{0\mathrm{cc}} = \mathrm{j}\omega(C_{\mathrm{a}}\dot{E}_{\mathrm{a}} + C_{\mathrm{b}}\dot{E}_{\mathrm{b}} + C_{\mathrm{c}}\dot{E}_{\mathrm{c}}) \, [\mathrm{A}]$$

　相電圧 E_{a}、E_{b}、E_{c} は平衡しているので、各相の対地静電容量が等しいとベクトル和 $\dot{I}_{0\mathrm{c}}$ は0となるが、通常は多少の漏れ電流が流れる。

9.2　地絡時の対地電圧

　線路の各相と大地間の電圧を対地電圧という。地絡が生じると、回路の対地電圧が正常時と異なる値となる。

（1）単相3線式回路

　図9・2に、a相が地絡抵抗 R_{g} で地絡した様子を示す。地絡電流 I_{g} は図9・2（a）に示すように次式で求められる。なお、対地静電容量による漏れ電流は小さいので無視する。

$$I_{\mathrm{g}} = \frac{E_{\mathrm{a}}}{R_{\mathrm{B}} + R_{\mathrm{g}}} \, [\mathrm{A}]$$

　いま、地絡抵抗 $R_{\mathrm{g}} = 0\,[\Omega]$ の完全地絡とすればa相の対地電圧 V_{a} は0となり、図9・2（b）に示すようにb相の対地電圧 $V_{\mathrm{b}} = -(E_{\mathrm{a}} + E_{\mathrm{b}})$、N相の対地電圧 $V_{\mathrm{N}} = -E_{\mathrm{a}}$ となる。$E_{\mathrm{a}} = E_{\mathrm{b}}$ であるからb相は平常時の2倍の電圧に、**N相は接地相であるが電源電圧 E_{a} まで上昇する**。また、地絡抵抗 R_{g} がB種接地抵抗 R_{B} に等しいときは R_{g} と R_{B} の電圧分担が等しくなるから、図9・2（c）のようにa相電圧 E_{a} の中点が0電位点になる。このため、b相の対地電圧 $V_{\mathrm{b}} = -\left(E_{\mathrm{b}} + \dfrac{E_{\mathrm{a}}}{2}\right)$、N相の対地電圧 $V_{\mathrm{N}} = -\dfrac{E_{\mathrm{a}}}{2}$、a相の対地電圧 $V_{\mathrm{a}} = \dfrac{E_{\mathrm{a}}}{2}$ となる。さて、E_{a} の中点にある0電位点は図9・2（c）の示すように地絡抵抗 R_{g} の大きさによって変わり、$R_{\mathrm{g}} = 0$

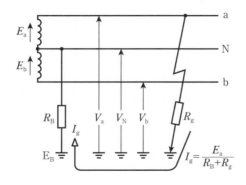

(a) 回路図

E_a, E_b：相電圧[V]
V_a, V_b, V_N：各相の対地電圧[V]
I_g：地絡電流[A]
R_g：地絡抵抗[Ω]
R_B：B種接地抵抗[Ω]
E_B：B種接地極

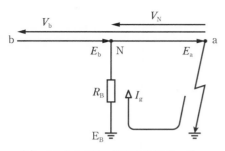

(b) ベクトル図（a相完全地絡 $R_g=0$）

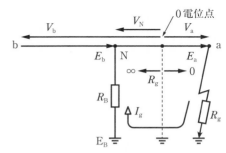

(c) ベクトル図（a相地絡 $R_g=R_B$）

図9・2　単相3線式回路の地絡

の完全地絡時には、図9・2（b）のように E_a の先端が0電位点になる。このように、地絡すると各相の対地電圧は平常時と異なった値となるが、**線間の電圧は変わらないので上昇した対地電圧に機器が耐えることができれば、機器は正常に運転する。**

（2）三相3線式回路（△結線）

図9・3（a）に示すようにB種接地はb相に接続されている。a相が完全接地すれば、図9・3（b）のようにa相の対地電圧 $V_a=0$[V]となり、b相の対地電圧 V_b は線間電圧の $-V_{ab}$、c相の対地電圧 V_c は V_{ca} に等しくなる。このように、**△結線のときは電灯回路のように対地電圧が上昇することはない。**地絡抵抗 R_g がB種接地抵抗 R_B に等しいときは、図9・3（c）のように線間電圧 V_{ab} の中点が0電位点になる。このため、a相の対地電圧 $V_a=\dfrac{V_{ab}}{2}$、b相の対地電圧 $V_b=-\dfrac{V_{ab}}{2}$、c相の対地電圧 $V_c=V_{ab}\times\left(\dfrac{\sqrt{3}}{2}\right)$ の大きさとなる。

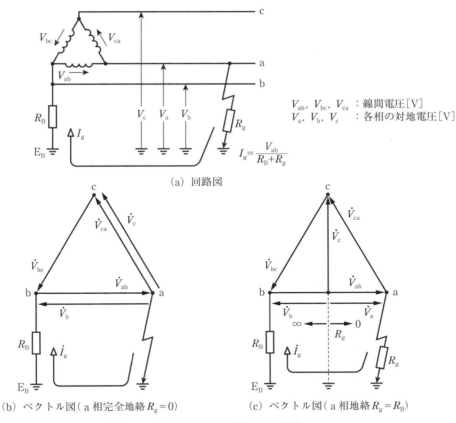

V_{ab}, V_{bc}, V_{ca}：線間電圧[V]
V_a, V_b, V_c：各相の対地電圧[V]

$$I_g = \frac{V_{ab}}{R_B + R_g}$$

(a) 回路図

(b) ベクトル図（a相完全地絡 $R_g = 0$）　　　(c) ベクトル図（a相地絡 $R_g = R_B$）

図9・3　三相3線式（△結線）回路の地絡

（3）三相3線式回路（Y結線）

　400 V回路では、図9・4 (a)に示すようにB種接地は中性点に接続されている。平常時の各相の対地電圧は相電圧 E_a、E_b、E_c に等しい。a相が完全接地すれば、図9・4 (b)のようにa相の対地電圧 $V_a = 0$［V］となり、b相の対地電圧 $\dot{V}_b$ はb−a相間の線間電圧「$\dot{E}_b - \dot{E}_a$」に等しく、c相の対地電圧 $\dot{V}_c$ はc−a相間の線間電圧「$\dot{E}_c - \dot{E}_a$」に等しくなり、**平常時の対地電圧の $\sqrt{3}$ 倍になる**。地絡抵抗 R_g がB種接地抵抗 R_B に等しいときは、相電圧 $\dot{E}_a$ の中点が0電位点になる。このため、b相とc相の対地電圧は、図9・4 (c)のように中点を起点としたベクトル $\dot{V}_b$、$\dot{V}_c$ となる。

［ELCBの誤動作例］

　低圧回路には、地絡保護用として漏電遮断器（ELCB）が広く使用されているが、事故状況によっては思わぬ箇所のELCBが誤動作することがある。図9・5に、420−240 V三相4線式50 Hzの照明用Y結線変圧器の回路を示す。A回路のa相で完全地絡が生じてELCB₁が動作したが、併せてB回路のELCB₂も誤動作した。ELCBの定格感度電流はいずれも100 mAであった。

　いまA回路のa相で完全地絡すると、鳳−テブナンの定理を適用した図9・5 (b)から、等価回路は図9・5 (c)で表される（6章の1参照）。誤動作したB回路のELCB₂に流れる電流

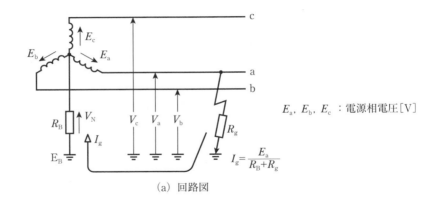

E_a, E_b, E_c：電源相電圧〔V〕

$I_g = \dfrac{E_a}{R_B + R_g}$

(a) 回路図

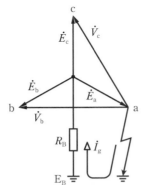

(b) ベクトル図（a相完全地絡 $R_g = 0$）

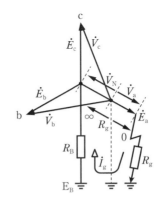

(c) ベクトル図（a相地絡 $R_g = R_B$）

図9・4　三相3線式（Y結線）回路の地絡

I_2は次のように求められる。

$$I_2 = 6\omega C_2 E_a \, [\text{A}]$$

ここで、N相の対地静電容量はa～c相の3倍としている。これは、三相4線式回路に接続される電灯負荷（照明、コンセントなど）は各相と中性線に接続されるので、中性線に接続される対地静電容量は各相の3倍となるためである。

ELCB$_2$の定格感度電流は100 mAであり、その最低動作電流を70 mAとすれば、許容される対地静電容量C_2は50 Hzでは、

$$C_2 = \frac{I_2}{6\omega E_a} = \frac{70 \times 10^{-3}}{6 \times 2\pi \times 50 \times 240} \fallingdotseq 0.15 \times 10^{-6} \, [\text{F}] = 0.15 \, [\mu\text{F}]$$

B回路には、OA機器が多く対地静電容量が0.15 μF以上あるので、ELCB$_2$が誤動作したものと思われる。このため、ELCB$_2$は200 mAに交換した。Y結線された回路では図9・1 (c)で述べたように、正常時は対地静電容量による各相の漏れ電流は平衡しているので、B種接地線に流れる漏れ電流は小さい。しかし、このように地絡して対地電圧が不平衡になると大きな漏れ電流となる。

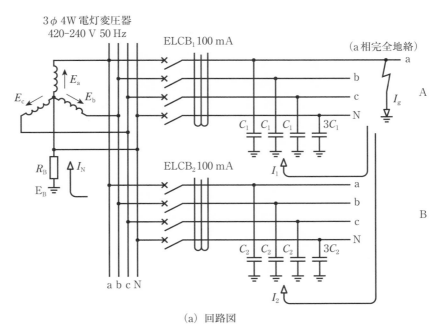

(a) 回路図

(b) 鳳－テブナンの定理適用図

E_a：相電圧［V］
C_1, C_2：A，B回路の
　　　　　対地静電容量［F］
R_B：B種接地抵抗値［Ω］
I_g：地絡電流［A］

(c) 等価回路

図9・5　対地静電容量によるELCBの誤動作

（4）灯動共用変圧器と異容量∨結線変圧器の回路

　図9・6（a）に示すように、△結線された三相変圧器の1相（図ではa－b間）を他相よりも大きな容量とし、a－b相間からは単相3線式の電灯電力を、a－b－c相間から三相3線式の動力電力を供給するもので、灯動共用変圧器と呼ばれる。また、2台の単相変圧器を用いて図9・6（b）のように、∨結線接続して電灯と動力の電力を得る方法もある。図9・6（b）の

a−b相間の変圧器TR₂は、電灯と動力電力を負担するからb−c相間の変圧器TR₁よりも大きな容量となるので、異容量V結線と呼ばれる。いずれの方式も、小容量の受電設備に採用されている。

灯動共用変圧器と異容量V結線変圧器のベクトル図は同じ図で表され、図9・6(c)は線路が正常時のときを示している。いま、電灯回路を105 V、動力回路を210 Vとすれば、B種接地はa−b相間の中点に接続されているから各相の対地電圧は、

$$V_\mathrm{a} = 105 \, [\mathrm{V}]$$

$$V_\mathrm{b} = 105 \, [\mathrm{V}]$$

$$V_\mathrm{c} = 210 \times \frac{\sqrt{3}}{2} \fallingdotseq 182 \, [\mathrm{V}]$$

$$V_\mathrm{N} = 0 \, [\mathrm{V}]$$

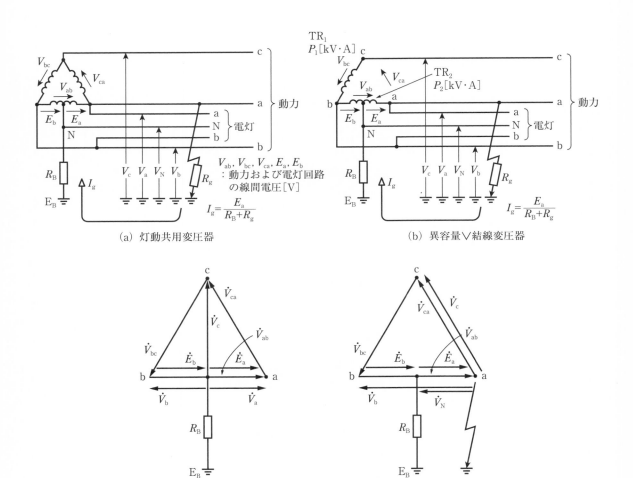

(a) 灯動共用変圧器

(b) 異容量V結線変圧器

(c) 正常時の対地電圧

(d) a相完全地絡時の対地電圧

図9・6　灯動共用変圧器と異容量V結線変圧器の地絡

通常の動力200 V回路では、各相の対地電圧は210 V、接地相は0 Vであるから、電源側の変圧器の仕様を理解しないと、線路異常と判断を誤ることになる。図9・6（d）はa相が完全地絡した様子を示し、各相の対地電圧は次のようになる。

$$V_a = 0\,[\mathrm{V}], \qquad V_b = 210\,[\mathrm{V}]$$
$$V_c = 210\,[\mathrm{V}], \qquad V_N = 105\,[\mathrm{V}]$$

9.3　非接地回路の地絡検出[*1]

B種接地されている回路では、地絡すると地絡電流によって火花が生じる。このため、爆発性ガスを取り扱う化学プラントなどでは電気火花を防止するため、混触防止板付き変圧器を設置して低圧側を非接地として地絡電流を抑制している。また、インバータ機器の高周波ノイズを外部回路に流出させないように混触防止板付き変圧器が使用されることもある。

非接地回路では、地絡しても地絡電流がほとんど流れないから地絡検出が難しい。このため、通常は変圧器の二次側線路と大地間に接地用コンデンサを接続して、地絡時には漏電遮断器（ELCB）が動作する程度の地絡電流を流すようにしている。図9・7にその様子を示す。接地用コンデンサの容量は、完全地絡時の地絡電流がELCBの定格感度電流の2倍程度にな

表9・1　接地用コンデンサの選定基準例

ELCBの感度電流 [mA]	コンデンサ容量（1相当たり50 Hz）		
	1φ2 W 100 V	3φ3 W 200 V	3φ3 W 400 V
30	2	1	0.5
100	7	2	1
200	14	4.5	2

注(1)　単位はμF　(2)　60 Hzは5/6倍する

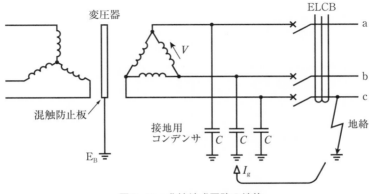

図9・7　非接地式回路の地絡

るように選定される。図9・7で、完全地絡したときの地絡電流I_gは(9・1)式で計算できるから、210 V、50 Hz回路でELCBの定格感度電流を100 mAとすればコンデンサの容量Cは、

$$C = \frac{I_g}{\sqrt{3}\,\omega V_{ab}} = \frac{2 \times 100 \times 10^{-3}}{\sqrt{3}\,\times 2\pi \times 50 \times 210} \fallingdotseq 1.8 \times 10^{-6}\,[\text{F}] = 1.8\,[\mu\text{F}]$$

と計算され2 μFが標準となっている。表9・1に接地用コンデンサの選定基準例を示す。

[ELCBの誤動作例][*2]

図9・8に示すように、7台のインバータを負荷とする専用の混触防止板付き高圧変圧器があり、二次側は400 V系の非接地系統とし、1相当たり4 μFの接地用コンデンサが設置されている。接地用コンデンサの接地は、混触防止板のB種接地に接続されていた。

ここで、一般動力用200 V変圧器の1相で地絡したとき、400 V系のELCBが誤動作した。ELCBの定格感度電流は200 mAで、インバータに組み込まれたフィルタの対地間静電容量の合計は1相当たり1.5 μFであった。

図9・8に示すように、200 V用と400 V用の変圧器のB種接地は共用接地となっているので、200 V系で地絡すると400 V系に回り込み回路ができ、地絡電流の一部がELCBに流れる。200 V系で完全地絡すると、400 V用のELCBに流れる電流I_cは同図（b）の等価回路から次のように計算できる。

$$I_c = \frac{V_{ab}}{\frac{1}{3\omega C} + \frac{1}{3\omega C_s}} = \frac{3\omega V_{ab}}{\frac{1}{C} + \frac{1}{C_s}} = \frac{3 \times 2\pi \times 60 \times 210}{\frac{1}{4 \times 10^{-6}} + \frac{1}{1.5 \times 10^{-6}}} \fallingdotseq 260 \times 10^{-3}\,[\text{A}] = 260\,[\text{mA}]$$

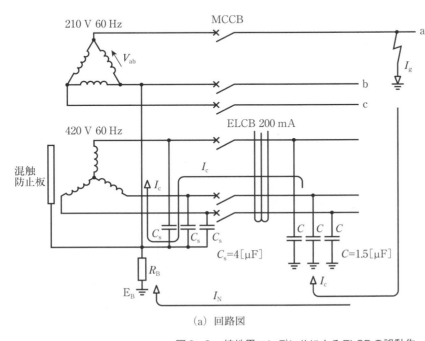

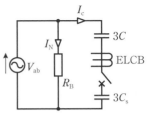

V_{ab}：200 V系の線間電圧[V]
C_s：400 V系接地用
　　コンデンサ[F]
C：400 V系負荷側の
　　対地静電容量[F]
R_B：B種接地抵抗値[Ω]

（a）回路図　　　　　　　　　　　　（b）等価回路

図9・8　接地用コンデンサによるELCBの誤動作

これよりELCBが誤動作することがわかる。この回り込みを防ぐには、接地用コンデンサの接地を混触防止板の接地から切り離してC種接地とすればよい。接地用コンデンサの接地は、B種接地に接続する例も見られるが、本来は線路に接続される機械器具であるから400 V用のC種接地が正しい施工となる。

9.4 漏れ電流 I_0 と絶縁管理

線路の絶縁状態を管理するため、B種接地線に流れる漏れ電流 I_0 はクランプメータにより測定される。回路の対地静電容量が小さいときは、漏れ電流の多くは絶縁抵抗による漏れ電流の有効分 I_{0r} であるから、I_0 を測定することである程度絶縁状態を推測することができる。しかし、インバータをはじめとする半導体を組み込んだ機器の普及に伴い、回路の対地静電容量による漏れ電流の無効分 I_{0c} が多くなっている。クランプメータにより測定される I_0 は、I_{0r} と I_{0c} のベクトル和であるから、絶縁劣化による I_{0r} の増加は I_0 に直接結びつかないので絶縁管理が難しくなっている。

図9・9の200 V動力回路で、a相の絶縁抵抗 R_g が劣化したとき対地静電容量が漏れ電流 I_0 に及ぼす影響について検討する。各相の対地静電容量 C は等しいものとし、B種接地抵抗は、絶縁抵抗や対地静電容量のリアクタンスよりはるかに小さいので無視する。また、b相はB種接地されているから、対地静電容量による漏れ電流は流れない。

各部に流れる漏れ電流は、

$$\dot{I}_{0r} = \frac{\dot{V}_{ab}}{R_g} \tag{9・2}$$

$$\dot{I}_{0ca} = j\omega C \dot{V}_{ab}, \quad \dot{I}_{0cc} = -j\omega C \dot{V}_{bc}$$

対地静電容量による漏れ電流のベクトル和 $\dot{I}_{0c}$ は、$\dot{V}_{bc} = \dot{V}_{ab}\left(-\dfrac{1}{2} - j\dfrac{\sqrt{3}}{2}\right)$ とおいて、

$$\dot{I}_{0c} = \dot{I}_{0ca} + \dot{I}_{0cc} = j\omega C \dot{V}_{ab} - j\omega C \dot{V}_{bc} = \omega C \dot{V}_{ab}\left(-\frac{\sqrt{3}}{2} + j\frac{3}{2}\right)$$

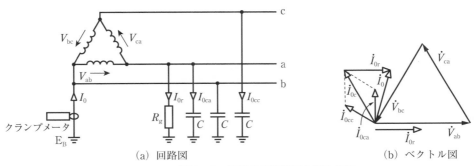

(a) 回路図　　　　　　　(b) ベクトル図

図9・9　回路の絶縁低下と漏れ電流

絶対値で表すと、

$$I_{0c} = \omega C V_{ab} \sqrt{\left(\frac{\sqrt{3}}{2}\right)^2 + \left(\frac{3}{2}\right)^2} = \sqrt{3}\,\omega C V_{ab}\,[\text{A}] \qquad (9 \cdot 3)$$

これより、B種接地線に流れる漏れ電流 $\dot{I}_0$ は、

$$\dot{I}_0 = \dot{I}_{0r} + \dot{I}_{0c} = \frac{\dot{V}_{ab}}{R_g} + \omega C \dot{V}_{ab} \left(-\frac{\sqrt{3}}{2} + \text{j}\frac{3}{2}\right) = \dot{V}_{ab}\left(\frac{1}{R_g} - \frac{\sqrt{3}\,\omega C}{2} + \text{j}\frac{3\omega C}{2}\right)$$

これを絶対値で表すと、

$$I_0 = V_{ab}\sqrt{\left(\frac{1}{R_g} - \frac{\sqrt{3}\,\omega C}{2}\right)^2 + \left(\frac{3\omega C}{2}\right)^2}\,[\text{A}] \qquad (9 \cdot 4)$$

各相の対地静電容量 $C = 0.2\,[\mu\text{F}]$、絶縁抵抗 $R_g = 0.01\,[\text{M}\Omega]$、$V_{ab} = 210\,[\text{V}]$、50 Hz として $(9 \cdot 2) \sim (9 \cdot 4)$ 式より漏れ電流 I_{0r}、I_{0c}、I_0 を計算すれば、

$$I_{0r} = \frac{210}{0.01 \times 10^6} = 21 \times 10^{-3}\,[\text{A}] = 21\,[\text{mA}]$$

$$I_{0c} = \sqrt{3} \times 2\pi \times 50 \times 0.2 \times 10^{-6} \times 210 \fallingdotseq 23 \times 10^{-3}\,[\text{A}] = 23\,[\text{mA}]$$

$$I_0 = 210\sqrt{\left(\frac{1}{0.01 \times 10^6} - \frac{\sqrt{3} \times 2\pi \times 50 \times 0.2 \times 10^{-6}}{2}\right)^2 + \left(\frac{3 \times 2\pi \times 50 \times 0.2 \times 10^{-6}}{2}\right)^2}$$

$$\fallingdotseq 22 \times 10^{-3}\,[\text{A}] = 22\,[\text{mA}]$$

次に、対地静電容量を 0.2 μF を一定としたまま $(9 \cdot 2) \sim (9 \cdot 4)$ 式の絶縁抵抗 R_g を種々変化させて漏れ電流を求めると図 9・10 が得られる。対地静電容量による漏れ電流の無効分 I_{0c} は、絶縁抵抗 R_g とは関係がないので一定値の 23 mA である。

図 9・10 からわかるように、絶縁抵抗が低下しても 0.01 MΩ 程度までは、漏れ電流 I_0 は絶縁抵抗に相関がなく漏れ電流の無効分 I_{0c} にほぼ等しい。このため、この領域では絶縁抵抗が低下しても、クランプメータの I_0 ではその兆候を捉えることはできない。絶縁抵抗値が 0.01 MΩ からさらに低下すると、抵抗値に反比例して漏れ電流 I_0 が増加するので、ようやく

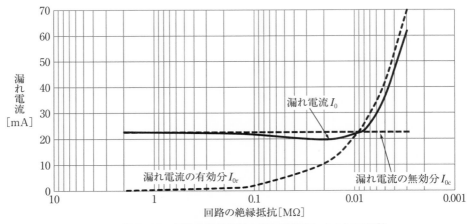

図 9・10　回路の絶縁抵抗と漏れ電流（$C = 0.2\,[\mu\text{F/ 相}]$）

線路の絶縁劣化を感知することができる。回路の絶縁が劣化してI_0が通常値23 mAの2倍（46 mA）に相当する絶縁抵抗値は図9・10から0.004 MΩであるから、絶縁がかなり低下しないとクランプメータの指示値からは感知できないことがわかる。

9.5　有効分漏れ電流の測定

漏れ電流I_0をクランプメータによって測定する絶縁管理には限界があるので、絶縁抵抗に直結した漏れ電流の有効分のみを測定する方法もある。

（1）I_{gr}方式（低周波信号注入方式または重畳方式）[*3]

変圧器のB種接地線に、商用周波数とは異なる低周波の微小電圧を注入して、回路の絶縁抵抗と対地静電容量によって流れる電流を接地線に取り付けた変流器（ZCT）で検出する。これを位相分離して漏れ電流の有効分I_{gr}として表示するもので、図9・11に測定回路例を示す。

注）I_{gr}方式では漏れ電流をI_g、I_{gr}、I_{gc}と表示するが、後述するI_{0r}方式ではI_0、I_{0r}、I_{0c}と表示している[*4]。

図9・11で、接地線に注入変圧器（一次側20回巻、二次側は接地線を貫通させ20：1の変成比とする）を取り付け、B種接地線を通じて回路に0.5 V、20 Hzの低周波電圧を印加する。図9・11の等価回路に示すように、回路の絶縁抵抗と静電容量は3相分並列となるから、注入電圧と同相の電流を分離検出すれば、回路の有効分電流I_{gr}が測定できる。

この方式では設備が大がかりとなるが、次のような特徴があり連続絶縁監視装置として広く使用されている。

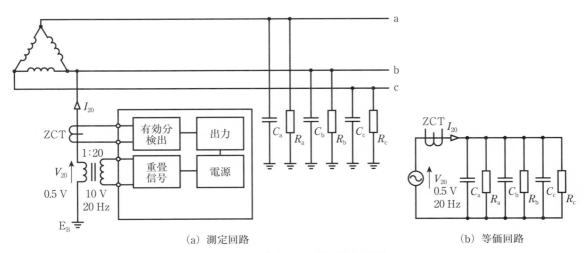

(a) 測定回路　　　　　　　　　　(b) 等価回路

図9・11　I_{gr}方式による漏れ電流の測定

① 回路の有効漏れ電流I_{gr}を精度よく測定できる。

② 注入電源を、商用周波数と異なる低周波の20 Hzとするため、インバータなどによる漏れ電流の影響を避けることができる。

③ B種接地されている相は絶縁劣化しても、対地電圧が0のため漏れ電流は流れない。このため、B種接地線の漏れ電流をクランプメータで測定しても、接地相の絶縁は検出できない。これに対して、注入方式では接地相も含めた3相分の和としてI_{gr}が測定される。

(2) I_{0r}方式

線路の電圧を基準として、B種接地線に流れている漏れ電流I_0から有効分I_rを分離検出する方法で、I_{gr}方式に比べると精度は低いが、簡素な設備で測定ができるので現場用測定器として実用化されている。図9・12に測定回路例を示す。測定器には、漏れ電流$\dot{I}_0$と基準電圧として線路の線間電圧$\dot{V}_{ab}$が入力されている。b相は接地されているから漏れ電流は流れないので、a相とc相の漏れ電流が測定の対象となる。

図9・12(b)は$\dot{V}_{ab}$を基準としたベクトル図で、a相とc相の絶縁抵抗による漏れ電流$\dot{I}_{0ra}$、$\dot{I}_{0rc}$は線間電圧$\dot{V}_{ab}$、$-\dot{V}_{bc}$と同相で、そのベクトル和は$\dot{I}_{0r}$で$\overline{\mathrm{OP_3}}$で示す。同じく対地静電容量による漏れ電流$\dot{I}_{0ca}$、$\dot{I}_{0cc}$は線間電圧$\dot{V}_{ab}$、$-\dot{V}_{bc}$より90°進んでいる。いま、a相とc相の対地静電容量が等しいとすれば、$\dot{I}_{0ca}$と$\dot{I}_{0cc}$のベクトル和$\dot{I}_{0c}$は線間電圧$\dot{V}_{ca}$と同相であるから、$-\dot{V}_{ab}$との位相差は60°である。$\dot{I}_{0r}$と$\dot{I}_{0c}$のベクトル和が漏れ電流$\dot{I}_0$で、$\dot{V}_{ab}$よりθ_1だけ進んでいる。ここで、$\dot{V}_{ab}$と$-\dot{V}_{bc}$とは60°の位相差があるからP$_1$、P$_2$、P$_3$は正三角形である。したがって、$\dot{I}_{0rc}$の大きさは$\overline{\mathrm{P_2P_3}}$と等しく、かつ$\overline{\mathrm{P_2P_1}}$とも等しい。これより、$\dot{I}_{0ra}$と$\dot{I}_{0rc}$の算術和（スカラ量の和）は、

$$|\dot{I}_{0ra}|+|\dot{I}_{0rc}|=\overline{\mathrm{OP_1}}$$

で求められる。

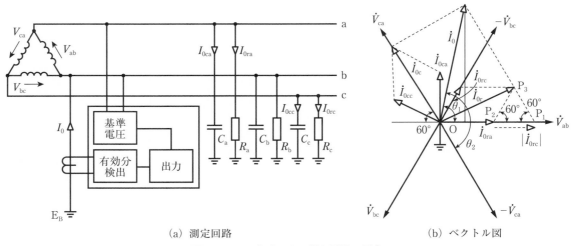

(a) 測定回路 　　　　　(b) ベクトル図

図9・12　I_{0r}方式による漏れ電流の測定

$\overline{\mathrm{OP}_1}$ の長さは、漏れ電流 $\dot{I}_0$ と位相差 θ_1 より次のように計算できる。

$$|\dot{I}_{0\mathrm{ra}}|+|\dot{I}_{0\mathrm{rc}}|=I_0\cos\theta_1+\frac{I_0\sin\theta_1}{\tan60°}=\frac{2}{\sqrt{3}}I_0\sin(\theta_1+60°)\,[\mathrm{A}]$$

こうして、漏れ電流 $\dot{I}_0$ の大きさおよび $\dot{I}_0$ と線間電圧 $\dot{V}_{\mathrm{ab}}$ との位相差 θ_1 より、a相とc相の漏れ電流の有効分の算術和を演算することができる。なお、基準電圧を $\dot{V}_{\mathrm{ab}}$ から $-\dot{V}_{\mathrm{ca}}$ に変更すると、ベクトル図より $\theta_1+60°=\theta_2$ であるから、次のように表すこともある。

$$|\dot{I}_{0\mathrm{ra}}|+|\dot{I}_{0\mathrm{rc}}|=\frac{2}{\sqrt{3}}I_0\sin\theta_2\,[\mathrm{A}]$$

$I_{0\mathrm{r}}$ 方式を適用するにあたっては、次のような点について留意しなければならない。

①　ベクトル図でもわかるように、非接地相のa相とc相の対地静電容量が等しいことを前提として演算されるので、不平衡になっていると誤差が生じる。

②　接地相のb相が絶縁劣化しても検出できない。

③　インバータ負荷が多数接続された変圧器のB種接地線には、高周波成分を多量に含んだ漏れ電流が流れているので、商用周波の波形とは著しく異なっている。このような電流波形から商用周波分を取り出し位相測定をしなければならないので、高度なフィルタが必要になる。

参考文献

＊1　漏電遮断器適用指針　JEM　TR-142　（一社)日本電機工業会

＊2　「地絡波及事故の再発防止」鈴木敏弘 著　新電気2003.6　オーム社

＊3　ミドリ安全カタログ　ミドリ安全

＊4　自家用電気工作物保安管理規程　JEAC 8021-2018　（一社)日本電気協会

10章 B種共用接地による対地電圧の上昇

最近の電気設備にはディジタル機器が組み込まれ、雷サージや開閉サージ保護用としてZnOバリスタ（以下、バリスタ）、あるいはノイズ防止用にノイズフィルタなどが使用されている。このため、従来のアナログ機器では経験しなかったトラブルが生じている。その原因は、動力変圧器と電灯変圧器のB種接地共用による対地電圧の上昇によるものである。

10.1　対地電圧上昇と地絡事故

ディジタル化、OA化の進展とともに、家電品から産業機器に至るまでその内部にディジタル機器が組み込まれるようになっている。しかし、ディジタル機器は耐電圧レベルが低いので、サージ対策として**バリスタ**が使用されている（写真10·1）。また、ノイズ防止用としてインダクタンスと対地間にコンデンサを組み合わせたフィルタも使用されているので、対地間の静電容量は増大している。

さて、動力変圧器と電灯変圧器の二次側接地相のB種接地は、1個の接地極に接続する共用接地が一般的である。このため、ディジタル化の進展とともに従来見られなかったトラブルが発生しており、その相関を図10·1に示す。

① 動力変圧器の二次側で地絡すると、B種接地極の電位が上昇する。このため、B種共用接地線を通じて健全な電灯変圧器などの各相の対地電圧も上昇する。完全地絡すると、電灯変圧器の各相の対地電圧は後述するように300Vを超えることもある。このため、サージ保護用として取り付けたバリスタの選定を誤ると、バリスタが導通して回路の漏電遮断器（ELCB）が誤動作する。従来のアナログ機器では、耐電圧が大きいから対地電圧が上昇してもこれに耐えるので、事故に進展することは少なかった。

写真10·1　バリスタの製品例

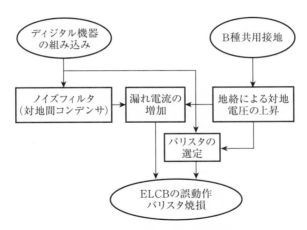

図10・1　最近の低圧地絡の相関図

② 　対地電圧が上昇すると、対地静電容量を通じて流出する漏れ電流が増加する。従来の
アナログ機器では、対地静電容量は配線によるものが大部分で、その容量は大きくない
ので漏れ電流の値も小さかった。しかし、ノイズ用のフィルタには配線の対地静電容量
に比べると大きなコンデンサが使用されることもあり、対地電圧が上昇すると漏れ電流
が増加してELCBが誤動作することがある。

③ 　この種のトラブルの多くは、**動力側で地絡したとき電灯側のELCBが誤動作**している。
原因が動力側にあるので、電灯回路を調査しても解決することができない。

　次に実際に生じたトラブル例を取り上げ、その様子を説明する。

[トラブル事例１]

　B１〜８Fの大型事務所ビルで、図10・2に示す５F電灯盤のOA用分岐ELCBが突然動
作した。分岐回路の絶縁を測定したが異常がないのに、どうしてもELCBが再投入できない。
ELCBの不良と考え交換したが解決しなかった。念のため、電灯回路の相間電圧を測定した
が正常であった。次に対地間電圧を測定したところ異常な値であった。

　　　a_1相：122 V，N相：200 V，b_1相：290 V

通常０Vの接地相のN相が200 Vもあるため、B種接地線が断線したものと思いキュービ
クルを点検したが、異常はなく困惑した。動力回路の対地電圧を測定したところ、やはり接
地相のb相は200 Vで、a相は０Vでc相は200 Vであった。

　ここで、たまたまB種接地線の電流をクランプメータで測定したところ20 Aの電流が流
れていた。どこかで地絡していると考え、調査を進めると地下室の動力ポンプ盤でa相が漏
電していた。漏電箇所を復旧するとOA用ELCBも再投入することができた。

　ここで初めて、動力回路の地絡が共用接地線を通じて電灯ELCBを誤動作させていたこと
に気が付いた。電灯回路の対地電圧が平常時の100 Vから290 Vまで上昇したので、対地静
電容量による漏れ電流が増加したか、あるいはバリスタが動作してOA用ELCBが誤動作し
たものと考えられる。

　この種のトラブルの手掛かりは、**対地電圧とB種接地線に流れる漏れ電流にある**。対地電

圧に異常があれば、どこかの変圧器の二次側で地絡しており、思わぬ箇所でトラブルが発生するのである。

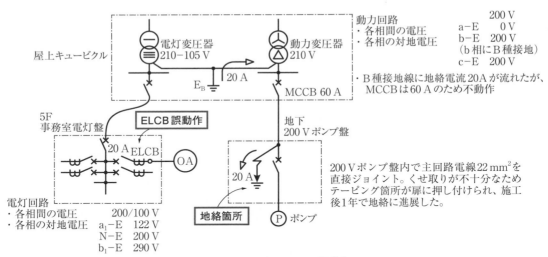

図 10・2　電灯 ELCB の誤動作

10.2　B種共用接地による対地電圧の上昇

　動力変圧器と電灯変圧器のB種接地極を共用にすると、いずれかの変圧器の二次側で地絡すると他の変圧器の二次側の対地電圧が上昇する。その様子は、動力変圧器の結線（Ｙ－△、△－△）と電灯変圧器の一次側接続相によって異なる。

（1）動力変圧器Ｙ－△と電灯変圧器
　図10・3では、高圧側のU－V相に電灯変圧器が接続されている。200 V 動力変圧器Ｙ－△の二次側a相で完全地絡（a相の対地電圧は 0 V）したとき、電灯変圧器二次側の対地電圧上昇を検討する。B種接地は、動力はb相に電灯はN相に接続されているから、ベクトルは図10・3のように表される。動力変圧器の二次電圧 V_{ab} は、高圧側相電圧 V_U と同相にある。電灯変圧器の二次電圧 V_{a1} と V_{b1} は高圧側の線間電圧 V_{UV} と同相にあるから、V_{ab} と $V_{a1}(V_{b1})$ には30°の位相差がある。これより電灯 a_1 相の対地電圧 $\overline{aa_1}$ は次のように求められる。

$$\overline{aa_1}=\sqrt{(V_{ab}-V_{a1}\cos30°)^2+(V_{a1}\sin30°)^2}=\sqrt{(210-105\cos30°)^2+(105\sin30°)^2}≒130\,[\text{V}]$$

同様に電灯 b_1 相の対地電圧 $\overline{ab_1}$ は、

$$\overline{ab_1}=\sqrt{(V_{ab}+V_{b1}\cos30°)^2+(V_{b1}\sin30°)^2}=\sqrt{(210+105\cos30°)^2+(105\sin30°)^2}≒305\,[\text{V}]$$

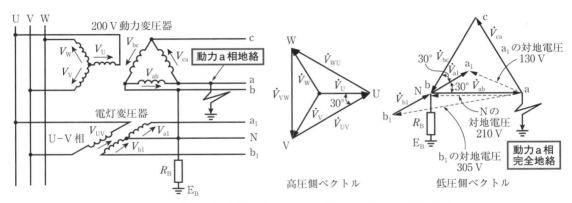

図10・3　動力回路a相地絡時のベクトル図（電灯変圧器U-V相接続）

表10・1　地絡点と最大対地電圧

地絡点		最大対地電圧 [V]					
		動力回路			電灯回路		
		a相	b相	c相	a_1相	N相	b_1相
動力	a相	0	210	210	130	210	305
	c相	210	210	0	130	210	305
電灯	a_1相	130	105	130	0	105	210
	b_1相	305	105	305	210	105	0

注　変圧器の結線は図10・3による

　ここで、動力a相が完全地絡しているから、接地相bの対地電圧は210Vに上昇している。電灯の接地相Nの対地電圧は、動力b相と共用接地しているから同じく210Vとなる。

　さて、図10・3で地絡点が変わるとどうなるであろうか。動力a相、b相、電灯a_1相、b_1相で完全地絡したときの対地電圧を表10・1に示す。

　次に、電灯変圧器を高圧側のV−WとW−U相に接続したときの様子を図10・4と図10・5に示す。電灯回路の最大対地電圧は、ベクトル図より次のようになる。

　　V−W相：235V，　W−U相：305V

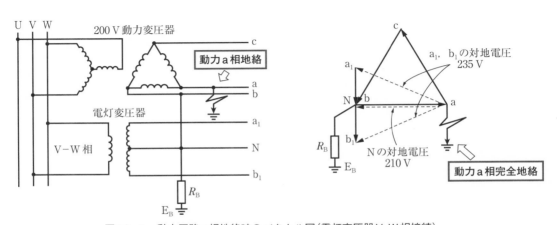

図10・4　動力回路a相地絡時のベクトル図（電灯変圧器V-W相接続）

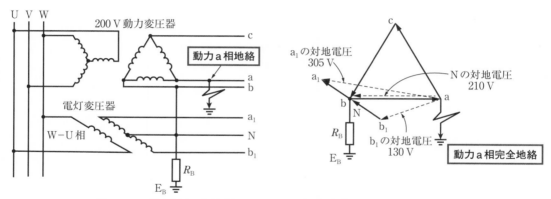

図10・5　動力回路a相地絡時のベクトル図（電灯変圧器W–U相接続）

（2）動力変圧器△－△と電灯変圧器

　動力変圧器は、750 kV・A以上は△－△結線となる。この様子を図10・6に示す。動力回路のa相で完全地絡すると、電灯回路の対地電圧が最も大きくなるのは、高圧側のU－V相に接続したときでa_1相は105 V、N相は210 V、b_1相は315 Vになる。

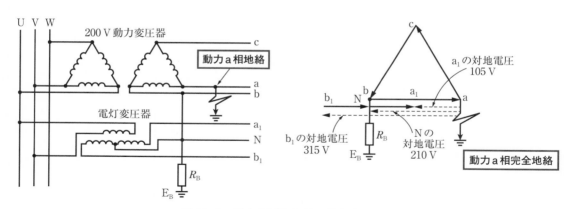

図10・6　動力変圧器△－△と電灯変圧器

（3）動力変圧器Ｙ－△と動力変圧器△－△

　Ｙ－△と△－△結線の動力変圧器2台を組み合わせると、二次電圧に30°の位相差があるから図10・7のようになる。ここで、b_1とb_2相がB種共用接地されている。いま、動力変圧器Ｙ－△のa_1相で完全地絡すると、動力変圧器△－△の各相の対地電圧は次のようになる。

　　　a_2相：109 V，b_2相：210 V，c_2相：297 V

　さて、ここまで述べたようにB種接地を共用とする変圧器の組合せはいろいろあり、その組合せによる最大対地電圧を求めると表10・2のようになる。

　電灯回路の常時対地電圧は105 Vであるが、動力回路のa相が完全地絡すると最大315 Vとなり常時対地電圧の3倍程度になる。これに対し動力回路の最大対地電圧は315 Vで、常時対地電圧210 Vに対して1.5倍程度であるから、対地電圧の上昇に伴うトラブルの多くは

電灯回路で生じている。なお、対地電圧が上昇しても電灯回路の相間電圧は 210 - 105 V を維持しているから、対地電圧の上昇に耐えることができれば機器は正常に運転する。

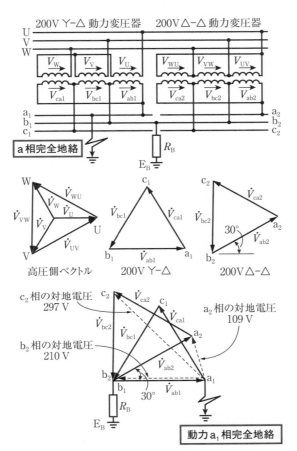

図 10・7　動力変圧器 Y-△ と △-△ の組合せ

表 10・2　変圧器の組合せによる最大対地電圧

			最大対地電圧 [V]		
地絡点			動力回路		電灯回路
			200 V		210 - 105 V
			Y-△	△-△	1φ3 W
動力	200 V	Y-△	210	297	305
		△-△	297	210	315
電灯	210 - 105 V 1φ3 W		305	315	210

注　変圧器の結線は図 10・3 ～ 10・7 による

（4）高圧側の相順が異なる動力変圧器

　動力変圧器が複数台あるとき、図10・7のように通常は高圧側の母線と変圧器一次側端子は同じ相順（U−V−W）で接続される。しかし、何らかの理由で（主変とサブ変電所をケーブルで接続したときなど）高圧側の相順が異なると、対地電圧が表10・2よりも高くなる。

　図10・8はその一例で、高圧側の相順がU−V−WとW−U−Vとの組合せでは、二次側で完全地絡すると他の変圧器の最大対地電圧は420Vになる。サージ保護用に使用されるバリスタの仕様は、変圧器一次側の接続は同じ相順で接続されることを前提に選定されているから、相順を合わせないとトラブルの原因となる。

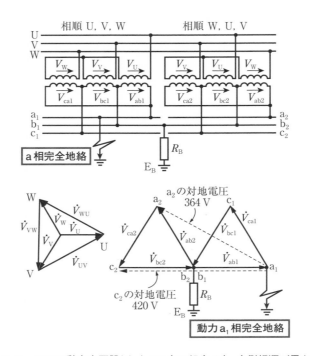

図10・8　200V動力変圧器 Y−△×2台の組合せ（一次側相順が異なる）

（5）ベクトル図の考え方

　ここまで、地絡時に生じる対地電圧をベクトル図によって求めてきた。ここで、ベクトル図の理解の手助けとしてY−△結線と△−△結線の動力変圧器の二次電圧に30°の位相差が生じることについて取り上げる。図10・9に両結線の変圧器とベクトル図を示す。

a．Y−△結線

① 　変圧器一次側はY結線であるから、高圧側ベクトル図の相電圧 V_U、V_V、V_W がY結線に印加される。

② 　変圧器の一次側巻線と二次側巻線は同一鉄心に巻かれているから、一次側の電圧 V_U と同位相の電圧 V_{ab1} が二次側に生じる。他の相も同様であり V_V、V_W に対して同相の二次電圧 V_{bc1}、V_{ca1} が生じる。こうして、低圧側の200V Y−△結線のベクトル図ができる。

b．△－△結線

① 変圧器一次側は△結線であるから、高圧側ベクトル図の線間電圧V_{UV}、V_{VW}、V_{WU}が△結線に印加される。

② 一次側の電圧V_{UV}と同相の電圧V_{ab2}が二次側に生じる。他の相も同様であり二次電圧V_{bc2}、V_{ca2}が生じる。こうして、低圧側の200 V △－△結線のベクトル図ができる。

③ ここまでの説明でわかるように、Y－△結線の二次電圧は高圧側の相電圧と同相であり、△－△結線の二次電圧は高圧側の線間電圧と同相である。したがって、それぞれの二次電圧間の位相差は、高圧側の相電圧と線間電圧の位相差30°に等しいのである。

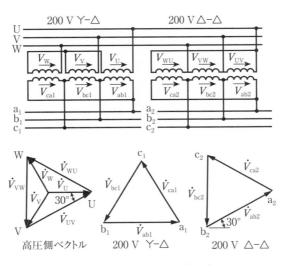

図10・9　ベクトル図の考え方

10.3　対地電圧とバリスタの選定[*1]

　電気機器の電源回路には、雷サージ対策としてバリスタが広く使用されている。バリスタの特性例を図10・10に示す。バリスタに電流が流れたとき両端に生じる電圧を制限電圧という。直流電圧を印加して1 mAの電流が流れたときの制限電圧をバリスタ電圧といい、バリスタの特性を表す重要な指標となる。バリスタの電圧－電流特性は非直線性が強く、図10・10で示すバリスタの使用電流（中電流）領域では、電流の増加率に比べると制限電圧はそれほど変わらない。この特性があるので、大きなサージが入力されても、バリスタの出力電圧は低い値に抑制され、雷保護ができるのである。サージ電圧がバリスタ電圧以下になると、バリスタの内部抵抗が非常に大きくなるので、サージ電流は漏れ電流のレベル（小電流領域）になり、実質的にはバリスタに流れる電流は遮断されたことになる。

　バリスタを交流回路に適用するときは、交流電圧の最大値（$\sqrt{2}$ ×実効値）がバリスタ電圧

以下になるようにバリスタを選定しなければならない。例えば、表10·2では電灯回路の最大対地電圧は315 V であるから、バリスタ電圧は$\sqrt{2} \times 315 = 445$〔V〕以上を選定するのが原則となる。実際のバリスタ選定にあたっては、バリスタの動作変動幅や電源電圧の変動などを考慮するのでメーカーの適用表を参照すればよい。

また、低圧回路に500 V メガを使用するとバリスタが導通して正常に測定できないことがある。現在では、**内線規程などで回路電圧に近い定格のメガを使用することが推奨されている**。回路電圧100 V では100 V または125 V メガ、200 V 回路では250 V メガ、400 V 回路では500 V メガを適用し、必要以上に高い電圧のメガの使用は避けなければならない。

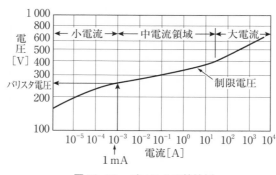

図10·10　バリスタの特性例

10.4　対地電圧上昇と漏電遮断器の誤動作

インバータやディジタル機器にはノイズフィルタが使用されるので、対地静電容量が増加している。このため、対地電圧の上昇による対地静電容量の漏れ電流が大きくなり、思わぬ箇所の漏電遮断器（ELCB）が誤動作するトラブルが増えている。図10·3を例にとり、漏れ電流の大きさを検討する。図10·3をわかりやすく描き換えて図10·11に示す。同図は、動力回路のa相が地絡したとき電灯回路のELCBが誤動作した例である。

図10·11で、動力回路のa相が完全地絡すると地絡電流はB種接地線にI_{gB}、動力回路の対地静電容量にI_{g1}、電灯回路の対地静電容量にI_{g2}が流れる。ここで、電灯回路の地絡電流$\dot{I}_{g2}$は各相に流れる電流$\dot{I}_{Ca}$、$\dot{I}_{CN}$、$\dot{I}_{Cb}$のベクトル和であるから、

$$\dot{I}_{g2} = \dot{I}_{Ca} + \dot{I}_{CN} + \dot{I}_{Cb}$$

図10·11より、

$$\dot{I}_{Ca} = j\omega C(\dot{V}_{a1} - \dot{V}_{ab})$$

$$\dot{I}_{CN} = -j2\omega C\dot{V}_{ab}$$

$$\dot{I}_{Cb} = -j\omega C(\dot{V}_{b1} + \dot{V}_{ab})$$

注） Cは電灯回路の対地静電容量で、N相にはa_1、b_1相の約2倍の静電容量が接続されるので$2C$とした。

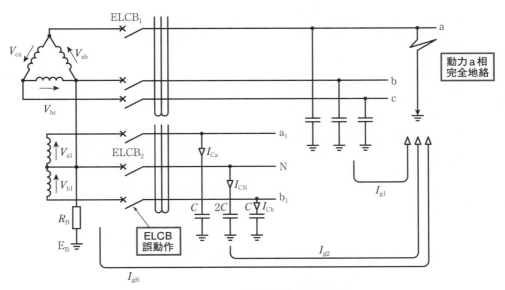

図10·11　動力a相完全地絡と地絡電流

これより $\dot{I}_{g2}$ を求めると、

$$\dot{I}_{g2} = j\omega C(\dot{V}_{a1} - \dot{V}_{ab} - 2\dot{V}_{ab} - \dot{V}_{b1} - \dot{V}_{ab}) = -j4\omega C\dot{V}_{ab}$$

動力回路の平常時の線間電圧を $V_{ab} = 210$ [V] とすれば、

$$|\dot{I}_{g2}| = 840\omega C \text{ [A]}$$

このように、動力回路のa相が地絡すると、電灯回路の ELCB_2 にも地絡電流 I_{g2} が流れるので、対地静電容量が大きいと誤動作する。

いま、ELCB_2 の定格感度電流を 30 mA とすれば、最低動作電流は 20 mA 程度であるから、動作させるのに必要な対地静電容量は、

$$C = \frac{20 \times 10^{-3}}{840 \times 2\pi \times 50} \doteqdot 0.08 \times 10^{-6} \text{ [F/相]} = 0.08 \text{ [μF/相]}$$

となり、それほど大きな対地静電容量でなくても ELCB_2 が誤動作することがわかる。機器に、ノイズ対策として対地間にコンデンサを取り付けるときは、大地へ流れる漏れ電流にも配慮して、なるべく小さな容量のものを選定しなければならない。

[トラブル事例2]

　新築ビルの竣工も間近となり社内検査を実施した。分電盤で各相の線間電圧を測定して正常値であった。続いて対地電圧を測定したところ、次のような異常な電圧であった。なお、回路は図10·3による。

　電灯回路

　　a_1 相：30 V，N相：70 V，b_1 相：170 V

　動力回路

　　a相：144 V，b相：70 V，c相：144 V

電源側の屋上キュービクルでも同様の対地電圧であった。電灯変圧器と動力変圧器はそれぞれN相とb相がB種接地に共用接地されている。B種接地極は本来0電位であるので、不審に思いB種接地線の電流を測定したところ４Ａも流れていた。この漏電電流が異常な対地電圧の原因であるという確信はなかったが、漏電箇所を調査したところ、電灯a_1相にELCBを通さないで工事用の排気ファンが仮設され架台を通じて漏電していた。排気ファンを撤去したところ、対地電圧は正常に復帰した。

　ここで、トラブルの原因が電灯a_1相の地絡にあり、動力変圧器とB種接地を共用しているため動力回路の対地電圧にも影響が出たものとわかった。図10・12に、ベクトル図でその様子を示す。電灯a_1相の対地電圧０Ｖであれば完全地絡であるが、30Ｖであるため不完全地絡であったことがわかる。

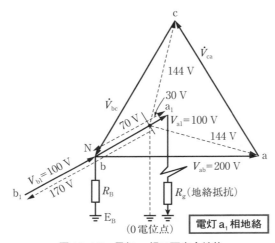

図10・12　電灯a_1相で不完全地絡

[トラブル事例３]

　工場のサブ変電所として図10・13のキュービクルが設置されている。400Ｖのインバータを運転すると、漏電リレー200ｍＡが動作した（図10・14）。調査するためキュービクルの400Ｖ系の高圧遮断器を開放して無電圧としたのに、キュービクルのインバータ用MCCBを投入すると、やはり漏電リレーが動作した。無電圧なのになぜ漏電リレーが動作するのか。インバータ回路の対地電圧を測定したところ三相とも52Ｖであった。これより、B種共用接地による回り込み電圧と想定されたので、次のように解明することができた。

①　キュービクルは200Ｖ系と400Ｖ系の高圧盤が２面あり、それぞれのキュービクルには主回路とは別系統で高圧の操作用変圧器（6 600/210-105 Ｖ）が設置されている。

②　400Ｖ系の負荷はインバータ12台で、対地間にはフィルタとしてコンデンサが接続されている。

③　400Ｖ系の高圧遮断器を開放しても、操作電源は操作用変圧器から供給されている。

④　ここで、200Ｖ系操作用変圧器のb_1相で地絡が発生したのでa_1、Ｎ、b_1相の対地電圧がそれぞれ +155 Ｖ、+52 Ｖ、－52 Ｖとなっていた。

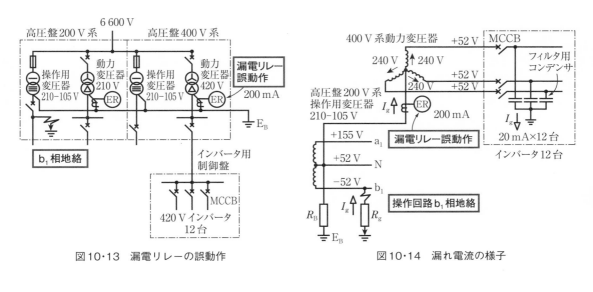

図10・13　漏電リレーの誤動作　　　　　　　図10・14　漏れ電流の様子

⑤　キュービクル内のB種接地は共用接地されているので、200 V系操作用変圧器のN相の対地電圧 +52 Vが400 V系用変圧器の中性点を通じて各相に印加される。

⑥　インバータ用MCCBを投入すると各相のコンデンサに +52 Vが印加され、1台当たり20 mAの漏れ電流が流出したので、漏電リレーが動作したものである。

電灯変圧器と動力変圧器のB種接地を共用していると、対地静電容量の増加とともに、ここに述べたようなトラブルが多くなっている。その原因が、ドライバで誤って動力回路を地絡させたような簡単な例から、複雑で容易に解明が進まないこともある。その中で重要な手掛かりになるのが対地電圧とB種接地線に流れる漏れ電流の確認である。

参考文献

*1　「電気・電子機器の雷保護」　（一社）電気設備学会

11章 インバータとクランプメータ

　インバータは、高度な自動制御の用途はもとよりエレベータ、工作機、汎用の空調機などに使用されている。しかし、インバータの入出力配線や機器から対地静電容量を通じて高周波の多くの漏れ電流が流出してB種接地線に還流している。

　クランプメータは手軽に線路の電流を測定できるので、負荷管理やB種接地線に流れる漏れ電流から回路の絶縁状態もある程度管理できる。しかし、インバータ機器が接続されていると、クランプメータの周波数特性を超えた漏れ電流が流出するので、正しい測定が困難になる。

11.1　インバータの漏れ電流[*1]

　インバータは図11・1に示すように、交流入力を直流に整流するコンバータ部と、直流から再度任意の周波数を持つ交流に変換するインバータ部から構成されている。コンバータ部として、図11・1に三相ブリッジのコンデンサインプット形整流回路を示している。その入力電流は、図11・1に示すように電圧波形の半波区間に2個のピークを持ったひずみ波形電

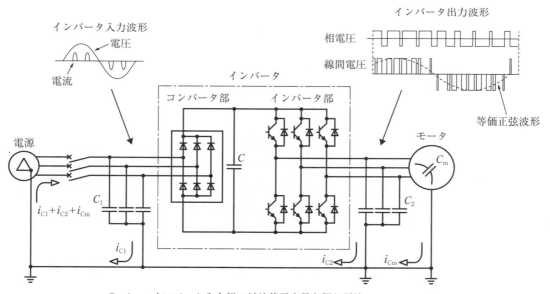

C_1, i_{C1}：インバータ入力側の対地静電容量と漏れ電流
C_2, i_{C2}：インバータ出力側の対地静電容量と漏れ電流
C_m, i_{Cm}：モータの対地静電容量と漏れ電流
図11・1　インバータ各部の波形

流で高調波を含んでいる。高調波の次数は、第5・第7・第9・第11などである。インバータの一次側に流れる漏れ電流は、一次側の配線による対地静電容量C_1を通じてB種接地線に還流する。C_1にはノイズ防止用として取り付けられるフィルタの静電容量も含まれるが、漏れ電流の大部分は基本波と高調波成分であり、インバータ部で生じる漏れ電流よりも少ない。

インバータ部では、IGBTなどの半導体素子で高速スイッチングさせ、整流された直流電圧を分割して、図11・1のようにインバータの出力波形を作り出して等価的な正弦波を得ている。スイッチングする周波数をキャリア周波数といい、騒音対策のため人間の可聴範囲を超えた15 kHz程度で通常運転されている。

図11・2に、分割された相電圧の波形例を示す。電圧が正負に急転するから、インバータの出力配線やモータの対地静電容量C_2、C_mを通じて急峻な充放電電流が流れる。これがインバータの出力側の漏れ電流で、B種接地線に還流する。図11・2では、わかりやすく分割数は少なくしているが、実際にはキャリア周波数に等しく分割されるので、漏れ電流にはキャリア周波数を基本周波とする高調波成分が含まれる。図11・3に、キャリア周波数15.75 kHzとするインバータ漏れ電流の周波数分布を示す。これによれば、漏れ電流は100 kHz以上に分布しているので、対地静電容量が微小でも高周波のため大きな漏れ電流となり、またノイズの発生源ともなる。

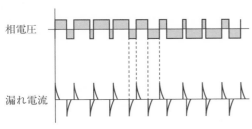

図11・2　インバータ出力側の漏れ電流（i_{C2}、i_{Cm}）

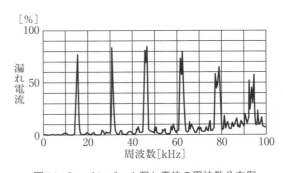

図11・3　インバータ漏れ電流の周波数分布例

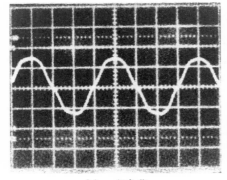

（a）一般負荷

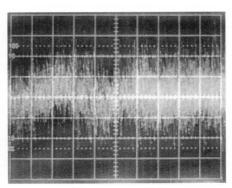

（b）インバータ負荷

写真11・1　漏れ電流の波形例

写真 11・1 に B 種接地線に流れる漏れ電流の実測波形を示す。写真 11・1 (a) は、一般負荷による漏れ電流で商用周波 (50 Hz) の電流波形である。写真 11・1 (b) は、インバータ負荷による漏れ電流で、高周波電流が大部分であることがわかる。

表 11・1 はインバータ負荷の漏れ電流 (100 kHz 以下) の実測例で、漏れ電流は、キャリア周波数と相関があり、概ね次式で表される。

$$i_{g2} \fallingdotseq i_{g1} \times \sqrt{\frac{f_2}{f_1}}$$

ここで、

$i_{g1},\ i_{g2}$：キャリア周波数 f_1 と f_2 における漏れ電流

キャリア周波数を 14.5 kHz から 2 kHz にすれば、漏れ電流は $\sqrt{2/14.5} \fallingdotseq 0.37$ 程度まで低下する。このとき、キャリア周波数を下げると騒音が大きくなるので、騒音が問題にならない設置場所でのみ適応できる。

表 11・1　インバータ漏れ電流の実測例

キャリア周波数	漏れ電流値 (100 kHz 以下)
2 kHz	90 mA
14.5 kHz	210 mA

注(1)　インバータ二次配線 20 m、モータ 3.7 kW、60 Hz
　(2)　漏れ電流は 100 kHz 以上も存在するため、漏れ電流の総和は表値よりも大きくなる

11.2　クランプメータの特性

最近のクランプメータは、小型軽量でディジタル化されて使い勝手がよく、負荷電流領域から漏れ電流まで広い範囲で測定できる。また、インバータが使用されるようになり、インバータで生じるひずみ波形の負荷電流や漏れ電流の測定に適した実効値を直接測定できる機種もある。

（1）測定範囲

漏れ電流測定用のクランプメータは、最小の目盛単位は 0.01 mA が一般的であり、回路の絶縁状態をある程度チェックすることができる。

（2）測定精度

ディジタル表示の精度は確度ともいい、表示値に対する確度 α [%] と入力したアナログ量をディジタル量に変換するときに生じる確度 n [dgt] の合計で表す。

確度 $= \pm\alpha$ [%] $\pm n$ [dgt]

例えば、± 1.0 [%] red ± 5 [dgt] と表示されていると、

メータの表示値に対する確度　±1.0［％］

アナログ-ディジタル変換に伴う確度　±5［dgt］

を示している。ここで、redは表示値（reading）、dgtはディジット（digit）を表している。±5［dgt］とは、表示値の大小にかかわらずディジタル変換に伴う固有の誤差で、最小表示単位（これを分解能といい、0.01 mAとすれば）の5目盛分±0.05が誤差となる。

ディジタル表示のクランプメータは、アナログ式よりもかなり精度が高く、通常±1.0［％］red±5［dgt］程度である。分解能0.01 mAのクランプメータで10 mAの商用周波電流を測定すれば、最大の測定誤差は次のようになる。

1.0［％］×10+5×［0.01］= ±0.15［mA］

ディジタル表示では、測定電流が微小でも何らかの数字が表示されるので過信しやすい。しかし、この例でも測定器固有の誤差が5［dgt］分の0.05あるので、最終桁で表示される数値には誤差が多く含まれていることを理解しなければならない。

（3）外部磁界の影響

クランプメータで漏れ電流を測定する箇所は、変圧器のB種接地線や機器の接地線などであるが、高圧引込ケーブルの遮へい層の各相接地線の漏れ電流を測定して、ケーブルの運転状態をチェックすることも行われる。測定箇所が変圧器や幹線に近いと外部磁界が大きいため測定に誤差が生じる。クランプメータはコアのシールド化などにより外部磁界の影響は小さくなっているが、機種によって誤差の程度は変わる。表11・2に実測例を示す。漏れ電流が小さいときは、誤差の小さい機種を使用するとともに、外部磁界の影響を少なくするため次のような点についても注意する。

- 電線をクランプしない状態で、メータの角度や位置を変えて影響の少ないポイントで測定する。
- 測定する電線を外部磁界の影響の少ないところまで引き出す。

表11・2　外部磁界の影響例

機　種	A₁	A₂	A₃
指示値[mA]	0.18	0.75	2.00

測定条件：AC50 Aの電線にクランプ部を水平外接したときの指示値

（4）フィルタ機能

インバータの漏れ電流は、高周波の静電容量分が大部分であり大きな値となる。インバータの台数が多い場合、クランプメータで測定すると数百mAになることもある。このため、漏れ電流用のクランプメータでは基本波に近い成分を取り出すフィルタ機能を持った機種が一般的である。フィルタはカットオフ周波数（出力が約70％になる周波数）が150 Hz程度であるため多少の高調波分は残る。漏れ電流を測定したとき、大きな値であれば絶縁不良も考えられるが、フィルタをONにして通常の値になればインバータ機器によるものと判断できる。

（5）真の実効値形

クランプメータで交流電流を測定すると、当然ながら実効値で表示される。しかし、実効値を表示するには次の2つの方法がある。

a．平均値出力

測定する交流電流を微小抵抗に流し、その電圧を整流して直流電圧に変換する。直流電圧の平均値を1.11倍（正弦波の波形率）して実効値としてディジタル表示する。交流電流が正弦波のときは正しい測定値となるが、インバータの入出力電流や漏れ電流はひずみ波形のため誤差が大きくなる。安価であるので一般的に使用されている。

b．実効値出力

交流入力波形を微小時間ごとに分割して瞬時値を測定して、実効値を演算ICで直接計算するもので、「真の実効値形」あるいは「RMS」のクランプメータと表示され、ひずみ波形の電流でも正確に実効値が測定できる。これらの表示がない機種は平均値出力である。

両方式によるインバータ入力電流の測定例を**写真11・2**に示す。写真11・2（a）はモータの無負荷電流で、電圧波形の半波に2個のピークを持つ典型的なひずみ波形となっており、平均値出力の指示値は実効値よりもかなり小さい。写真11・2（b）は負荷状態の入力電流で、2個のピークがつながり平滑化されているが、平均値出力の指示値は実効値の$100/135 \fallingdotseq 0.74$となっている。機器の容量や負荷状況は実効値を基準として表されるから、**実効値出力形のクランプメータを使用しないと正しい測定はできない。**

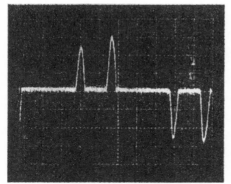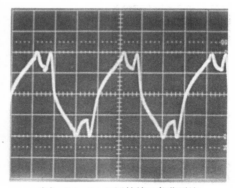

（a）0.35 kW モータの無負荷電流　　　　　（b）インバータ用幹線の負荷電流
　　クランプメータの測定値　　　　　　　　　　クランプメータの測定値
　　平均値出力：0.17 A　　　　　　　　　　　　平均値出力：100 A
　　実効値出力：0.36 A　　　　　　　　　　　　実効値出力：135 A

写真11・2　インバータ回路の負荷電流波形例と電流値

（6）周波数特性

クランプメータで測定できる漏れ電流の周波数は、フィルタをOFFにすると通常数十kHz程度までであり、図11・4にその特性例を示す。インバータの商用電源の入力電流はひずみ波形で高調波を含んでいるが、周波数にすれば2 kHz程度以下の領域にある。このため、入力電流やこれに伴う漏れ電流は実効値出力形のクランプメータで正確に測定できる。

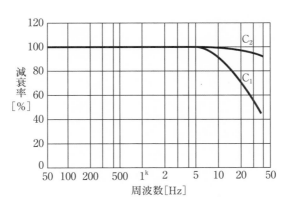

図11・4　クランプメータの周波数特性例

　しかし、インバータの漏れ電流の大部分は出力側で生じるが、その周波数領域はキャリア周波数を基本周波数とする高調波で100 kHzを超えている。このため、漏れ電流の全量を測定するには、これと同等の周波数特性を持つ測定器が必要になる。これに対応できる測定器はFFTアナライザなどの高級機であり、一般汎用品のクランプメータで求めることはできない。表11・3は、B種接地線に流れるインバータ漏れ電流をFFTアナライザとクランプメータ（10 kHz以下）で測定した例である。

　この測定例より次のようなことがわかる。

- 漏れ電流の全量はオシロスコープより365 mAである。
- 周波数特性100 kHzのFFTアナライザで測定すれば253 mAであるから、全量の約70％である。
- クランプメータ（フィルタOFF）で測定すれば28 mAで、全量の10％にも達していない。

　クランプメータでインバータの漏れ電流を測定すると、その大きさに驚くことがあるが、**測定値は漏れ電流の一部にすぎないことを理解しなければならない。**

　クランプメータで漏れ電流を測定すると、クランプメータの特性によりその指示値はかなり異なる。表11・4に、図11・4のような特性を持つクランプメータでの実測例を示す。平均値出力形ではあまり指示しないが、実効値出力形は周波数特性もよいため大きな指示値となる。しかし、フィルタをONにすると高周波成分の漏れ電流はカットされるので同じ測定値となっている。

表11・3　測定方法と実測漏れ電流の大きさ

測定方法	オシロスコープ	FFTアナライザ	クランプメータ
	全領域	100 kHz以下	10 kHz以下
漏れ電流 [mA]	365	253	28

注　インバータ二次配線100 m、モータ3.7 kW、運転周波数30 Hz、キャリア周波数14.5 kHz

表11・4　インバータ漏れ電流の実測例

機　種	C_1	C_2
	平均値出力	実効値出力
フィルタOFF [mA]	1.60	26.00
フィルタON　[mA]	0.10	0.10

注　インバータキャリア周波数16 kHz、モータ0.35 kW

（7）クランプメータと絶縁管理

インバータ機器が複数台設置されている場合、クランプメータ（フィルタOFF）で漏れ電流を測定すると100 mAを超えることは珍しくない。これが絶縁劣化による抵抗性の漏れ電流であれば放置できない。しかし、インバータの漏れ電流の大部分は出力側配線や負荷に分布する**対地静電容量による容量性の高周波電流であり、位相が90°進んだ無効電流**である。この高周波の漏れ電流が、配線を通じて、あるいは電磁的・静電的結合により、またはノイズ電波となって他の弱電機器、センサ、計測機器などに影響を及ぼさない限り、**実用上問題はない**。このように考えると、インバータの漏れ電流を全量把握する必要性は低下する。クランプメータのフィルタをONにすると、インバータの出力側で生じる高周波の漏れ電流はカットされ、比較的基本波に近い漏れ電流成分が測定できる。しかし、インバータの線路やノイズフィルタなどの静電容量により、漏れ電流の多くは容量性の電流であるから、クランプメータによる絶縁管理が難しい。このようなときは、**絶縁劣化による抵抗性の漏れ電流のみを検出するI_{0r}またはI_{gr}方式の測定装置を使用すれば、より正しい測定ができる**（9章の5参照）。

参考文献

＊1　三菱インバータテクニカルノート「No.21 ノイズと漏れ電流」　三菱電機

12章 変圧器の励磁突入電流

変圧器を電源回路に投入したとき過渡的に大きな電流が流れる。これを変圧器の励磁突入電流と呼ぶ。変圧器の仕様、投入時の電源位相、鉄心内の残留磁束などによって電流値は変わり、変圧器定格電流の数倍から十数倍となり投入ごとにその値は異なる。継続時間は、小容量の変圧器では数秒、容量が大きくなると時間は長くなる。この励磁突入電流によって変圧器一次側の過電流継電器（OCR）が誤動作したり、電力ヒューズの劣化や溶断をしないようにしなければならない。

12.1 変圧器鉄心内の磁束

図 12・1 に変圧器の概念図を示す。変圧器二次側は開放されているので、一次側を電源回路に投入したとき、流れる電流は変圧器の励磁電流である。電流を i とすれば次式が成立する。

$$E_\mathrm{m}\sin(\omega t + \theta) = Ri + L\frac{\mathrm{d}i}{\mathrm{d}t} \tag{12・1}$$

いま簡単のため、変圧器鉄心内の磁気飽和がないとすれば、磁束 ϕ は起磁力 Ni（一次巻数 N と励磁電流 i の積）に比例するから、$\phi = kNi$ とおいて $i = \phi/(kN)$ より、

$$\frac{\mathrm{d}i}{\mathrm{d}t} = \frac{1}{kN}\frac{\mathrm{d}\phi}{\mathrm{d}t}$$

よって、(12・1)式は次のように表される。

$$kNE_\mathrm{m}\sin(\omega t + \theta) = R\phi + L\frac{\mathrm{d}\phi}{\mathrm{d}t} \tag{12・2}$$

ここで、

$E_\mathrm{m}\sin(\omega t + \theta)$：電源電圧 [V]

θ：電源投入時の位相角 [rad]

i：変圧器の励磁電流 [A]

R：変圧器の励磁回路の抵抗 [Ω]

L：変圧器の励磁回路のインダクタンス [H]

N：変圧器の一次巻数

(12・2)式より、磁束 ϕ の解は過渡解 ϕ_t と定常解 ϕ_s の和として求められる。まず、過渡解を求めるには(12・2)式の左辺を 0 とおいて、

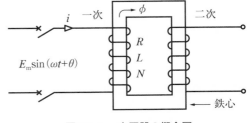

図 12・1 変圧器の概念図

$$0 = R\phi_{\mathrm{t}} + L\frac{\mathrm{d}\phi_{\mathrm{t}}}{\mathrm{d}t}$$

上式を変形して、

$$-\frac{R}{L}\mathrm{d}t = \frac{1}{\phi_{\mathrm{t}}}\mathrm{d}\phi_{\mathrm{t}}$$

両辺をそれぞれ積分して、

$$-\frac{R}{L}t = \ln\phi_{\mathrm{t}} + C'$$

これより、

$$\phi_{\mathrm{t}} = Ce^{-\frac{R}{L}t}$$

（ここで、CとC'は積分定数）

次に、定常運転時の磁束ϕ_{s}は、

$$\phi_{\mathrm{s}} = kNi = kN\frac{E_{\mathrm{m}}\sin(\omega t + \theta - \varphi)}{Z}$$

（ここで、Z、φ：励磁回路のインピーダンスと位相角）

$$Z = \sqrt{R^2 + \omega^2 L^2}\,[\Omega]、\quad \varphi = \tan^{-1}\frac{\omega L}{R}\,[\mathrm{rad}]$$

これより(12・2)式の解は、

$$\phi = \phi_{\mathrm{t}} + \phi_{\mathrm{s}} = Ce^{-\frac{R}{L}t} + kN\frac{E_{\mathrm{m}}\sin(\omega t + \theta - \varphi)}{Z}$$

積分定数Cを求める。上式で$t=0$のとき$\phi=0$であるから、

$$0 = C + kN\frac{E_{\mathrm{m}}\sin(\theta - \varphi)}{Z}$$

$$\therefore C = -kN\frac{E_{\mathrm{m}}\sin(\theta - \varphi)}{Z}$$

Cを元の式に代入して、

$$\phi = \frac{kNE_{\mathrm{m}}}{Z}\left\{\sin(\omega t + \theta - \varphi) - e^{-\frac{R}{L}t}\sin(\theta - \varphi)\right\}$$

ここで$\dfrac{kNE_{\mathrm{m}}}{Z} = \phi_{\mathrm{m}}$とおけば、$\phi_{\mathrm{m}}$は定常時における磁束の最大値であるから上式は次のように表される。

$$\phi = \phi_{\mathrm{m}}\left\{\sin(\omega t + \theta - \varphi) - e^{-\frac{R}{L}t}\sin(\theta - \varphi)\right\} \tag{12・3}$$

上式の磁束ϕは、第1項の定常時の磁束と第2項の過渡項の磁束の和から成り立っている。時間が経過すれば、過渡項の磁束は$e^{-\frac{R}{L}t}$に従って減衰し、第1項の定常時の磁束のみとなる。θは電源投入時の電源電圧の位相角で、φは励磁回路のインピーダンスによる遅れ角で

ある。したがって、過渡項の大きさは投入時のタイミングθに依存し、$\theta-\varphi=\pm\dfrac{\pi}{2}$のとき$\sin(\theta-\varphi)=\pm1$で最大となる。励磁回路のインピーダンス$Z$は、$\omega L\gg R$のため$\varphi\fallingdotseq\dfrac{\pi}{2}$である。このため、$\theta-\varphi=\pm\dfrac{\pi}{2}$の投入タイミングとは、電源電圧の位相$\theta$が$0$または$\pi$のとき（いずれも電源電圧が$0$のとき）投入することをいう。

$\theta-\varphi=-\dfrac{\pi}{2}$のとき投入すれば磁束$\phi$は(12・3)式より、

$$\phi=\phi_{\mathrm{m}}\left\{\sin\left(\omega t-\frac{\pi}{2}\right)+\mathrm{e}^{-\frac{R}{L}t}\right\} \tag{12・4}$$

このときの様子を図12・2に示す。投入瞬時の$t=0$のとき、定常項の$\phi_{\mathrm{m}}\sin\left(\omega t-\dfrac{\pi}{2}\right)$は$-\phi_{\mathrm{m}}$、過渡項の$\phi_{\mathrm{m}}\mathrm{e}^{-\frac{R}{L}t}$は$+\phi_{\mathrm{m}}$であるから、両者を合計した磁束$\phi$は$0$から始まる。そして、投入して半サイクル（$\pi$）後に磁束$\phi$は最大値となり、その大きさは、過渡項$\mathrm{e}^{-\frac{R}{L}t}$の減衰が小さいから、定常時の磁束のほぼ2倍の$2\phi_{\mathrm{m}}$となる。

次に、電源電圧の位相θが$\dfrac{\pi}{2}$または$\dfrac{3\pi}{2}$のとき（いずれも電源電圧が最大のとき）投入すれば、$\theta=\dfrac{\pi}{2}$であれば$\varphi\fallingdotseq\dfrac{\pi}{2}$であるから、

$$\phi=\phi_{\mathrm{m}}\sin\omega t \tag{12・5}$$

と表され、磁束ϕは定常の磁束のみで過渡的な磁束は存在しない。この様子を図12・3に示す。

このように、**鉄心内の最大磁束は、投入時の電源電圧の位相によってϕ_{m}から$2\phi_{\mathrm{m}}$まで変化する**ことがわかる。

ここまでは、励磁突入電流の様相を過渡現象の解から記述したが、次のように平易に説明することもできる。

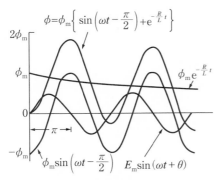

図12・2　投入時の磁束ϕの変化（$\theta=0$）

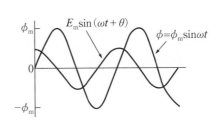

図12・3　投入時の磁束ϕの変化（$\theta=\dfrac{\pi}{2}$）

変圧器の励磁回路のインピーダンスは、インダクタンスが大部分のため電源電圧より$\frac{\pi}{2}$遅れて励磁電流が流れる。鉄心内の磁束は、励磁電流と同相のため磁束も$\frac{\pi}{2}$遅れる。電源開閉器の投入位相を人為的に調整することはできないが、電源電圧の最大値となる位相（$\frac{\pi}{2}$または$\frac{3\pi}{2}$）のとき、たまたま電源に投入されたとすれば、磁束は$\frac{\pi}{2}$遅れるから0からスタートすることができるので過渡現象は生じない。

　次に、電源電圧の位相が0またはπのときに投入した場合、磁束は$\frac{\pi}{2}$遅れるため投入瞬時に最大値が必要になる。しかし、励磁回路のインダクタンスのため磁束が0から瞬時に最大値に達することはできず時間がかかる。このため、反対方向の過渡的な直流成分の磁束が生じて、結果として両者が打ち消し合い磁束は0からスタートすることができるのである。

12.2　鉄心の磁化特性[*1]

　変圧器の巻線に励磁電流を流すと、鉄心内に磁界が生じる。磁界の強さを$H\,[\mathrm{A/m}]$、磁束密度をBとすれば、次の関係がある。

$$B = \mu H\,[\mathrm{T}]$$

　ここでμは鉄心の透磁率で、磁界の強さが小さい範囲では透磁率は一定であり、磁束密度は磁界の強さに比例する。しかし、磁界の強さが大きくなると磁束密度は磁界の強さに比例しなくなる。図12・4は、磁束密度Bと磁界の強さHの関係を示したもので**B−H曲線（ヒステリシス曲線）**と呼ぶ。磁界の強さHは励磁電流に比例するから、磁界の強さを励磁電流に読み替えることができる。

　最初、磁化されていない鉄心に励磁電流を流すと、図12・4の$\mathrm{OP_1}$の曲線に沿って励磁電流に比例して磁束密度Bが増加する。しかし、ある点を超えるとBの増加率が小さくなり$\mathrm{P_1}$点ではほとんど増加しなくなる。これを鉄心の**磁気飽和**と呼ぶ。ここで励磁電流を弱めると、Bは$\mathrm{P_1O}$の曲線をたどらないで$\mathrm{P_1P_2}$の曲線に沿って移動する。励磁電流が0となってもBは0とならず$\mathrm{OP_2}$の大きさで鉄心内に残る。この鉄心内に残る磁束$\mathrm{OP_2} = B_r$が**残留磁気**である。残留磁気によって生じる磁束を残留磁束という。これは永久磁石と同じで、再び磁界をかけないと鉄心内に磁気は残り続ける。

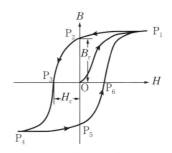

図12・4　**B−H曲線**

　励磁電流を逆方向に流して負の磁界を加えると、B は P_2 から P_3 へたどって減少し、P_3 点で B は 0 になる。このときの磁界の強さ $OP_3 = H_c$ を**保磁力**といい、残留磁気を打ち消すために必要な磁界の強さを表している。磁界を負の方向にさらに大きくすると、B は P_3 から P_4 点に達して負の方向で飽和する。次に、負の磁界を弱めて 0 を経由して正の磁界にすると、B は P_4、P_5、P_6 をたどって P_1 点に戻る。鉄心などの強磁性体の $B-H$ 曲線は、このように磁界の強さ H が増加したときと減少させたときでは、磁束密度 B が異なった経路をたどって元の位置に戻るヒステリシス特性を持っている。

12.3　磁束と励磁電流

　変圧器に印加される電圧は正弦波形のため、鉄心内の磁束も正弦波形である。しかし、鉄心はヒステリシス特性を持つため励磁電流はひずみ波形となる。これを図 12・5 で説明する。

　変圧器の通常の運転状態では、鉄心内の磁束 ϕ は飽和していない領域にある。このため、$B-H$ 曲線も図 12・5 (a) のように長方形に近い形となる。$B-H$ 曲線の磁束密度 B と磁界の強さ H は、それぞれ比例関係にある磁束 ϕ と励磁電流 i に置き換えてある。正弦波形の磁束 ϕ は図 12・5 (b) に 1、2、3、…、9 と時系列にその大きさを示している。ヒステリシス特性を持つ $B-H$ 曲線の図 12・5 (a) から磁束 ϕ に相当する励磁電流 i を読み取り、図 12・5 (c) に 1、2、3、…、9 と記す。こうして、励磁電流 i を求めることができる。鉄心内の磁束

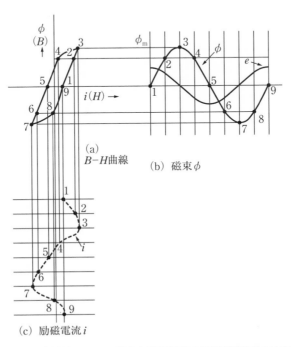

(a)
$B-H$ 曲線

(b)　磁束 ϕ

(c)　励磁電流 i

図 12・5　定常状態における磁束と励磁電流の波形例（磁束 ϕ は未飽和）

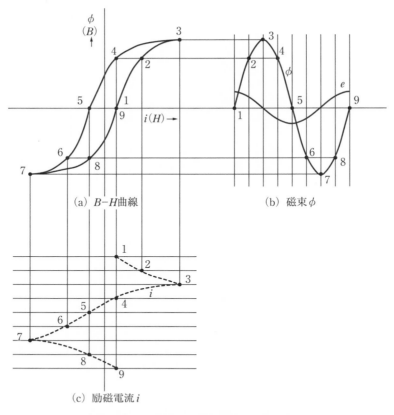

(a) B−H曲線　　　　　　　(b) 磁束φ

(c) 励磁電流 i

図12・6　定常状態における磁束と励磁電流の波形例（磁束φは飽和）

は飽和しない低いレベルにあるが、鉄心のヒステリシス特性のため励磁電流は多少ひずみ波形となる。

　次に、図12・6は正弦波の大きな磁束の例を示している。磁束φは、B−H曲線の2、3、4で飽和領域に達している。このため、図12・6 (c)の励磁電流は大きなピーク値を持つ尖頭波形になる。

12.4　励磁突入電流の特性

　変圧器の鉄心内には、図12・4で説明したように残留磁束が存在している。残留磁束の大きさと方向は、変圧器の電源を遮断する位相によって異なる。いま、変圧器は無負荷で励磁電流だけが流れているとする。変圧器の電源開閉器を開放操作して接点が開いても、最初はアークでつながっており、励磁電流が零点を通過するときに初めて消弧されて遮断する。このため、鉄心内の残留磁束は図12・4のP$_2$点もしくはP$_5$点のB$_r$の大きさとなる。

　ついで、変圧器を再度電源に投入すると、鉄心内の磁束は(12・3)式に残留磁束が加わる。

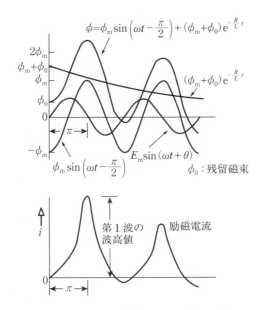

図12・7　投入時の磁束 ϕ と励磁電流波形例
（$\theta=0$、残留磁束あり）

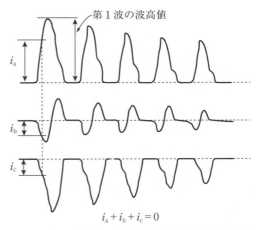

図12・8　三相変圧器の各相励磁突入電流波形例

両者の方向が同じであれば加算され、逆方向であれば減算される。ここで、残留磁束を同方向で大きさを ϕ_0 とすれば、鉄心内の最大磁束は（12・4）式に残留磁束が加算される。これを次式で表している。

$$\phi = \phi_\mathrm{m}\sin\left(\omega t - \frac{\pi}{2}\right) + (\phi_\mathrm{m} + \phi_0)\mathrm{e}^{-\frac{R}{L}t}$$

残留磁束 ϕ_0 は ϕ_m の80〜90%程度とされている。残留磁束を考慮した電源投入時の磁束と励磁電流の様子を図12・7に示す。磁束 ϕ は、残留磁束 ϕ_0 を起点にスタートするため、半サイクル後にはほぼ $2\phi_\mathrm{m} + \phi_0$ となり鉄心内の磁気飽和は一層進むから、励磁電流はさらに波高値の大きい波形となる。

図12・7の励磁突入電流は、単相変圧器の例を示している。電源電圧が0（$\theta=0$）のときに投入すれば、図12・7のように正方向に偏った大きな磁束となる。このため、励磁電流もほぼ正方向の半波に近い大きな尖頭波形の電流が投入初期に流れる。

三相変圧器では、各相の位相が120°ずれているので三相同時に最大の電流になることはない。図12・8の励磁突入電流の波形例では、a相には大きな正方向の半波の電流、c相には負方向の半波の電流が流れ、b相には小さな全波の電流が流れている。そして、非接地の三相回路であるから各相の電流の和は0となっている。

励磁突入電流の大きさは、残留磁束の大きさと電源投入時の位相によって変わる。投入位相は調整できないので、投入ごとにランダムで大小さまざまな電流値となる。突入電流の最大は図12・7に示すように、投入半サイクル（π）後に現れ、これを第1波の波高値と呼ぶ。波高値は次第に減衰して、通常の正弦波の励磁電流となる。

励磁突入電流の第1波の波高値が0.368倍の大きさまで減衰する時間を減衰時定数τと呼び、100 kV・A変圧器で5サイクル程度、1000 kV・A変圧器で10サイクル程度である。

12.5　負荷の特性と残留磁束[*2]

変圧器の残留磁束の大きさは、変圧器の電源開閉器が開閉する負荷電流の特性（力率）によって異なる。

（1）変圧器励磁電流のとき

図12・9は、変圧器の二次側を開放した状態で変圧器の励磁電流を遮断したときの様子を示している。励磁電流は電源電圧よりも位相が$\pi/2$遅れている。開閉器の接点が開いてもアークでつながっているので、図12・9のように励磁電流$i=0$の1または2の点で遮断する。このとき、鉄心内の磁束はヒステリシス特性のためP_1またはP_2の大きさで残留する。これが残留磁束B_rである。

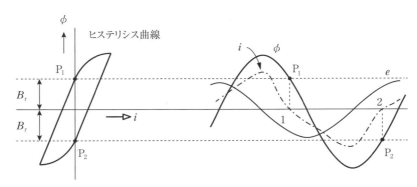

図12・9　励磁電流を遮断したときの残留磁束

（2）遅れ電流のとき

一般的には変圧器の二次側の負荷を開放してから変圧器を電源から開放するが、ここでは二次側に遅れ負荷を接続したまま開放したとする。図12・10は、この様子を示している。開閉器は、遅れ負荷電流と励磁電流の和が0のとき遮断するが、励磁電流は小さいので負荷電流のほぼ0点である1または2の点で遮断する。1または2の点は、磁束のP_1またはP_2点に相当するが、遮断が完了すると励磁電流は0になるから磁束は$B-H$曲線に沿ってP_1またはP_2点からB_rの位置まで移動する。これが残留磁束で、図12・9の励磁電流を遮断したときの残留磁束と等しくなる。

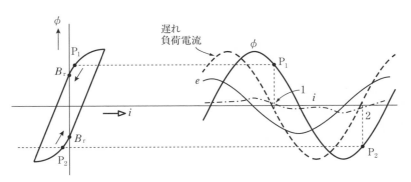

図12・10　遅れ電流を遮断したときの残留磁束

（3）進み電流のとき

　進み電流が流れる場合を考える。これは、変圧器二次側を無負荷として、高圧コンデンサを接続したまま受電用開閉器を開放したときに相当する。開閉器は、進みのコンデンサ電流と遅れの励磁電流の和が0になったときに遮断する。通常は、励磁電流よりもコンデンサの電流が大きいため、図12・11のようにコンデンサ電流の0点の近くである1または2の点で遮断する。これに相当する磁束P_1またはP_2点は同図より$B-H$曲線の中間点にあるが、励磁電流は0となるから、P_1点からB_rの位置に移動する。B_rがこのときの残留磁束で、進み電流のときは残留磁束が低くなることがわかる。

　さて、ここまで述べたように残留磁束は励磁電流を開放したときが最大であり、低圧負荷や高圧コンデンサを接続したまま開放したときは同等かそれ以下である。したがって、**開放時の負荷の有無は励磁突入電流にそれほど大きな影響は与えない**と考えてよい。

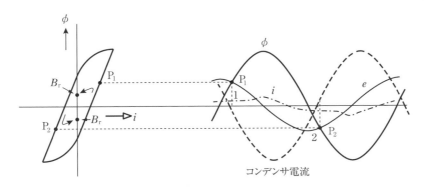

図12・11　進み電流を遮断したときの残留磁束

注）図12・9〜12・11の励磁電流の大きさは同じだが、わかりやすくするためスケールを変えている。

12.6 励磁突入電流の抑制

受電時に大きな励磁突入電流が流れると、過電流継電器（OCR）の誤動作や電力ヒューズの劣化溶断を招くことがある。OCRの整定にあたっては、励磁突入電流を配慮しないで設定されることもあるので注意しなければならない。また、大きな容量の高圧受電設備では、配電用変電所との動作協調を優先してOCRを整定すると、瞬時値の整定が低くなる。配電線では、事故などによって線路が停止すると自動的に再送電される。高圧受電用遮断器は投入状態を機械的に保持しているため、再送電時に多数の変圧器が同時に受電すると、突入電流によってOCRが誤動作することがある。このときは、遮断器を電動操作方式に変更して、停電時には遮断器を開放して、再送電時は変圧器を数ブロックごとにタイマで順次投入する方法もある。電力ヒューズについては、メーカーの選定表に従って電流定格を選定すれば突入電流による劣化や溶断のおそれはない。

励磁突入電流への対策として、次のように直接突入電流そのものを抑制する方法もある。

（1）抵抗投入方式の開閉器[*3]

高圧負荷開閉器（LBS）の接点部に、図12・12に示すように、主接点に先行して投入する抵抗付き補助接点を設け、半サイクル程度後に主接点が抵抗を短絡して投入が完了する。開放は補助接点から主接点の順に動作する。電動操作方式とすれば、配電線が事故停止から再閉路したとき、電圧リレーにより変圧器を開放から再投入まで自動操作とすることができる。また、省エネルギーのため夜間には変圧器を自動的に開放することもできる。

挿入抵抗値は300 Ω程度と大きいので、励磁突入電流は変圧器のメーカーや仕様に関係なく回路電圧でほぼ定まる。図12・13に挿入抵抗と単相変圧器の等価回路を示す。いま、単相100 kV・A変圧器の励磁突入電流第1波の波高値を定格電流（波高値）の28倍とすれば、第1波高値の値は、

$$第1波高値 = \sqrt{2} \times \frac{100}{6.6} \times 28 \fallingdotseq 600\,[A]$$

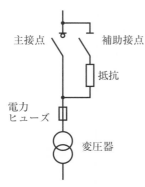

図12・12　抵抗投入方式の構成

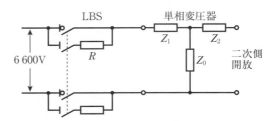

Z_1, Z_2：変圧器一次、二次巻線のインピーダンス[Ω]
Z_0：変圧器の励磁インピーダンス[Ω]
R：挿入抵抗[Ω]

図12・13　挿入抵抗と等価回路（単相回路）

これより、第1波の波高値に対する変圧器の等価インピーダンスは、

$$等価インピーダンス \fallingdotseq \frac{6\,600}{600} = 11\,[\Omega]$$

挿入抵抗を300Ωとすれば、変圧器の等価インピーダンスは小さいので無視すれば、第1波の波高値は図12·13より次のように概算できる。

$$第1波の波高値 = \sqrt{2} \times \frac{6\,600}{2 \times 300} \fallingdotseq 16\,[\mathrm{A}]$$

挿入抵抗がなければ600Aであるから、励磁突入電流は大幅に抑制される。三相変圧器でも、同様に計算すれば18A程度に抑制することができることがわかる。

（2）励磁突入電流抑制変圧器

励磁突入電流は、鉄心内磁束の飽和によって生じる。このため、定常時の磁束密度を低く設計すれば突入電流は抑制できる。しかし、この方法は鉄心の断面積が大きくなるので、変圧器は大形となり価格も高くなる。これらの条件のなかで、鉄心構造などの工夫により大形化を抑えた低磁束密度の変圧器が製作され、第1波高値を40%低減したとの報告例もある。

（3）投入位相の制御

励磁突入電流は、鉄心内の残留磁束の大きさと方向、および電源の投入位相によって変化する。このため、電源から開放したときの残留磁束の大きさと方向を演算して記憶させておく。再投入するときは、突入電流が最も小さくなるような投入位相を定めて遮断器を投入する方法で、主に大形変圧器が対象となっている。

12.7　励磁突入電流の求め方

励磁突入電流は、鉄心内の磁束飽和とヒステリシス特性に関係するため、数式化して求めることは困難であり、次のようないくつかの簡便な方法がとられる。

（1）10倍の0.1秒とする方法

電力ヒューズを高圧変圧器に適用するとき、JIS C 4604（高圧限流ヒューズ）では、励磁突入電流として「変圧器定格電流の10倍の電流を0.1秒間通電し、これを100回繰り返して溶断しないこと」と定められている。これは、励磁突入電流は一律に変圧器定格電流の10倍の0.1秒間と等価であるとするものである。正確には変圧器の容量や仕様によって突入電流の倍率、減衰時定数は異なっているが、簡単のためこの方法でしばしば計算される。

図12·14に、JISによる電力ヒューズの適用例を示す。電力ヒューズの定格をG20（T7.5, C7.5）Aとすれば、変圧器用にはT7.5Aが適用される。このとき、電力ヒューズには7.5A

×10 倍の電流を 0.1 秒間通電して、これを 100 回繰り返しても異常のないことが求められる。これを、図 12·14 の電力ヒューズの許容特性曲線に記入すれば、曲線の左側（×印）に収まっていることがわかる。T7.5 A を三相変圧器容量に換算すれば、

$$\sqrt{3} \times 6.6 \times 7.5 \fallingdotseq 86 \,[\mathrm{kV \cdot A}]$$

となり、定格容量 75 kV·A 以下の変圧器に適用できることがわかる。

[計算例]

過電流継電器 (OCR) と励磁突入電流との保護協調について検討する。

高圧受電設備の仕様

・油入三相変圧器 (300 kV·A)：1 台

・油入単相変圧器 (100 kV·A)：1 台

・過電流継電器 (OCR) の整定値

　限時要素　3.5 A，D = 10

　瞬時要素　50 A

　CT 比　　50/5 A

励磁突入電流を変圧器定格電流の 10 倍とすれば、

$$三相変圧器：\frac{300}{\sqrt{3} \times 6.6} \times 10 \fallingdotseq 262\,[\mathrm{A}]$$

$$単相変圧器：\frac{100}{6.6} \times 10 \fallingdotseq 152\,[\mathrm{A}]$$

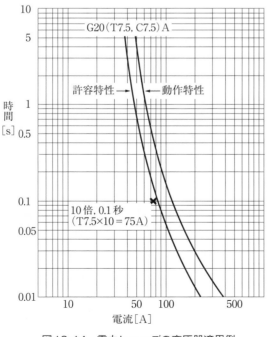

図 12·14　電力ヒューズの変圧器適用例

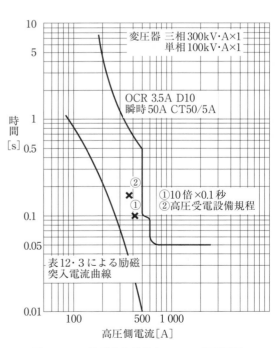

図 12·15　励磁突入電流と OCR の協調図例

したがって、励磁突入電流の合計は $262+152=414$［A］、継続時間 0.1 秒間として求められる。図 12・15 に、OCR の動作特性図に励磁突入電流 414 A、0.1 秒を「①」として記入してある。これによれば、励磁突入電流は、OCR の動作領域の左側にあるから OCR の誤動作はないと考えてよい。

（2）高圧受電設備規程（JEAC 8011）による方法

変圧器によって定まる第 1 波の波高値と減衰時定数から励磁突入電流を求めるものである。

変圧器定格電流を I_n とし、第 1 波の波高値 i_ϕ を変圧器定格電流（波高値）の K 倍とすれば、

$$i_\phi = \sqrt{2} \times I_n \times K$$

第 1 波の波高値 i_ϕ を実効値に換算する方法として、前記では一律に K を変圧器定格電流の 10 倍としたが、ここでは、次のように実効値 I_ϕ に換算する。

$$I_\phi = \frac{i_\phi}{\sqrt{2}} \times \alpha = \frac{1}{\sqrt{2}} \times \sqrt{2} \times I_n \times K \times \alpha = I_n \times K \times \alpha [\mathrm{A}]$$

ここで α は、第 1 波の波高値分 $\left(\dfrac{i_\phi}{\sqrt{2}}\right)$ を実効値 I_ϕ に換算するもので、**実効電流換算係数** と呼び、表 12・1 に示す。正弦波では、実効値 I_ϕ は波高値 i_ϕ の $1/\sqrt{2}$ であるから、実効電流換算係数 $\alpha = 1$ である。しかし、励磁突入電流は尖頭波形のため α は 1 より小さくなる。

次に励磁突入電流の継続時間 T は、減衰時定数をサイクルで表し τ［Hz］とすれば、次式により算出できる。

$$T = (2\tau - 1)\frac{1}{2f}[\mathrm{s}]$$

これより励磁突入電流は、実効値 I_ϕ が T 秒間継続するものとして求める。表 12・2 に、油入変圧器の励磁突入電流第 1 波の波高値と減衰時定数の例を示す。メーカーでは、品種ごとにカタログで公表しているので参考とすればよい。

表 12・1　実効電流換算係数 α

τ（サイクル）	α	
	三相変圧器	単相変圧器
2.0	0.649	0.590
3.0	0.575	0.523
4.0	0.543	0.494
5.0	0.527	0.479
6.0	0.516	0.469
7.0	0.508	0.462
8.0	0.502	0.456
9.0	0.496	0.451
10.0	0.494	0.449
11.0	0.491	0.446

表12・2　高圧油入変圧器の特性例

容量 [kV・A]	高圧油入変圧器			
	単相変圧器		三相変圧器	
	第1波の波高値 K (倍率)	減衰時定数 τ (サイクル)	第1波の波高値 K (倍率)	減衰時定数 τ (サイクル)
10	37	4	–	–
20	35	5	26	4
30	34	6	26	4
50	34	6	23	5
75	29	6	18	5
100	28	6	17	5
150	24	8	14	6
200	22	8	13	6
300	18	9	13	8
500	17	12	11	9
750	–	–	11	10
1 000	–	–	11	10
1 500	–	–	9	15
2 000	–	–	8	20

注(1)　第1波の波高値(倍率) K は定格一次電流波高値に対する倍数で示す
　(2)　減衰時定数 τ は励磁突入電流が第1波の波高値の36.8%になる時間をサイクルで示す

[計算例]

　前記の計算例に基づいて計算する。周波数は50 Hz、変圧器の実効電流換算係数 α は表12・1、励磁突入電流第1波の波高値の倍数 K と減衰時定数 τ は表12・2より引用する。

- 三相変圧器(300 kV・A)

　定格電流 $I_n = 26.2$ [A]

　$K = 13$, $\tau = 8$ [Hz], $\alpha = 0.502$

- 単相変圧器(100 kV・A)

　定格電流 $I_n = 15.2$ [A]

　$K = 28$, $\tau = 6$ [Hz], $\alpha = 0.469$

三相変圧器(300 kV・A)の励磁突入電流 I_ϕ および励磁突入電流の継続時間 T は、

$$I_\phi = I_n \times K \times \alpha = 26.2 \times 13 \times 0.502 \fallingdotseq 171 \,[\text{A}]$$

$$T = (2\tau - 1)\frac{1}{2f} = (2 \times 8 - 1)\frac{1}{2 \times 50} = 0.15 \,[\text{s}]$$

単相変圧器(100 kV・A)の励磁突入電流 I_ϕ および励磁突入電流の継続時間 T は、

$$I_\phi = I_n \times K \times \alpha = 15.2 \times 28 \times 0.469 \fallingdotseq 200 \,[\text{A}]$$

$$T = (2\tau - 1)\frac{1}{2f} = (2 \times 6 - 1)\frac{1}{2 \times 50} = 0.11 \,[\text{s}]$$

これより、励磁突入電流の実効値の合計は、

$$I_\phi = 171 + 200 = 371 \,[\text{A}]$$

継続時間は長いほうの時間をとって $T = 0.15$ [s] とする。

この点を図12・15に「②」として記入してあるが、この例では10倍の0.1秒のポイントと大きな違いは見られない。

（3）励磁突入電流の特性曲線による方法[*5]

前記の2つの方法で求めた励磁突入電流は、簡便ではあるが1点でしか表示されない。励磁突入電流を、経過時間と電流値の特性曲線で表すとOCRや電力ヒューズとの動作協調がわかりやすい。しかし、図12・15の協調図の電流は実効値で表されているから、カタログなどに表示されている波高値表示の励磁突入電流を実効値に換算しなければならない。励磁突入電流は尖頭波形のため、これを時間積分して等価な実効値に換算する方法はほとんど公表されていない。このため、ここでは公表されている励磁特性例（経過時間と突入電流実効値）を表12・3に示す。同表から、三相300 kV・Aと単相100 kV・Aの電流値を合計して求めた特性曲線を図12・15に記入してある。

表12・3　変圧器の励磁突入電流（実効値）の特性例

6.6 kV 単相油入変圧器

変圧器の容量		時間経過後の電流[A]					
容量[kV・A]	定格電流[A]	0.01 s後	0.05 s後	0.1 s後	0.5 s後	1 s後	5 s後
10	1.5	35.6	21.1	16.1	7.2	5.3	2.4
20	3.0	67.2	42.0	32.6	14.7	10.5	4.8
30	4.5	97.9	61.2	47.4	21.4	15.3	7.0
50	7.6	165	85.3	85.3	38.8	28.4	12.9
75	11.4	212	109	109	49.6	36.4	16.5
100	15.2	272	140	140	63.8	46.8	21.3
150	22.7	349	191	191	92.6	65.4	28.9
200	30.3	427	233	233	113	80.0	35.3
300	45.5	524	303	303	147	106	50.8
500	75.8	825	490	490	245	180	82.5

6.6 kV 三相油入変圧器

変圧器の容量		時間経過後の電流[A]					
容量[kV・A]	定格電流[A]	0.01 s後	0.05 s後	0.1 s後	0.5 s後	1 s後	5 s後
20	1.7	28.3	16.8	12.8	5.7	4.2	1.9
30	2.6	43.3	25.7	19.6	8.8	6.4	2.9
50	4.4	65	40.5	31.4	14.2	10.1	4.7
75	6.6	76.0	47.5	36.8	16.6	11.9	6.6
100	8.7	95	59.2	45.8	20.7	14.8	8.7
150	13.1	117	77.0	60.5	27.5	20.2	13.1
200	17.5	146	95.6	75.1	34.1	25.0	17.5
300	26.2	218	146	119	57.9	40.9	26.2
500	43.7	308	212	178	86.5	62.5	43.7
750	65.6	462	325	274	137	101	65.6
1 000	87.5	616	433	366	183	135	87.5
1 500	131	755	542	472	259	189	131
2 000	175	896	672	616	364	252	175

図12・15で表された励磁突入電流は、算出方法により電流値に異なるところもあるが、励磁突入電流そのものを正確に計算することは難しいので、バラツキを認めたうえで一つの目安として使用すればよい。また、求められた突入電流は最大値であり、実際には投入ごとに電流値は変わり、最大値に達する例は少ないとされている。

（4）単相変圧器V結線のとき[6]

　図12・16に示すように、単相変圧器2台がV結線に接続されたとき、V相は共通相となるから励磁突入電流は2台のベクトル和となる。しかし、2台の変圧器の位相（U-V相とV-W相）は異なるから、一方の変圧器の励磁電流が最大のときは、他方の変圧器は最大とはならない。このため、2台の変圧器の電流のベクトル和は一方の変圧器の最大値よりも若干大きい程度で、その値は単相変圧器1台のときの1.2倍にすればよいとされている。

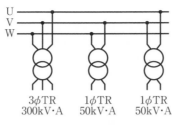

U
V
W

| 3φTR | 1φTR | 1φTR |
| 300kV・A | 50kV・A | 50kV・A |

図12・16　V結線のとき

[計算例]

・三相変圧器（300 kV・A）：1台、単相変圧器（50 kV・A）：2台の場合

　励磁突入電流を変圧器定格電流の10倍で継続時間を0.1秒間とすれば図12・16より、

$$三相変圧器：\frac{300}{\sqrt{3} \times 6.6} \times 10 \fallingdotseq 262 [A]$$

$$単相変圧器：\frac{50}{6.6} \times 10 \fallingdotseq 76 [A]$$

　励磁突入電流の合計は、V相が最大で262＋76×1.2≒353［A］、継続時間0.1秒間として求められる。

参考文献

＊1　「電気磁気学」（一社）電気学会

＊2　「変圧器の励磁突入電流現象と影響防止対策」水上　明 著　電気技術者 '10 No11

＊3　「三菱高圧交流負荷開閉器　エネセーバ」三菱電機カタログ　三菱電機

＊4　「6 kV 高圧受電設備の保護協調Q&A」川本浩彦 著　エネルギーフォーラム

＊5　オムロンカタログ

＊6　「高圧受電設備規程 JEAC8011」（一社）日本電気協会

13章 変圧器励磁電流と△結線

　変圧器に正弦波の電圧が印加されると、鉄心内の磁束も正弦波が必要となる。鉄心はヒステリシス特性を持つため、正弦波形の磁束を生じさせる励磁電流は図13・1に示すようにひずみ波形となる（12章の3参照）。このひずみ波形の励磁電流は、基本波と奇数高調波（第3、5、7…）の合成された電流である。このうち、第3高調波の電流は変圧器がY結線であると流れないので、中小容量の変圧器では通常一次側もしくは二次側結線のいずれかに△結線が採用されている。

電源電圧：･･････　　　磁束　　電源電圧
磁　　束：────
励磁電流：────

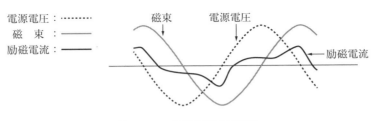

図13・1　励磁電流の波形例

13.1　奇数高調波電流の特性

　高調波には偶数高調波（第2、4、6…）と奇数高調波がある。図13・2（a）に示すように正と負の波形がx軸に対して異なっている非対称の波形には奇数と**偶数高調波**が含まれている。正と負の波形が同じである対称的な波形の図13・2（b）には**奇数高調波**が含まれ、**偶数高調波は存在しない**。送電線路や配電線路では対称的な波形のため奇数高調波が多少含まれ、次数が高いほど含有率は低くなる。変圧器の励磁電流も正負が対称的であるから奇数高調波を含んでいる。

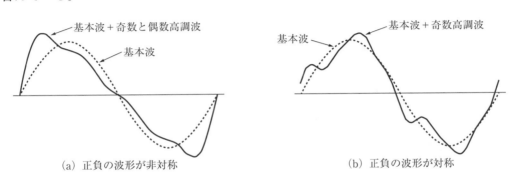

（a）正負の波形が非対称　　　　　　　　　（b）正負の波形が対称

図13・2　高調波を含んだひずみ波形例

三相交流に含まれる奇数高調波は次のような性質を持っている。

① 基本波

基本波の各相の電流を i_{a1}、i_{b1}、i_{c1}、最大値を i_{m1} とすれば次のように表される。

$$i_{a1} = i_{m1} \sin \omega t$$

$$i_{b1} = i_{m1} \sin\left(\omega t - \frac{2}{3}\pi\right)$$

$$i_{c1} = i_{m1} \sin\left(\omega t - \frac{4}{3}\pi\right)$$

基本波の各相の電流は、a相から順に $2\pi/3$ ずつ位相が遅れているので相順はa→b→c相となり、**各相の和は0**となる。

$$i_{a1} + i_{b1} + i_{c1} = 0$$

② 第3高調波

第3高調波の各相の電流 i_{a3}、i_{b3}、i_{c3} は、最大値を i_{m3} とすれば、

$$i_{a3} = i_{m3} \sin 3\omega t$$

$$i_{b3} = i_{m3} \sin 3\left(\omega t - \frac{2}{3}\pi\right) = i_{m3} \sin\left(3\omega t - \frac{6}{3}\pi\right) = i_{m3} \sin(3\omega t - 2\pi) = i_{m3} \sin 3\omega t$$

$$i_{c3} = i_{m3} \sin 3\left(\omega t - \frac{4}{3}\pi\right) = i_{m3} \sin\left(3\omega t - \frac{12}{3}\pi\right) = i_{m3} \sin(3\omega t - 4\pi) = i_{m3} \sin 3\omega t$$

第3高調波は基本波の3倍の周波数を持つが、**各相の電流は位相差がなく同相**になることがわかる。同相であるから各相の和は、

$$i_{a3} + i_{b3} + i_{c3} = 3\,i_{a3}$$

となり、**1相分の3倍**となる。

③ 第5高調波

第5高調波の各相の電流 i_{a5}、i_{b5}、i_{c5} は、最大値を i_{m5} とすれば、

$$i_{a5} = i_{m5} \sin 5\omega t$$

$$i_{b5} = i_{m5} \sin 5\left(\omega t - \frac{2}{3}\pi\right) = i_{m5} \sin\left(5\omega t - \frac{6+4}{3}\pi\right) = i_{m5} \sin\left(5\omega t - \frac{4}{3}\pi\right)$$

$$i_{c5} = i_{m5} \sin 5\left(\omega t - \frac{4}{3}\pi\right) = i_{m5} \sin\left(5\omega t - \frac{18+2}{3}\pi\right) = i_{m5} \sin\left(5\omega t - \frac{2}{3}\pi\right)$$

第5高調波は基本波の5倍の周波数を持ち、各相の電流の位相は $2\pi/3$ ずつ遅れているが、相順はa→c→b相となり**基本波と反対方向**となる。したがって、磁界の回転方向は基本波とは反対となる。各相の和は、基本波とは相順が異なるが各相の位相が $2\pi/3$ ずつ異なるので、

$$i_{a5} + i_{b5} + i_{c5} = 0$$

となり、基本波と同様に**各相の和は0**となる。

④ 第7高調波

第7高調波の各相の電流 i_{a7}、i_{b7}、i_{c7} は、最大値を i_{m7} とすれば、

$$i_{a7} = i_{m7} \sin 7\omega t$$

$$i_{b7} = i_{m7} \sin 7\left(\omega t - \frac{2}{3}\pi\right) = i_{m7}\sin\left(7\omega t - \frac{12+2}{3}\pi\right) = i_{m7}\sin\left(7\omega t - \frac{2}{3}\pi\right)$$

$$i_{c7} = i_{m7} \sin 7\left(\omega t - \frac{4}{3}\pi\right) = i_{m7}\sin\left(7\omega t - \frac{24+4}{3}\pi\right) = i_{m7}\sin\left(7\omega t - \frac{4}{3}\pi\right)$$

第7高調波は基本波の7倍の周波数を持ち、各相の電流の位相は$2\pi/3$ずつ遅れているが、相順はa→b→c相となり基本波と同じになる。**各相の和は基本波と同じで0となる。**

⑤　第9高調波

同様に検討すれば、第3高調波と同様に**各相の電流は同相**で、**各相の和は1相分の3倍**になることがわかる。しかし、第9以降の高調波は含有量が少ないので、通常は検討の対象にならない。

図13・3に各高調波のベクトル図を示す。

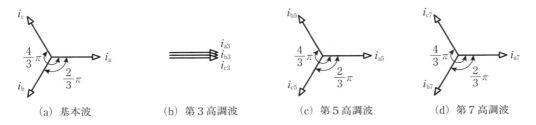

(a) 基本波　　　　(b) 第3高調波　　　(c) 第5高調波　　　(d) 第7高調波

図13・3　奇数高調波のベクトル図

13.2　変圧器の結線と第3高調波

三相変圧器の結線は、容量などにより一次Ｙ/二次△（Ｙ-△）、△-△、Ｙ-Ｙが使用され、結線の方式により励磁電流に含まれる高調波電流の流れ方が異なる。

（1）単相変圧器

わかりやすい例として、図13・4に単相変圧器を示す。変圧器の一次側に正弦波電圧V_1が印加されると、変圧器の一次巻線と二次巻線に誘起電圧E_1、E_2が生じる。E_1、E_2は変圧器鉄心内の磁束変化に比例するから、正弦波のE_1、E_2を得るには**磁束の波形も正弦波**でなければならない。しかし、鉄心のヒステリシス特性のため正弦波の磁束を得るには、**励磁電流は図13・1に示すようにひずみ波形**となり、奇数高調波を含むことになる。このため励磁電流iは、基本波i_1と奇数高調波$i_3 + i_5 + i_7 + \cdots$の合成した電流となる。

（2）三相変圧器Ｙ-△結線

高圧変圧器では、Ｙ-△結線が多く用いられる。図13・5の一次側巻線のＹ結線に、奇数

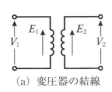

（a）変圧器の結線

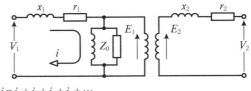

$i = i_1 + i_3 + i_5 + i_7 + \cdots$

（b）変圧器の等価回路

V_1, V_2：変圧器の端子電圧[V]
E_1, E_2：巻線の誘起電圧[V]
x_1, r_1, x_2, r_2：変圧器のインピーダンス[Ω]
Z_0：変圧器の励磁インピーダンス[Ω]
i, i_1, i_3, i_5, i_7：励磁電流と高調波成分[A]

図13・4　単相変圧器の励磁電流

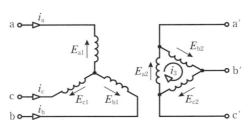

図13・5　三相変圧器Ｙ–△結線の励磁電流

高調波を含んだ励磁電流 i_a、i_b、i_c が各相に流入する。このとき、中性点は非接地であるから**各相の励磁電流の和は0**である。

$$i_a + i_b + i_c = (i_{a1} + i_{a3} + i_{a5} + i_{a7}) + (i_{b1} + i_{b3} + i_{b5} + i_{b7}) + (i_{c1} + i_{c3} + i_{c5} + i_{c7})$$

（第7高調波以降は無視）

$$= (i_{a1} + i_{b1} + i_{c1}) + (i_{a3} + i_{b3} + i_{c3}) + (i_{a5} + i_{b5} + i_{c5}) + (i_{a7} + i_{b7} + i_{c7})$$

$$= 0$$

ここで、基本波 $i_{a1} + i_{b1} + i_{c1}$ と第5高調波 $i_{a5} + i_{b5} + i_{c5}$ および第7高調波 $i_{a7} + i_{b7} + i_{c7}$ は、相ごとに $2\pi/3$ の位相差を持つから、その合計は0である。第3高調波は各相同相であるから、$i_{a3} + i_{b3} + i_{c3} = 0$ が成立するには**変圧器の励磁電流には第3高調波を含むことが許されない**のである。このとき、Ｙ結線の中性点を接地すれば第3高調波 $i_{a3} + i_{b3} + i_{c3}$ は大地に流出させることができるが、日本の高圧配電系統は**非接地**となっているから、変圧器の中性点は接地されていない。

このように、一次側がＹ結線変圧器の励磁電流は、第3高調波を除いた奇数高調波と基本波の合成した電流となる。励磁電流には**第3高調波が含まれない**から、この励磁電流から生じる**磁束は第3高調波を含んだひずみ波形**となり、磁束に比例して**一次巻線に誘起する電圧** E_{a1}、E_{b1}、E_{c1} **も第3高調波を含んだひずみ波形**となる。

次に、変圧器二次巻線が△結線であると、図13・5に示すように第3高調波を含んだ誘起電圧 E_{a2}、E_{b2}、E_{c2} が誘起される。各相の第3高調波の誘起電圧は同相であるから、**△結線内を第3高調波電流 i_3 が循環する**。そして同相であるから、**△結線外に流出することはない**。この循環電流 i_3 による磁束が、**一次側の励磁電流による磁束の不足分である第3高調波分を埋め合わせる形となり、鉄心内の磁束はほぼ正弦波に近くなる**。

このように、Ｙ−△結線、△−△結線、△−Ｙ結線では、一次または二次巻線に△結線があるため誘起電圧はほぼ正弦波となる。

（3）三相変圧器　Ｙ−Ｙ結線

変圧器の結線をＹ−Ｙにすると、既に述べたように、巻線の誘起電圧は第3高調波を含んだひずみ波形となり、巻線の絶縁上好ましくない。このため、特高回路などの大容量変圧器でＹ−Ｙ結線を使用するときは、同一鉄心上にさらに巻線（三次巻線）を設けて△結線（Ｙ−Ｙ−△）として、第3高調波電流を循環させる方法がとられる。通常、三相回路にＹ−Ｙ結線をそのまま使用することはないが、高圧用50 kV・A以下の小容量変圧器にはＹ−Ｙ結線が使用される[1]。

一次巻線をＹ結線とすれば、鉄心内の磁束には第3高調波を含むため障害の原因となる。しかし、鉄心構造を**内鉄型**とすれば、図13・6に示すように各相の第3高調波分の磁束 ϕ_{a3}、ϕ_{b3}、ϕ_{c3} の和は磁束の帰路がないため0でなければならない。このため、鉄心内には第3高調波分の磁束は存在しないことになる。わずかに、鉄心の外部を通じる漏れ磁束（a相であれば ϕ'_{a3}）が存在するが、磁気抵抗が大きいため磁束量は小さい。このため、**鉄心内の磁束は正弦波に近くなり、巻線の誘起電圧もほぼ正弦波となる**。このような理由で、小容量の三相変圧器ではＹ−Ｙ結線が実用上何ら問題なく使用されている。

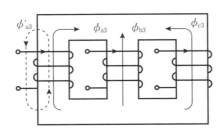

図13・6　内鉄型鉄心と第3高調波磁束

参考資料

*1　JIS C 4304 配電用6 kV油入変圧器

14章 高圧コンデンサの取扱い

　高圧コンデンサは力率改善のため受電設備に設置されている。可動部分がなく、通常は電源に接続された状態で長期間安定した運転を継続するため、ともすれば軽視されがちである。しかし、コンデンサは密閉容器に素子を内蔵しているので、素子の短絡が生じると瞬時に容器が爆発・噴油するため適切な保護対策が必要である。また、コンデンサには電荷が蓄積する。コンデンサを電源から開放すると、コンデンサの端子間および端子と容器間の静電容量には蓄積した電荷による残留電圧が残っているので、安全対策として放電処置が必要になる。

　次に、コンデンサの電流は電源電圧より$\pi/2$進んでいる。電源開閉器が電流を遮断すると、コンデンサには電源電圧の最大値が充電されているから、開閉器の接点間に再点弧が生じやすい。コンデンサは開閉器にとって遮断しづらい負荷であり、コンデンサへの適用は一般負荷とは異なった基準で適用されることが多い。

14.1　コンデンサの構造と保護方式

（1）NH方式とSH方式

　高圧コンデンサの素子は、誘電体にはポリプロピレンフィルム、電極には金属はくあるいは金属蒸着膜を用いて構成されるが、いずれの方式でも誘電体材料やコンデンサ製造工程の品質向上によって信頼性の高い機器となっている。容器は0.8〜2.3 mmの薄い鋼板を用い、内部の絶縁油あるいはガス中に完全密封してコンデンサ素子を収納している。絶縁油やガスはコンデンサの発熱により膨張・収縮するが、この変化は容器の変形によって吸収している。このため、コンデンサの過度の温度上昇は容器の膨らみとなって現れる。コンデンサの構造例を図14・1に示す。

　コンデンサは、電極構造の相違などにより JIS C 4902-1「高圧及び特別高圧進相コンデンサ並びに附属機器」には次のように記載されている。

　①　はく電極コンデンサ

　金属はくを電極としたコンデンサで、誘電体の一部が絶縁破壊するとその機能を失い、自己回復することはない。

　②　蒸着電極コンデンサ

　蒸着金属を電極としたコンデンサで、その一部が絶縁破壊しても自己回復することができる。

　③　自己回復（Self-Healing）

　誘電体の一部が絶縁劣化したとき、破壊点に隣接する電極の微小面積が消滅することに

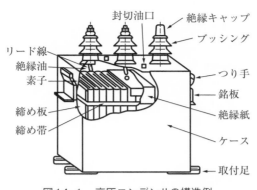

図14・1　高圧コンデンサの構造例

よって瞬間的にコンデンサの機能が回復すること。

④　保安装置内蔵コンデンサ

蒸着電極コンデンサの安全性を増すため、コンデンサの内部に異常が生じた際、異常素子または素体に電圧が加わらないように切り離しができる装置を組み込んだコンデンサ。

⑤　保護接点付コンデンサ

コンデンサの安全性を特に増すため、コンデンサの内部に異常が生じた際、これを検知して動作する接点を取り付けたコンデンサ。

上記の基準に基づいて高圧コンデンサは**NH方式**と**SH方式**に大別される。金属はくを電極として使用したコンデンサは、自己回復性はないのでNon-self-HealingからNH方式と呼ばれる。

自己回復性（Self-Healing）を持つSH方式は、誘電体の局部が絶縁破壊しても電極膜が蒸発消失して絶縁が回復する。

（2）△結線とY結線

高圧コンデンサの内部結線は図14・2（a）に示すように、従来は素子4個を直列に接続して△結線されていた。NH方式コンデンサは、電極間に絶縁破壊が生じると素子が短絡した状態となり過電流が流れる。そのうえ、ほかの健全な素子の負担電圧が増大するため素子の破壊が進み、最終的には全部の素子が破壊して線間短絡となる。密封されたコンデンサ容器

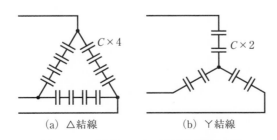

（a）△結線　　　　　（b）Y結線

図14・2　高圧コンデンサ素子の結線方法

表14・1　コンデンサ素子短絡による線路電流増加率

コンデンサの接続	素子直列数		短絡素子数	短絡時の線路電流増加率 （線路電流/コンデンサ定格電流）
	1相当たり	線間		
△ 図14・2 (a)	4	4	1	1.17
			2	1.53
Y 図14・2 (b)	2	4	1	1.50
			2	3.00

に短絡電流が流れると、内圧が急激に上昇して**瞬時に容器は破壊して、油や分解ガスが周囲に噴出する。**

　このため、特別高圧用に採用されていたY結線が高圧用に導入されるようになった。Y結線では、図14・2 (b) に示すように1相に通常2個の素子が直列に接続される。素子をY結線にすると次のような利点があり、現在ではY結線が一般的となっている。

[利点]
① 　容量の大きな設備では、必要台数だけコンデンサを並列に接続する。このとき、コンデンサの異常状態はコンデンサの中性点の電圧、あるいは電流によって検出することができる。
② 　コンデンサ素子が破壊短絡すると、線路電流の増加率が△結線に比べてY結線のほうが大きくなるので、保護装置が動作しやすい。

　表14・1に、素子の短絡数と線路電流の増加率を示す。短絡素子数が1個と2個の場合を示すが、いずれもY結線の電流増加率が大きく、短絡素子数が2個のときは定格電流の3倍になる。

　ここまではNH方式コンデンサについて述べたが、SH方式では考え方が異なる。SH方式コンデンサは、徐々に容器の膨張が進み内蔵された保安装置が早めに動作してコンデンサは電源から開放される。このため、**SH方式では容器の破壊のおそれは低いので、**△結線あるいはY結線のいずれでも使用できる。しかし、中性点をコンデンサ保護に使用できることや製造上の理由によりY結線が一般的に使用されるが、一部の製品では△結線もある。

（3）コンデンサの保護

　コンデンサは、信頼性が高く事故の少ない機器であるが、密閉容器のなかで誘電体が広い面積で長時間電圧が印加されているから過酷な使用状態にある。誘電体の一部に絶縁破壊が生じたときは電流や温度の変化が小さいため、初期の状態で異常状態を見つけることは難しい。このためコンデンサ保護の目的は、一般的には絶縁破壊が進行して短絡状態に近づいたとき、電力ヒューズなどで電源回路から開放してコンデンサ容器が破壊することを防止することにある。

ａ．NH方式

①　電力ヒューズ（３章の４参照）

　NH方式コンデンサでは、素子の絶縁破壊が進行すると短絡電流が増加して、最終的には瞬時に容器が爆発して周囲に噴油する。爆発に至る時間は短いので、遮断器では動作が間に合わず保護できないことがある。このため、一般的には遮断時間の早い**電力ヒューズ**が使用される。電力ヒューズを適用するにあたっての注意点を次に示す。

・コンデンサの突入電流で電力ヒューズが溶断しないこと

　直列リアクトルなしのときは、突入電流をコンデンサ定格電流（実効値）の70倍で、継続時間を0.002秒とされるから、コンデンサの突入電流のI^2tは、

$$I^2t = (定格電流 \times 70)^2 \times 0.002\,[\mathrm{A^2 \cdot s}]$$

電力ヒューズの許容I^2tは、上記の値よりも大きな機種を選定する。

・コンデンサの破壊時間以内に電力ヒューズが遮断すること

　コンデンサの容器が破壊する確率が10％のとき、そのI^2tを**コンデンサの耐I^2t**と呼ぶ。電力ヒューズの最大動作I^2tは、コンデンサの耐I^2tよりも小さな機種を選定する。**直列リアクトル**を使用するときは、突入電流値は抑制され、かつ**継続時間が長くなる**ので動作時間特性曲線により保護協調を検討する。具体的には、電力ヒューズのカタログに選定表が掲載されているので参考とすればよい。

②　機械的な保護装置

　コンデンサ内で絶縁劣化が進むと、分解ガスが発生して容器が膨張する。コンデンサの容量が大きな機種では、容器側面に取り付けた**リミットスイッチ**で膨張を検出して遮断器を開放する。絶縁破壊が急速に進むと、動作遅れにより保護できないことがあるので、電力ヒューズが併用して用いられる。

③　中性点の電流または電圧検出

　コンデンサの容量が大きくなると、コンデンサを２群に分けＹ結線とする。コンデンサ素子に異常が生じると、図14・3に示すように中性点の電流または電圧を検出して電源を開放することができる。

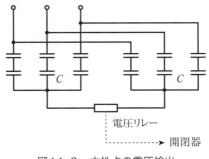

図14・3　中性点の電圧検出

b．SH方式

SH方式は、誘電体の局部が絶縁破壊しても自己回復性を持つため、絶縁破壊が進行しても蒸着膜の限流作用のため大きな短絡電流が流れることはない。しかし、このような状態を継続すると、破壊部から生じる分解ガスのため容器の内圧が上昇して最終的には噴油爆発する。このため、SH方式では容器内部に保安装置を内蔵している。

① 保安装置[*1]

図14・4と図14・5に保安装置の回路と動作例を示す。コンデンサの容器が膨張変形すると、保安装置の絶縁板上の断路部が図14・5のように速切機構により開離して電源から開放する。断路部は絶縁油中にあり、電流増加が少ないので簡単な機構で開放できる。ガス式では、保安装置の適用は難しいので圧力スイッチや安全弁が取り付けられている。

② 機械的な保護装置

容量の大きなコンデンサでは、内蔵保安装置と併用して**圧力スイッチ**を設け、容器の内圧上昇を検出して開閉器を開放する。

③ 電力ヒューズ

SH方式では、故障による電流変化はほとんどないので電気的な検出による保護は難しい。しかし、万一の短絡などのバックアップとして電力ヒューズの併用が望ましい。

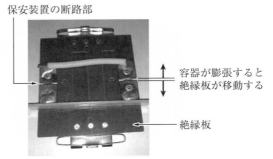

(a) 動作前

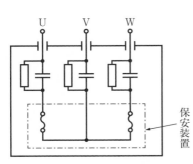

図14・4　保安装置の回路

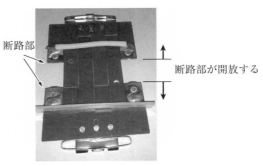

(b) 動作後

図14・5　保安装置の動作

14.2 コンデンサの放電装置

（1）放電装置の種類

コンデンサの電源開閉器を操作すると、コンデンサの電流0点で電流は遮断される。このとき、電源電圧は電流よりも$\pi/2$遅れているから、コンデンサは電源電圧の最大値で充電された状態で回路から切り離される。コンデンサに放電装置がないと、この電圧（**残留電圧**）が長時間保持される。これは、コンデンサの取扱いに危険を及ぼすばかりではなく、再度電源回路にコンデンサを投入すると、電源電圧と残留電圧の相互作用により大きな突入電流が流れ、種々の障害が発生する。このため、放電装置として**放電抵抗**あるいは**放電コイル**が使用される。

通常、コンデンサには放電抵抗が図14・6のように内蔵されている。コンデンサを電源から開放して5分後のコンデンサの端子間電圧（残留電圧）は、JISにより**50 V以下**と定められている。力率制御などによりコンデンサの開閉を頻繁に行うときは、放電抵抗内蔵形のコンデンサでは**5分以上の開閉間隔**とする。

放電コイルは、図14・7のように直列リアクトルの前に設置される。放電コイルを直列リアクトルとコンデンサの間に設置すると電圧が高くなるためである。

注） 直列リアクトルの補償率をαとすれば、コンデンサの定格電圧は$6\,600/(1-\alpha)$で表される。6％直列リアクトル付きでは$7\,020$ Vとなる。

放電性能は、5秒後に電圧は50 V以下となっている。このため、**コンデンサの開閉頻度が5分以下のときは放電コイルが使用される**。しかし、短時間で連続的に開閉すると、放電コイルの熱容量が小さいので温度上昇が高くなる。このときは数十分の間隔が必要になることもある。

受電設備を停止して作業をするときは検電・接地を行うが、コンデンサには端子間の静電容量と端子と外函間の浮遊容量にそれぞれ充電電荷が存在するため、**端子間の短絡放電と端子と大地間の接地放電**をそれぞれ実施する。

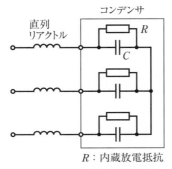

R：内蔵放電抵抗

図14・6　放電抵抗内蔵形コンデンサ

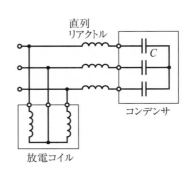

放電コイル

図14・7　放電コイルとコンデンサ

（2）放電装置の性能[*2]

a．放電抵抗

　内蔵される放電抵抗の値は、JIS C 4902-1によれば次式によって算出される値以下とされている。

$$R_0 \leqq \frac{t}{C_0 \ln\left(\dfrac{\sqrt{2}\,U_N}{U_R}\right)} = \frac{300}{C_0(\ln U_N - 3.57)}\,[\mathrm{M\Omega}] \tag{14・1}$$

ここで、

　R_0：2端子間の放電抵抗値[MΩ]

　C_0：2端子間の静電容量[μF]

　t　：放電時間 300[s]

　U_N：コンデンサの定格電圧[V]

　U_R：残留電圧 50[V]

　図14・8（a）に、コンデンサの回路が電源電圧の最大値$\sqrt{2}\,U_N$のとき開放され、コンデンサの端子間は電圧$\sqrt{2}\,U_N$で充電されていることを示す。図14・8（b）に等価回路を示すが、回路の合成インピーダンスZは、

$$Z = 2 \times \frac{1}{\dfrac{1}{R} + \mathrm{j}\omega C} = \frac{1}{\dfrac{1}{2R} + \mathrm{j}\dfrac{\omega C}{2}}$$

　これを$2R = R_0$、$\dfrac{C}{2} = C_0$と置き換える。C_0には電圧$\sqrt{2}\,U_N$で充電され、コンデンサが電源から開放されると放電抵抗R_0に放電するから図14・8（c）のように表される。いま、コンデンサの電荷をqとすれば、次の方程式が成立する。

$$R_0 \frac{\mathrm{d}q}{\mathrm{d}t} + \frac{1}{C_0}q = 0$$

　上式の解は、過渡現象の一般解として次式で示される。

$$q = \sqrt{2}\,U_N C_0\, \mathrm{e}^{-\frac{t}{R_0 C_0}}$$

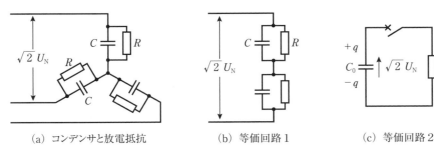

（a）コンデンサと放電抵抗　　　（b）等価回路1　　　（c）等価回路2

図14・8　放電抵抗の等価回路

コンデンサの両端の電圧は、t秒後には残留電圧U_Rに等しいから、

$$U_R = \frac{q}{C_0} = \sqrt{2}\, U_N\, e^{-\frac{t}{R_0 C_0}}$$

上式よりR_0を求めると、

$$R_0 = \frac{t}{C_0 \ln \dfrac{\sqrt{2}\, U_N}{U_R}} = \frac{t}{C_0 \left(\ln U_N - \ln \dfrac{U_R}{\sqrt{2}} \right)}$$

ここで、$U_R = 50\,[\mathrm{V}]$、$t = 300\,[\mathrm{s}]$、C_0を$[\mu\mathrm{F}]$の単位で表せば、

$$R_0 = \frac{300}{C_0 \left(\ln U_N - \ln \dfrac{50}{\sqrt{2}} \right)} \fallingdotseq \frac{300}{C_0 (\ln U_N - 3.57)}\,[\mathrm{M}\Omega]$$

こうして(14・1)式が導かれる。

[計算例]

コンデンサ設備100 kvar、6 600 V、50 Hz（コンデンサ7 020 V、106 kvar、直列リアクトル6 ％）の放電抵抗R_0を求める。

コンデンサの1相当たりリアクタンスX_Cは、

$$X_C = \frac{7\,020^2}{106 \times 10^3} \fallingdotseq 465\,[\Omega]$$

静電容量Cに換算して、

$$C = \frac{1}{\omega X_C} = \frac{1}{2 \times \pi \times 50 \times 465} \fallingdotseq 6.85 \times 10^{-6}\,[\mathrm{F}] = 6.85\,[\mu\mathrm{F}]$$

$C_0 = \dfrac{C}{2} = \dfrac{6.85}{2}$ を(14・1)式に代入して、

$$R_0 \leqq \frac{300}{\dfrac{6.85}{2}(\ln 7\,020 - 3.57)} \fallingdotseq 16.6\,[\mathrm{M}\Omega]$$

この計算より、1相分の放電抵抗Rを$16.6/2 = 8.3\,[\mathrm{M}\Omega]$以下に選定すれば、コンデンサを開放して5分後の残留電圧は50 V以下になる。放電抵抗はコンデンサに内蔵されているから、1相当たりの抵抗値は直接測定できないので、通常は端子間を500 Vメガにより2相分の合計として測定する。放電抵抗値の測定例を表14・2に示す。

表14・2　放電抵抗値の測定例

コンデンサの定格容量[kvar]	2相分の合計した放電抵抗値[MΩ]
10.6	64
79.8	17
106	14

注(1)　1相分の抵抗値は上記の1/2
　　(2)　抵抗値はメーカーによって異なる

b．放電コイル

　放電コイルは、図14・9（a）に示すようにコイルがV結線で直列リアクトルの電源側に接続されている。コンデンサが電源から開放されると、コンデンサの電荷は放電コイルに短時間で放電し、大きな波高値を持つ放電電流となる。このため、放電コイルの鉄心は磁気飽和してインダクタンスは大幅に低下し、ほぼコイルの抵抗値で定まる放電特性となる。

　放電コイルの放電時の等価回路を図14・9（b）に示す。放電コイルのインピーダンスは抵抗Rのみとし、直列リアクトルのインピーダンスは小さいので無視している。放電コイルの抵抗値は数百〜数kΩ程度のため、ごく短時間で残留電圧は50 V以下に低下する。

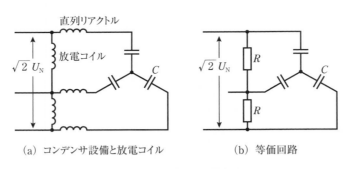

（a）コンデンサ設備と放電コイル　　　　（b）等価回路

図14・9　放電コイルの等価回路

14.3　コンデンサの再点弧現象[3〜5]

（1）単相回路のコンデンサ

　高圧回路で単相コンデンサを開閉することは通常ないが、進み電流遮断時の様子がわかりやすいので取り上げる。

　図14・10（a）で、コンデンサの開閉器Sを開放操作すると接点が開離する。しかし、コンデンサの電流が流れているから、接点間はアークでつながっている。電流が0点となる図14・10（b）の$t=0$でアークは遮断され開路する。コンデンサの電流は、電源電圧よりも$\pi/2$

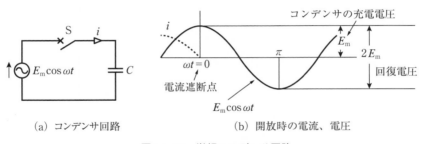

（a）コンデンサ回路　　　　（b）開放時の電流、電圧

図14・10　単相コンデンサ回路

位相が進んでいるから、電流 0 点とは電源電圧が最大値 E_m のときである。このため、コンデンサには電源電圧の最大値 E_m で充電され、そのまま保持される。次に、半サイクル後には、電源電圧の最大値が $-E_m$ に達するので、開閉器の一次側には $-E_m$、二次側には E_m が印加されるから、接点間には $2E_m$ の電位差が生じる。この接点間に生じる電位差を**回復電圧**と呼び、単相回路では最大で $2E_m$ となる。

（2）三相回路のコンデンサ

　三相回路のコンデンサでは回復電圧がさらに大きくなるので、接点間の絶縁回復が遅いと、**再び接点間にアークが生じて（再点弧）**高い異常電圧により、機器に被害を与えることがある。

　図 14・11 で、コンデンサの開閉器 S を開放操作すると、a 相の接点は電流 i_a が 0 に達したとき開路する。この瞬間を時間 $t=0$ とする。このとき、a 相の相電圧 e_a は最大値 E_m である。他の b、c 相は、電流が流れているので接点は開離しているが、アークでつながっている。

a．a 相が開路した瞬間 $t=0$

　$t=0$ のとき a 相の電源電圧 e_a は最大値 E_m にあるから、a 相のコンデンサはこの電圧で充電され、$t=0$ 以降は a 相が開路しているから、この電圧 E_m を保持する。したがって、コンデンサの相電圧 v_{ca} は（図 14・13(a)）、

$$v_{ca} = E_m \tag{14・2}$$

　次に、b 相と c 相のコンデンサには図 14・13 より $t=0$ では $-\dfrac{E_m}{2}$ で充電されている。同方向の電圧であるから放電することなくこの値を $t=0$ 以降も保持する。この様子を図 14・12 に示す。

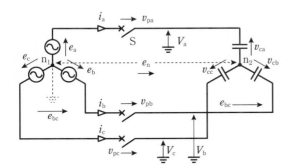

・電源各相の電圧
$e_a = E_m \cos \omega t$, $e_b = E_m \cos\left(\omega t - \dfrac{2}{3}\pi\right)$, $e_c = E_m \cos\left(\omega t - \dfrac{4}{3}\pi\right)$
・電源、b−c 相の線間電圧 $e_{bc} = e_b - e_c$
・コンデンサ各相の電圧 v_{ca}, v_{cb}, v_{cc}
・コンデンサ各相の対地電圧 V_a, V_b, V_c
・開閉器 S の各相の回復電圧 v_{pa}, v_{pb}, v_{pc}
・電源とコンデンサ中性点 n_1 と n_2 の電位差 e_n

図 14・11　三相コンデンサ回路

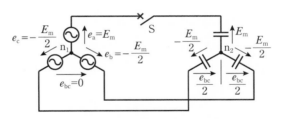

図 14・12　$t=0$ における各部の電圧

a相が開路した$t=0$以降は、b、c相は単相電源となり、線間電圧e_{bc}がコンデンサのb、c相に印加される。このため、b相のコンデンサの両端の電圧v_{cb}は両者の電圧が加算された大きさとなるから、

$$v_{cb} = -\frac{E_m}{2} + \frac{e_{bc}}{2}$$

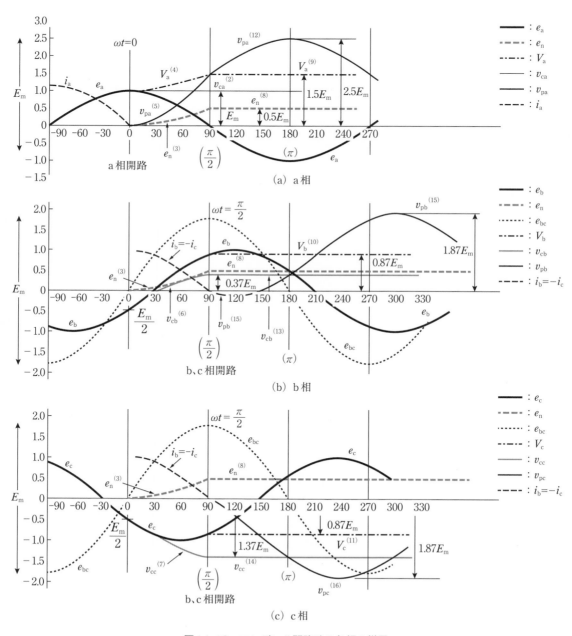

図14・13　コンデンサ開路時の各相の様子

ここで、電源側の中性点n_1とコンデンサ側の中性点n_2の電位差をe_nとすれば図$14\cdot11$より、

$$e_n = e_b - v_{cb} = e_b - \left(-\frac{E_m}{2} + \frac{e_b - e_c}{2}\right) = \frac{1}{2}(E_m - e_a)$$

$e_a = E_m \cos \omega t$ であるから、

$$e_n = \frac{E_m}{2}(1 - \cos \omega t) \tag{14\cdot3}$$

電源側の中性点n_1の電位は、各相の電源電圧e_a、e_b、e_cが平衡しているから0である。したがって、a相コンデンサの対地電圧V_aは図$14\cdot11$より、

$$V_a = v_{ca} + e_n = E_m + \frac{E_m}{2}(1 - \cos \omega t) = \frac{3E_m}{2} - \frac{E_m}{2}\cos \omega t \tag{14\cdot4}$$

開閉器のa相が開路すると、接点の一次側には電源電圧e_a、二次側にはコンデンサの対地電圧V_aが印加され、開閉器のa相接点間に電位差v_{pa}が生じる。これが回復電圧で、図$14\cdot11$より次式で表される。

$$v_{pa} = V_a - e_a = \frac{3E_m}{2} - \frac{E_m}{2}\cos \omega t - E_m \cos \omega t = \frac{3E_m}{2}(1 - \cos \omega t) \tag{14\cdot5}$$

次にb、c相のコンデンサ相電圧v_{cb}、v_{cc}は図$14\cdot11$より、

$$v_{cb} = e_b - e_n = E_m \cos\left(\omega t - \frac{2}{3}\pi\right) - \frac{E_m}{2}(1 - \cos \omega t) \tag{14\cdot6}$$

$$v_{cc} = e_c - e_n = E_m \cos\left(\omega t - \frac{4}{3}\pi\right) - \frac{E_m}{2}(1 - \cos \omega t) \tag{14\cdot7}$$

b．a相が開路して$\omega t = \pi/2$後

開閉器のa相が開路すると、b、c相は線間電圧$e_{bc} = e_b - e_c = \sqrt{3}\,E_m \sin \omega t$を電源とする単相負荷回路となり、$\pi/2$進んだ負荷電流$i_b(-i_c)$が流れる。a相開路後$\omega t = \pi/2$で$e_{bc}$は最大値に達するから、負荷電流$i_b$は0となり、開閉器のb、c相が開路する。これで、コンデンサの各相はすべて電源から開放されるため、コンデンサの各電圧v_{ca}、v_{cb}、v_{cc}、V_a、V_b、V_c、e_nは$\omega t = \pi/2$時点の電位を保持する。中性点の電位差e_nは、$(14\cdot3)$式に$\omega t = \pi/2$を代入して、

$$e_n = \frac{E_m}{2}(1 - \cos \omega t) = \frac{E_m}{2}\left(1 - \cos \frac{\pi}{2}\right) = \frac{E_m}{2} \tag{14\cdot8}$$

これにより$\omega t = \pi/2$以降は、e_nは$E_m/2$を保持する。次に、各相の対地電圧を求める。コンデンサa相の対地電圧V_aは、

$$V_a = v_{ca} + e_n$$

ここで、v_{ca}はコンデンサa相の相電圧で、$t = 0$以降は$(14\cdot2)$式のようにE_mを保持しているから、

$$V_a = E_m + \frac{E_m}{2} = \frac{3E_m}{2} \tag{14\cdot9}$$

b、c相の対地電圧V_b、V_cは、電源電圧e_b、e_cに$\omega t = \pi/2$を代入して、

$$V_\mathrm{b} = E_\mathrm{m}\cos\left(\frac{\pi}{2} - \frac{2\pi}{3}\right) \fallingdotseq 0.87E_\mathrm{m} \tag{14・10}$$

$$V_\mathrm{c} = E_\mathrm{m}\cos\left(\frac{\pi}{2} - \frac{4\pi}{3}\right) \fallingdotseq -0.87E_\mathrm{m} \tag{14・11}$$

① a相の回復電圧

次に、開閉器a相接点間の回復電圧v_paは図14・11と(14・9)式より、

$$v_\mathrm{pa} = V_\mathrm{a} - e_\mathrm{a} = \frac{3E_\mathrm{m}}{2} - E_\mathrm{m}\cos\omega t \tag{14・12}$$

v_paが最大になるときは$\omega t = \pi$(半サイクル後)のときで、

$$v_\mathrm{pa} = \frac{3E_\mathrm{m}}{2} - E_\mathrm{m}\cos\pi = 2.5E_\mathrm{m}$$

となり、開閉器のa相接点間には最大で相電圧(最大値E_m)の2.5倍の回復電圧が印加される。この値はb、c相の回復電圧よりも大きい。

② b、c相の回復電圧

コンデンサのb、c相の相電圧は、$\omega t = \pi/2$のときの電圧を保持するから、(14・6)、(14・7)式に$\omega t = \pi/2$を代入して、

$$v_\mathrm{cb} = E_\mathrm{m}\cos\left(\frac{\pi}{2} - \frac{2}{3}\pi\right) - \frac{E_\mathrm{m}}{2}\left(1 - \cos\frac{\pi}{2}\right) \fallingdotseq 0.37E_\mathrm{m} \tag{14・13}$$

$$v_\mathrm{cc} = E_\mathrm{m}\cos\left(\frac{\pi}{2} - \frac{4}{3}\pi\right) - \frac{E_\mathrm{m}}{2}\left(1 - \cos\frac{\pi}{2}\right) \fallingdotseq -1.37E_\mathrm{m} \tag{14・14}$$

開閉器b相の回復電圧v_pbは、図14・11と(14・10)式より、

$$v_\mathrm{pb} = V_\mathrm{b} - e_\mathrm{b} = 0.87E_\mathrm{m} - E_\mathrm{m}\cos\left(\omega t - \frac{2}{3}\pi\right) \tag{14・15}$$

v_pbが最大になるときは$\omega t = 5\pi/3(=300°)$のときで、その大きさは、

$$v_\mathrm{pb} = 0.87E_\mathrm{m} - E_\mathrm{m}\cos\left(\frac{5}{3}\pi - \frac{2}{3}\pi\right) \fallingdotseq 1.87E_\mathrm{m}$$

開閉器c相の回復電圧v_pcは、図14・11と(14・11)式より、

$$v_\mathrm{pc} = V_\mathrm{c} - e_\mathrm{c} = -0.87E_\mathrm{m} - E_\mathrm{m}\cos\left(\omega t - \frac{4}{3}\pi\right) \tag{14・16}$$

v_pcが最大になるときは$\omega t = 4\pi/3(=240°)$のときで、その大きさは、

$$v_\mathrm{pc} = -0.87E_\mathrm{m} - E_\mathrm{m}\cos\left(\frac{4}{3}\pi - \frac{4}{3}\pi\right) \fallingdotseq -1.87E_\mathrm{m}$$

このように、b、c相の回復電圧はa相よりも小さくなる。ここまでの検討結果を図14・13に示す。なお、図14・13中の記号に付したカッコは、本文の式番号を示している。例えば$V_\mathrm{a}^{(4)}$は(14・4)式を示す。

（3）再点弧

コンデンサを開路すると、最初に開路する相（図14・13ではa相）の回復電圧が最も大きくなり、a相が開路してπ後には相電圧最大値E_mの2.5倍になる。このため、接点間の絶縁回復が遅れると再びアークでつながる（再点弧）。

この様子を、わかりやすく単相コンデンサ回路で説明する。単相回路では、図14・10に示すように、電流遮断してπ[rad]後に接点間の回復電圧が$2E_m$に達し、接点間の絶縁が破れると再点弧する。このとき、コンデンサの電圧は再点弧する直前の電圧$+E_m$から電源電圧の$-E_m$に急変する。変化幅は$2E_m$である。このため、コンデンサの電圧は電源電圧$-E_m$を基準として最大$2E_m$の過渡的な電圧振動が生じる（図14・14）。これが再点弧によるサージ電圧である。サージ電圧の最大は、電源電圧の$-E_m$に最大振動の$-2E_m$を加算した$-3E_m$となる。

この大きな再点弧サージが生じると、コンデンサや他の機器に被害を及ぼすことがある。このため、コンデンサに使用する開閉器は、絶縁回復特性の優れた真空遮断器や真空電磁接触器が一般的に使用されている。高圧負荷開閉器や高圧カットアウトスイッチは、日常開閉用として使用することは望ましくない。

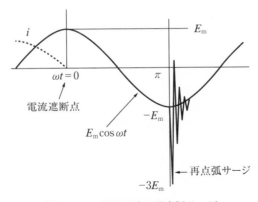

図14・14　単相回路の再点弧サージ

参考文献

＊1　ニチコン技術講習会資料「電力コンデンサについて」ニチコン　2018年2月
＊2　自家用電気設備Q&A（OHM1995年6月号別冊）　オーム社
＊3　電力用コンデンサ運転指針　電気学会報告（Ⅱ部）第399号　（一社）電気学会
＊4　真空遮断器・開閉器の開閉サージと適用技術　電気学会報告（Ⅱ部）第422号　（一社）電気学会
＊5　「進相コンデンサ設置に伴う諸問題と留意点」富田久幸 著　電気設備学会誌　平成8年7月

15_章 高圧コンデンサの突入電流

受電設備には、力率改善用として高圧コンデンサが設置されている。コンデンサを電源に投入したとき、直列リアクトルなしのコンデンサでは投入時のインピーダンスが小さいため過渡的に大きな電流が流れる。これをコンデンサの突入電流と呼び、コンデンサ定格電流の数十倍に達する。特に、既に充電されているコンデンサに次いで新たにコンデンサを投入すると、充電されたコンデンサからも突入電流が供給されるため、直列リアクトルがないとその値は200～300倍になる。

15.1　単独コンデンサの突入電流

高圧受電設備のコンデンサは直列リアクトルありが一般的となっているが、ここでは直列リアクトルなしのコンデンサについてまず検討する。コンデンサを電源に投入したとき、等価回路は図15・1で示される。この回路の微分方程式は、LRC直列回路の過渡現象として次式で表される。

$$E_\mathrm{m}\sin(\omega t+\theta)=L\frac{\mathrm{d}i}{\mathrm{d}t}+Ri+\frac{1}{C}\int i\,\mathrm{d}t$$

配電線路では、$R<\sqrt{4L/C}$ となるので次式が突入電流 i の解となる。[*1]

$$i=I_\mathrm{m}\left\{\frac{2\sqrt{\dfrac{L}{C}}}{\sqrt{4\dfrac{L}{C}-R^2}}\mathrm{e}^{-\alpha t}\sin(\theta-\varphi)\sin(\beta t-\phi)-\frac{2\dfrac{1}{\omega C}}{\sqrt{4\dfrac{L}{C}-R^2}}\mathrm{e}^{-\alpha t}\cos(\theta-\varphi)\sin\beta t\right\}$$
$$+I_\mathrm{m}\sin(\omega t+\theta-\varphi)$$

$$(15\cdot1)$$

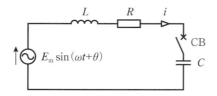

E_m：電源電圧の最大値(相電圧)〔V〕
θ：コンデンサ投入時の電源電圧の位相角〔rad〕
L：配電線路のインダクタンス〔H〕
R：配電線路の抵抗〔Ω〕
C：コンデンサの静電容量〔F〕
i：コンデンサの突入電流〔A〕

図15・1　コンデンサの等価回路

ここで、

$$I_{\mathrm{m}} = \frac{E_{\mathrm{m}}}{\sqrt{R^2 + \left(\omega L - \dfrac{1}{\omega C}\right)^2}} : 定常分の回路電流最大値［A］$$

$$\varphi = \tan^{-1} \frac{\omega L - \dfrac{1}{\omega C}}{R} : 定常分の位相角［rad］$$

$$\alpha = \frac{R}{2L} : 過渡分の減衰定数［1/s］$$

$$\beta = \sqrt{\frac{1}{LC} - \left(\frac{R}{2L}\right)^2} : 過渡分の角速度［rad/s］$$

$$\phi = \tan^{-1} \frac{\beta}{\alpha} : 過渡分の位相角［rad］$$

(15・1) 式で、配電線路の抵抗は小さいので $R^2 \ll 4L/C$、およびコンデンサのリアクタンスは線路のリアクタンスよりも大きいから、$\omega L \ll \dfrac{1}{\omega C}$ とすれば、

$$\frac{2\sqrt{\dfrac{L}{C}}}{\sqrt{4\dfrac{L}{C} - R^2}} \fallingdotseq 1$$

$$\frac{2\dfrac{1}{\omega C}}{\sqrt{4\dfrac{L}{C} - R^2}} \fallingdotseq \frac{1}{\omega\sqrt{LC}}$$

$$\varphi \fallingdotseq -\frac{\pi}{2}$$

$$\phi = \tan^{-1}\frac{\beta}{\alpha} = \tan^{-1}\frac{\sqrt{\dfrac{1}{LC} - \left(\dfrac{R}{2L}\right)^2}}{\dfrac{R}{2L}} = \tan^{-1}\sqrt{\dfrac{4L}{C}{R^2} - 1} \fallingdotseq \frac{\pi}{2}$$

これを (15・1) 式に代入して、

$$i = I_{\mathrm{m}}\left\{ \mathrm{e}^{-\alpha t}\sin\left(\theta + \frac{\pi}{2}\right)\sin\left(\beta t - \frac{\pi}{2}\right) - \frac{1}{\omega\sqrt{LC}}\mathrm{e}^{-\alpha t}\cos\left(\theta + \frac{\pi}{2}\right)\sin\beta t \right\}$$

$$+ I_{\mathrm{m}}\sin\left(\omega t + \theta + \frac{\pi}{2}\right)$$

$$= I_{\mathrm{m}}\left\{ -\mathrm{e}^{-\alpha t}\cos\theta\cos\beta t + \frac{1}{\omega\sqrt{LC}}\mathrm{e}^{-\alpha t}\sin\theta\sin\beta t \right\} + I_{\mathrm{m}}\cos(\omega t + \theta) \qquad (15\cdot2)$$

(15・2) 式で、θ はコンデンサを電源に投入した瞬間の電源電圧の位相角で、投入する位相角によって突入電流の大きさは変化する。

まず、電源電圧が 0 の瞬間 ($\theta = 0$) にコンデンサを投入すれば、(15・2) 式に $\theta = 0$ を代入して、

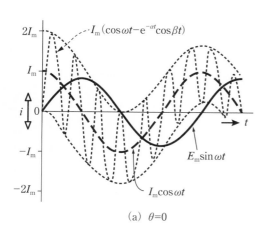

(a) $\theta=0$

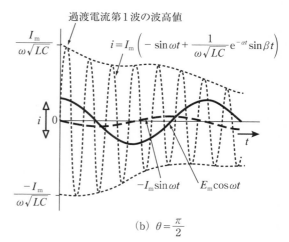

(b) $\theta=\dfrac{\pi}{2}$

図15・2　コンデンサの突入電流の様子

$$i=I_{\mathrm{m}}\left(\cos\omega t-\mathrm{e}^{-\alpha t}\cos\beta t\right)$$

　上式で第1項は定常分のコンデンサに流れる電流、第2項は過渡電流で高い周波数成分を持ち$\mathrm{e}^{-\alpha t}$に従って減衰する。この様子を図15・2 (a) に示す。突入電流の最大波高値は定常分と過渡分の和となるから、ほぼ$2I_{\mathrm{m}}$となる。

　次に、$\theta=\pm\pi/2$の電源電圧が最大のとき投入すれば、コンデンサの投入時のインピーダンスは小さいから、大きな突入電流になる。(15・2)式に$\theta=+\pi/2$を代入すれば、

$$i=I_{\mathrm{m}}\left(-\sin\omega t+\frac{1}{\omega\sqrt{LC}}\mathrm{e}^{-\alpha t}\sin\beta t\right)\,[\mathrm{A}] \tag{15・3}$$

　上式の第1項は定常分の電流である。第2項は過渡電流であるが、定常分の電流よりもはるかに大きな値である。このため、突入電流の最大波高値は図15・2 (b) のように過渡電流の第1波の波高値にほぼ等しいので、$\dfrac{I_{\mathrm{m}}}{\omega\sqrt{LC}}$と求められる。

　このように、突入電流の値は投入したときの位相によって大きく変わるが、投入位相を人為的に調整することはできないから、投入の都度その値は変わる。

15.2　並列コンデンサの突入電流

　図15・3で、コンデンサC_1は電源に投入され充電されている。ここで、新たなコンデンサC_2を電源に投入する。このときC_2の突入電流は、電源からの突入電流i'と充電されたコンデンサC_1から供給される突入電流iの合計となる。ここでは、コンデンサに直列リアクトルがないとしているので、コンデンサ間の配線は短いからそのインピーダンス(LとR)は小さい。このため、コンデンサC_1からの突入電流iは非常に大きく$i\gg i'$となるから、電源か

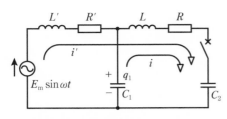

E_m：電源電圧の最大値（相電圧）［V］
L', R'：高圧配電線のインダクタンス［H］と抵抗［Ω］
L, R：コンデンサ C_1，C_2 間の配線のインダクタンス［H］と
　　　抵抗［Ω］
C_1：充電されているコンデンサ
C_2：投入するコンデンサ
i'：電源から流入する突入電流［A］
i：C_1 から供給される突入電流［A］

図15・3　並列コンデンサの等価回路1

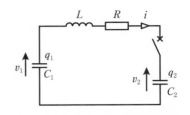

図15・4　並列コンデンサの等価回路2

らの突入電流 i' は無視できる。したがって、コンデンサ C_2 の突入電流は、図15・4に示すように単に充電されたコンデンサ C_1 と、新たに投入するコンデンサ C_2 との並列回路として概ね求めることができる。

図15・4で、コンデンサ C_1 には電源電圧が印加されているが、その最大値 E_m のときにコンデンサ C_2 を投入したとする。このとき、C_1 に充電された最大値 E_m に相当する電荷が C_2 に放電し、これが突入電流となる。そして、突入電流は電源周波数の1サイクルに比べ、ごく短時間に減衰する。

図15・4から、C_1 から供給される突入電流 i を求める。いま、C_1 には電源電圧の最大値 E_m に相当する電荷 q_1 が充電されている。ここで、C_1 の電荷は C_2 に放電するから、C_1 の電荷 q_1 の変化は（－）、C_2 の電荷 q_2 の変化は（＋）となる。C_1 と C_2 の充電電圧を v_1、v_2 とすれば、

$$q_1 = C_1 v_1, \quad q_2 = C_2 v_2, \quad i = -\frac{\mathrm{d}q_1}{\mathrm{d}t} = \frac{\mathrm{d}q_2}{\mathrm{d}t} \tag{15・4}$$

$$v_1 = L\frac{\mathrm{d}i}{\mathrm{d}t} + Ri + v_2 \tag{15・5}$$

（15・5）式に（15・4）式を代入して、

$$\frac{q_1}{C_1} = -L\frac{\mathrm{d}^2 q_1}{\mathrm{d}t^2} - R\frac{\mathrm{d}q_1}{\mathrm{d}t} + \frac{q_2}{C_2}$$

$$\therefore q_2 = C_2\left(L\frac{\mathrm{d}^2 q_1}{\mathrm{d}t^2} + R\frac{\mathrm{d}q_1}{\mathrm{d}t} + \frac{q_1}{C_1}\right)$$

（15・4）式から、

$$\frac{\mathrm{d}q_1}{\mathrm{d}t} + \frac{\mathrm{d}q_2}{\mathrm{d}t} = 0$$

上式に、先に求めた q_2 を代入する。

$$\frac{\mathrm{d}q_1}{\mathrm{d}t} + LC_2\frac{\mathrm{d}^3q_1}{\mathrm{d}t^3} + RC_2\frac{\mathrm{d}^2q_1}{\mathrm{d}t^2} + \frac{C_2}{C_1}\frac{\mathrm{d}q_1}{\mathrm{d}t} = 0$$

これを、$q_1 = C_1 v_1$ と置き換えて v_1 の微分方程式に変換すると、

$$L\frac{\mathrm{d}^3v_1}{\mathrm{d}t^3} + R\frac{\mathrm{d}^2v_1}{\mathrm{d}t^2} + \left(\frac{1}{C_1} + \frac{1}{C_2}\right)\frac{\mathrm{d}v_1}{\mathrm{d}t} = 0$$

両辺を t について積分すると、

$$L\frac{\mathrm{d}^2v_1}{\mathrm{d}t^2} + R\frac{\mathrm{d}v_1}{\mathrm{d}t} + \frac{v_1}{C} = A \tag{15·6}$$

ここで、

$$C = \frac{1}{\dfrac{1}{C_1} + \dfrac{1}{C_2}} = \frac{C_1 C_2}{C_1 + C_2}$$

A：積分定数

(15·6) 式の微分方程式を解くため、定常解 $v_{1\mathrm{s}}$ と過渡解 $v_{1\mathrm{t}}$ をそれぞれ求める。定常解は次のように求める。いま、C_2 投入瞬時の $t = 0$ のとき C_1 の充電電圧は、電源電圧の最大値 E_m であるから C_1 の電荷量は $C_1 E_\mathrm{m}$ である。投入後 $t = \infty$ とすれば C_1 と C_2 の充電電圧は等しくなる。この充電電圧を $v_{1\mathrm{s}}$ とすれば、両者の電荷量は等しいから、

$$C_1 E_\mathrm{m} = (C_1 + C_2)v_{1\mathrm{s}} \qquad \therefore v_{1\mathrm{s}} = \frac{C_1}{C_1 + C_2}E_\mathrm{m}$$

この $v_{1\mathrm{s}}$ が定常解である。

次に、過渡解は (15·6) 式で右辺を 0 とおいて求める。図 15·4 の回路では $R < \sqrt{4L/C}$ となるので次式が解となる。[*1]

$$v_{1\mathrm{t}} = \mathrm{e}^{-\alpha t}\left(B_1\cos\beta t + B_2\sin\beta t\right)$$

ここで、

B_1, B_2：過渡項の積分定数

$$\alpha = \frac{R}{2L} : \text{過渡項の減衰定数}[1/\mathrm{s}]$$

$$\beta = \sqrt{\frac{1}{LC} - \left(\frac{R}{2L}\right)^2} : \text{過渡項の角速度}[\mathrm{rad/s}]$$

(15·6) 式の解は、定常解と過渡解の和として求まるから、

$$v_1 = v_{1\mathrm{s}} + v_{1\mathrm{t}} = \frac{C_1}{C_1 + C_2}E_\mathrm{m} + \mathrm{e}^{-\alpha t}\left(B_1\cos\beta t + B_2\sin\beta t\right) \tag{15·7}$$

突入電流 i は、(15·4) 式に (15·7) 式を代入して求める。

$$i = -C_1\frac{\mathrm{d}v_1}{\mathrm{d}t}$$

$$= -C_1\left\{-\alpha\mathrm{e}^{-\alpha t}\left(B_1\cos\beta t + B_2\sin\beta t\right) + \mathrm{e}^{-\alpha t}\left(-\beta B_1\sin\beta t + \beta B_2\cos\beta t\right)\right\}$$

$$= C_1\mathrm{e}^{-\alpha t}\left\{(\alpha B_1 - \beta B_2)\cos\beta t + (\alpha B_2 + \beta B_1)\sin\beta t\right\} \tag{15·8}$$

(15・7)式より積分定数B_1を定める。$t=0$のとき$v_1=E_m$であるから、

$$E_m = \frac{C_1}{C_1+C_2}E_m + B_1$$

$$\therefore B_1 = E_m - \frac{C_1}{C_1+C_2}E_m = \frac{C_2}{C_1+C_2}E_m$$

同じく、$t=0$のとき$i=0$であるから、これを(15・8)式に代入すると、

$$0 = \alpha B_1 - \beta B_2$$

$$\therefore B_2 = \frac{\alpha}{\beta}B_1 = \frac{\alpha}{\beta}\cdot\frac{C_2}{C_1+C_2}E_m$$

これで積分定数はすべて決定したので、これを(15・7)、(15・8)式に代入して、

$$v_1 = \frac{C_1}{C_1+C_2}E_m + \frac{C_2}{C_1+C_2}E_m\,\mathrm{e}^{-\alpha t}\left(\cos\beta t + \frac{\alpha}{\beta}\sin\beta t\right)$$

$$i = \frac{C_1 C_2}{C_1+C_2}\cdot\frac{\alpha^2+\beta^2}{\beta}E_m\,\mathrm{e}^{-\alpha t}\sin\beta t$$

ここで、

$$\beta = \sqrt{\frac{1}{LC}-\left(\frac{R}{2L}\right)^2}\,,\quad \alpha = \frac{R}{2L}$$

実回路では、$R \ll \sqrt{4L/C}$、$\beta \gg \alpha$となるから、

$$\cos\beta t + \frac{\alpha}{\beta}\sin\beta t \fallingdotseq \cos\beta t$$

$$\frac{C_1 C_2}{C_1+C_2}\cdot\frac{\alpha^2+\beta^2}{\beta} \fallingdotseq \frac{C_1 C_2}{C_1+C_2}\beta = \frac{C_1 C_2}{C_1+C_2}\sqrt{\frac{1}{LC}-\left(\frac{R}{2L}\right)^2} \fallingdotseq \frac{C_1 C_2}{C_1+C_2}\sqrt{\frac{1}{LC}}$$

$$= \frac{1}{\sqrt{L\left(\dfrac{1}{C_1}+\dfrac{1}{C_2}\right)}}$$

ここで、$C = \dfrac{C_1 C_2}{C_1+C_2}$である。

これより、近似式として次のように求められる。

$$v_1 = \frac{C_1}{C_1+C_2}E_m + \frac{C_2}{C_1+C_2}E_m\,\mathrm{e}^{-\alpha t}\cos\beta t\,[\mathrm{V}]$$

$$i = \frac{1}{\sqrt{L\left(\dfrac{1}{C_1}+\dfrac{1}{C_2}\right)}}E_m\,\mathrm{e}^{-\alpha t}\sin\beta t\,[\mathrm{A}] \tag{15・9}$$

(15・9)式による突入電流の波形例を図15・5に示す。

217

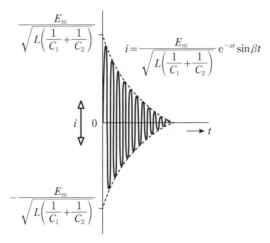

$$i = \frac{E_\mathrm{m}}{\sqrt{L\left(\dfrac{1}{C_1} + \dfrac{1}{C_2}\right)}} \mathrm{e}^{-\alpha t} \sin \beta t$$

図15・5　並列コンデンサの突入電流の波形例

15.3　突入電流の特性

　コンデンサの突入電流は、高い周波数の大きな電流で減衰が早い。特に力率制御を行うコンデンサバンク間では、より大きな突入電流が高頻度で多数回開閉されるので、コンデンサを開閉する真空遮断器や真空電磁接触器の接点が異常消耗するときがある。このため、力率制御するコンデンサには直列リアクトルを設置して、突入電流を抑制する必要がある。

（1）突入電流の大きさ

a．単独コンデンサ

　(15・3) 式から突入電流の最大波高値 i_m は、図15・2 (b) に示すように過渡電流第 1 波の波高値にほぼ等しいから、

$$i_\mathrm{m} \fallingdotseq I_\mathrm{m} \frac{1}{\omega\sqrt{LC}} \tag{15・10}$$

ここで、$\omega L = X_\mathrm{L}$、$\dfrac{1}{\omega C} = X_\mathrm{C}$ とおき、さらに R と ωL は $\dfrac{1}{\omega C}$ よりはるかに小さいから、

$$I_\mathrm{m} = \frac{E_\mathrm{m}}{\sqrt{R^2 + \left(\omega L - \dfrac{1}{\omega C}\right)^2}} \fallingdotseq \frac{E_\mathrm{m}}{X_\mathrm{C}}$$

かつ、

$$\frac{1}{\omega\sqrt{LC}} = \sqrt{\frac{X_\mathrm{C}}{X_\mathrm{L}}}$$

となるから、これらを (15・10) 式に代入すると、

$$i_{\mathrm{m}} = \frac{E_{\mathrm{m}}}{X_{\mathrm{C}}} \cdot \sqrt{\frac{X_{\mathrm{C}}}{X_{\mathrm{L}}}}$$

これを実効値 I で表すと、

$$I = \frac{1}{\sqrt{2}} \cdot \frac{E_{\mathrm{m}}}{X_{\mathrm{C}}} \cdot \sqrt{\frac{X_{\mathrm{C}}}{X_{\mathrm{L}}}} \doteqdot I_{\mathrm{C}} \sqrt{\frac{X_{\mathrm{C}}}{X_{\mathrm{L}}}} \ [\mathrm{A}] \tag{15・11}$$

ここで、$\dfrac{E_{\mathrm{m}}}{\sqrt{2}\,X_{\mathrm{C}}}$ はコンデンサの定格電流 I_{C}（実効値）にほぼ等しい。また、配電線路のインピーダンスを Z とすれば線路の R は小さいので $X_{\mathrm{L}} \doteqdot Z$、線間電圧を V、線路の短絡容量を P_{S}、コンデンサの定格容量を P_{C} とすれば、X_{L}、X_{C} は次のように表すことができる。

$$P_{\mathrm{S}} = \sqrt{3}\, V \cdot \frac{V}{\sqrt{3}\,Z} = \frac{V^2}{Z}$$

$$P_{\mathrm{C}} = \sqrt{3}\, V \cdot \frac{V}{\sqrt{3}\,X_{\mathrm{C}}} = \frac{V^2}{X_{\mathrm{C}}}$$

$$\therefore X_{\mathrm{L}} \doteqdot Z = \frac{V^2}{P_{\mathrm{S}}}, \ X_{\mathrm{C}} = \frac{V^2}{P_{\mathrm{C}}}$$

これを、(15・11)式に代入すれば突入電流の実効値 I は次のように概算できる。

$$I = I_{\mathrm{C}} \sqrt{\frac{P_{\mathrm{S}}}{P_{\mathrm{C}}}} \ [\mathrm{A}] \tag{15・12}$$

表 15・1 に、単独コンデンサの突入電流の計算例を示す。これによれば、線路の短絡容量を $150\,\mathrm{MV \cdot A}$ とすれば、$100\,\mathrm{kvar}$ コンデンサの突入電流の最大値は実効値で $350\,\mathrm{A}$ となる。これは、コンデンサ定格電流の約 40 倍である。

次に、突入電流過渡分の減衰定数 α、角速度 β は、

$$\alpha = \frac{R}{2L}, \ \beta = \sqrt{\frac{1}{LC} - \left(\frac{R}{2L}\right)^2}$$

ここで、$R^2 \ll 4L/C$、突入電流の周波数 $f = \dfrac{\beta}{2\pi}$ であるから、

$$\alpha = \frac{\omega R}{2X_{\mathrm{L}}}\,[1/\mathrm{s}]$$

$$\beta = \sqrt{\frac{1}{LC} - \left(\frac{R}{2L}\right)^2} \doteqdot \sqrt{\frac{1}{LC}} = \omega \sqrt{\frac{X_{\mathrm{C}}}{X_{\mathrm{L}}}} \ [\mathrm{rad/s}]$$

$$\therefore f = \frac{\beta}{2\pi} = \frac{\omega}{2\pi} \sqrt{\frac{X_{\mathrm{C}}}{X_{\mathrm{L}}}}$$

電源周波数を f_0 とすれば、$\omega = 2\pi f_0$ であるから、

$$f = f_0 \sqrt{\frac{X_{\mathrm{C}}}{X_{\mathrm{L}}}} \ [\mathrm{Hz}] \tag{15・13}$$

減衰定数 α の逆数 $1/\alpha$ は減衰時定数で、$t = 1/\alpha$ 秒後には突入電流は $\mathrm{e}^{-1} = 1/\mathrm{e} \doteqdot 0.368$ 倍

表15·1　100 kvar単独コンデンサの突入電流計算例

項目	計算式と計算例	
	X_L：線路リアクタンス[Ω] R：線路抵抗[Ω] X_C：コンデンサリアクタンス[Ω] E_m：電源電圧（相電圧の最大値）[V]	
電源電圧、周波数	V（線間），f	6 600 V，50 Hz
電源短絡容量	P_S	150 MV·A
電源力率	$\cos\varphi_S$	0.3
コンデンサ容量	P_C	100 kvar
コンデンサ定格電流	$I_C = \dfrac{P_C}{\sqrt{3}\,V}$	$\dfrac{100\times10^3}{\sqrt{3}\times6.6\times10^3} \fallingdotseq 8.75$ [A]
コンデンサリアクタンス	$X_C = \dfrac{V^2}{P_C}$	$\dfrac{(6.6\times10^3)^2}{100\times10^3} \fallingdotseq 436$ [Ω]
線路インピーダンス	$Z = \dfrac{V^2}{P_S}$	$\dfrac{(6.6\times10^3)^2}{150\times10^6} \fallingdotseq 0.290$ [Ω]
線路抵抗	$R = Z\cos\varphi$	$0.290\times0.3 \fallingdotseq 0.087$ [Ω]
線路リアクタンス	$X_L = Z\sqrt{1-\cos^2\varphi}$	$0.290\times\sqrt{1-0.3^2} \fallingdotseq 0.277$ [Ω]
突入電流（実効値）	$I = I_C\sqrt{\dfrac{X_C}{X_L}}$	$8.75\times\sqrt{\dfrac{436}{0.277}} \fallingdotseq 350$ [A]
突入電流　減衰定数	$\alpha = \dfrac{R}{2L} = \dfrac{\omega R}{2X_L}$	$\dfrac{2\pi\times50\times0.087}{2\times0.277} \fallingdotseq 49.3$ [1/s]
突入電流　角速度	$\beta = \dfrac{1}{\sqrt{LC}} = \omega\sqrt{\dfrac{X_C}{X_L}}$	$2\pi\times50\times\sqrt{\dfrac{436}{0.277}} \fallingdotseq 1.25\times10^4$ [rad/s]
突入電流　周波数	$f = \dfrac{\beta}{2\pi}$	$\dfrac{1.25\times10^4}{2\pi} \fallingdotseq 2.0$ [kHz]
突入電流　I^2t	$I^2t = \dfrac{P_C}{3\omega R}$	$\dfrac{100\times10^3}{3\times2\pi\times50\times0.087} \fallingdotseq 1\,220$ [A²·s]
突入電流波形	$i = \sqrt{2}\times0.35\mathrm{e}^{-49.3t}\sin(1.25t\times10^4)$ [kA] $E_m\cos\omega t$	

（36.8％）の大きさに減衰する。表 15・1 では、減衰時定数 $t = 1/\alpha = 1/49.3 \fallingdotseq 20$ [ms] で、電源周波数（50 Hz）に換算すれば 1 サイクルに相当している。また、突入電流の周波数は 2.0 kHz である。

　コンデンサの突入電流は、このように配電線のインピーダンスやコンデンサの容量によって変わるので、次に示すような方法で概略計算されることが多い。

**　突入電流＝コンデンサ定格電流の 70 倍で継続時間は 0.002 秒間**

　これは、コンデンサの突入電流を一律に 70 倍の 0.002 秒と等価であるとするもので、高圧コンデンサ保護用に使用される電力ヒューズは、70 倍×0.002 秒の電流を繰り返し通電して、これに耐えるように JIS C 4604「高圧限流ヒューズ」に定められている。

b．並列コンデンサ

　充電された並列コンデンサがあるときの突入電流は（15・9）式から求められるが、その最大波高値は図 15・5 に示すように第 1 波の波高値にほぼ等しいから、これを実効値 I で表すと、

$$I = \frac{E_\mathrm{m}}{\sqrt{2}} \frac{1}{\sqrt{L\left(\dfrac{1}{C_1} + \dfrac{1}{C_2}\right)}} \,[\mathrm{A}]$$

　いま、線間電圧の実効値を V とすれば、E_m は相電圧の最大値であるから $\dfrac{E_\mathrm{m}}{\sqrt{2}} = \dfrac{V}{\sqrt{3}}$、また $\omega L = X_\mathrm{L}$、$\dfrac{1}{\omega C_1} = X_{\mathrm{C}1}$、$\dfrac{1}{\omega C_2} = X_{\mathrm{C}2}$ とおけば、

$$\sqrt{L\left(\frac{1}{C_1} + \frac{1}{C_2}\right)} = \sqrt{X_\mathrm{L}\,(X_{\mathrm{C}1} + X_{\mathrm{C}2})}$$

これより上式は次のように表される。

$$I = \frac{V}{\sqrt{3}} \cdot \frac{1}{\sqrt{X_\mathrm{L}\,(X_{\mathrm{C}1} + X_{\mathrm{C}2})}} \,[\mathrm{A}] \tag{15・14}$$

また減衰定数 α は、

$$\alpha = \frac{R}{2L} = \frac{\omega R}{2X_\mathrm{L}} \,[1/\mathrm{s}]$$

$\dfrac{1}{C_1} + \dfrac{1}{C_2} = \dfrac{1}{C}$ であるから角速度 β は、

$$\beta = \sqrt{\frac{1}{LC} - \left(\frac{R}{2L}\right)^2} \fallingdotseq \sqrt{\frac{1}{LC}} = \sqrt{\frac{\dfrac{1}{C_1} + \dfrac{1}{C_2}}{L}} = \omega\sqrt{\frac{X_{\mathrm{C}1} + X_{\mathrm{C}2}}{X_\mathrm{L}}} \,[\mathrm{rad/s}]$$

　表 15・2 に、充電された 100 kvar コンデンサに次いで、新たに 100 kvar コンデンサを並列投入したときの突入電流の計算例を示す。コンデンサ間の配線は 22 mm²×5 m の銅線とし、インダクタンスは 1 m 当たり 1 μH とした。充電されたコンデンサからの突入電流を抑制するインピーダンスは、直列リアクトルがなければコンデンサ間の配線によるインピーダンスのみであるから大きな突入電流となる。

表15・2　100＋100 kvar並列コンデンサの突入電流計算例

項目	計算式と計算例	
	X_L：コンデンサ間のリアクタンス[Ω] R：コンデンサ間の線路抵抗[Ω] X_{C1}：充電されたコンデンサリアクタンス[Ω] X_{C2}：投入するコンデンサリアクタンス[Ω] E_m：電源電圧（相電圧の最大値）[V]	
電源電圧、周波数	V（線間），f	6 600 V，50 Hz
充電されたコンデンサ容量	P_{C1}	100 kvar
投入するコンデンサ容量	P_{C2}	100 kvar
投入するコンデンサ定格電流	$I_{C2}=\dfrac{P_{C2}}{\sqrt{3}\,V}$	$\dfrac{100\times10^3}{\sqrt{3}\times6.6\times10^3}\fallingdotseq8.75\,[\mathrm{A}]$
充電されたコンデンサリアクタンス	$X_{C1}=\dfrac{V^2}{P_{C1}}$	$\dfrac{(6.6\times10^3)^2}{100\times10^3}\fallingdotseq436\,[\Omega]$
投入するコンデンサリアクタンス	$X_{C2}=\dfrac{V^2}{P_{C2}}$	$\dfrac{(6.6\times10^3)^2}{100\times10^3}\fallingdotseq436\,[\Omega]$
コンデンサ間の抵抗	R	銅線22 [mm²]×5 [m]として $4.2\times10^{-3}\,[\Omega]$
コンデンサ間のリアクタンス	X_L	銅線のインダクタンス1.0 [μH/m]×5 [m]として $1.6\times10^{-3}\,[\Omega]$
突入電流（実効値）	$I=\dfrac{V}{\sqrt{3}\times\sqrt{X_L\,(X_{C1}+X_{C2})}}$	$\dfrac{6\,600}{\sqrt{3}\times\sqrt{1.6\times10^{-3}\,(436+436)}}\fallingdotseq3\,230\,[\mathrm{A}]$
突入電流　減衰定数	$\alpha=\dfrac{R}{2L}=\dfrac{\omega R}{2X_L}$	$\dfrac{2\pi\times50\times4.2\times10^{-3}}{2\times1.6\times10^{-3}}\fallingdotseq410\,[1/\mathrm{s}]$
突入電流　角速度	$\beta=\dfrac{1}{\sqrt{LC}}=\omega\sqrt{\dfrac{X_{C1}+X_{C2}}{X_L}}$	$2\pi\times50\times\sqrt{\dfrac{436+436}{1.6\times10^{-3}}}\fallingdotseq23.2\times10^4\,[\mathrm{rad/s}]$
突入電流　周波数	$f=\dfrac{\beta}{2\pi}$	$\dfrac{23.2\times10^4}{2\pi}\fallingdotseq36.9\,[\mathrm{kHz}]$
突入電流　I^2t	$I^2t=\dfrac{1}{3\omega R\left(\dfrac{1}{P_{C1}}+\dfrac{1}{P_{C2}}\right)}$	$\dfrac{10^3}{3\times2\pi\times50\times4.2\times10^{-3}\left(\dfrac{1}{100}+\dfrac{1}{100}\right)}\fallingdotseq12.6\times10^3\,[\mathrm{A}^2\cdot\mathrm{s}]$
突入電流波形		

$i=\sqrt{2}\times3.23\mathrm{e}^{-410t}\sin(23.2t\times10^4)\,[\mathrm{kA}]$

$E_m\cos\omega t$

① 計算例では、突入電流（実効値）はコンデンサ定格電流の$3\,230/8.75 = 370$倍に達している。突入電流の周波数も$36.9\,\text{kHz}$と非常に高いので、変流器（CT）の二次側機器などに高い電圧が生じて絶縁を脅かすおそれがある。

② 突入電流が大きいので、電力ヒューズの選定には注意しなければならない。

（2）突入電流のI^2t

電力ヒューズに大きな電流が流れると、ヒューズの内部で電流（実効値）I^2と通過時間tの積に比例した熱エネルギーが生じる。電力ヒューズの遮断時間は$5\sim10\,\text{ms}$と短いため、ヒューズ内で生じた熱エネルギーはヒューズエレメントの温度上昇のみに費やされ、外部への熱放散はないと考えてよい。このため、電力ヒューズの$10\,\text{ms}$以下の動作領域では、「$I^2 \times t = $一定」と考えることができる。つまり、**大きな電流ほど許容時間が短くなる**。このI^2tには、ヒューズの劣化や溶断しない許容I^2t、ヒューズが遮断完了するのに必要とする動作I^2tなどの種類があり、ヒューズの容量ごとにI^2tが定められている。

コンデンサ保護用に電力ヒューズを適用するには、**コンデンサの突入電流によるI^2tが、電力ヒューズの許容I^2t以下**となるように選定しなければならない。

a．単独コンデンサ

突入電流は(15・3)式で求められるが、定常分の電流は小さいので過渡分のみで表すと、

$$i \fallingdotseq I_\text{m} \frac{1}{\omega\sqrt{LC}} e^{-\alpha t} \sin\beta t\,[\text{A}]$$

上式のI^2tを求めるため、2乗してtについて$0\sim\infty$まで積分すると、

$$I^2 t = \int_0^\infty \left(I_\text{m} \frac{1}{\omega\sqrt{LC}} e^{-\alpha t} \sin\beta t \right)^2 \mathrm{d}t = \int_0^\infty \frac{I_\text{m}^2}{\omega^2 LC} e^{-2\alpha t} \sin^2\beta t\,\mathrm{d}t$$

ここで、$\sin^2\beta t = \dfrac{1}{2} - \dfrac{\cos 2\beta t}{2}$であるから、

$$I^2 t = \frac{I_\text{m}^2}{2\omega^2 LC} \int_0^\infty (e^{-2\alpha t} - e^{-2\alpha t}\cos 2\beta t)\,\mathrm{d}t$$

カッコ内の積分は積分公式表より次式となる。

$$\int e^{-2\alpha t}\,\mathrm{d}t = -\frac{1}{2\alpha} e^{-2\alpha t}$$

$$-\int e^{-2\alpha t}\cos 2\beta t\,\mathrm{d}t = -\frac{e^{-2\alpha t}(-2\alpha\cos 2\beta t + 2\beta\sin 2\beta t)}{4\alpha^2 + 4\beta^2}$$

これを代入して、

$$I^2 t = \frac{I_\text{m}^2}{2\omega^2 LC} \left[-\frac{e^{-2\alpha t}}{2\alpha} - \frac{e^{-2\alpha t}(-2\alpha\cos 2\beta t + 2\beta\sin 2\beta t)}{4\alpha^2 + 4\beta^2} \right]_0^\infty$$

カッコ内の第1項の積分は、

$$\left[-\frac{e^{-2\alpha t}}{2\alpha} \right]_0^\infty = \frac{1}{2\alpha}$$

第2項は、三角関数を積分すると正負が打ち消し合い0となるから、

$$I^2 t = \frac{I_m^2}{2\omega^2 LC}\left[-\frac{e^{-2\alpha t}}{2\alpha}-\frac{e^{-2\alpha t}(-2\alpha\cos 2\beta t + 2\beta\sin 2\beta t)}{4\alpha^2 + 4\beta^2}\right]_0^\infty = \frac{I_m^2}{4\omega^2 \alpha LC}$$

ここで、I_mは定常時のコンデンサ回路の電流（最大値）であり、配電線路のL、Rは小さいから、コンデンサ回路の電流はコンデンサの定格電流I_Cにほぼ等しいとすれば、

$$I_m \doteqdot \sqrt{2}\,I_C$$

さらに、

$$\alpha = \frac{R}{2L}$$

$$I_C = \frac{P_C}{\sqrt{3}\,V}$$

$$\frac{1}{\omega C} = \frac{V^2}{P_C}$$

であるから、

$$I^2 t = \frac{P_C}{3\omega R}\,[\mathrm{A^2 \cdot s}] \tag{15·15}$$

表15・1の突入電流$I^2 t$は（15・15）式から求めたものであるが、式中のRは配電線路の抵抗値としている。しかし、正確には電力ヒューズ、コンデンサの抵抗も考慮する必要があり、表15・1で求めた値よりも小さくなる。一般的にはわかりやすく、コンデンサの突入電流は定格電流の70倍×0.002秒を基準に$I^2 t$を計算されることが多い。

100 kvarのコンデンサに対しては、

$$I^2 t = (70\times I_C)^2 \times 0.002 = \left(70\times\frac{100}{\sqrt{3}\,\times 6.6}\right)^2 \times 0.002 \doteqdot 750\,[\mathrm{A^2 \cdot s}]$$

次に、電力ヒューズの許容$I^2 t$を表15・3に示す。これより、100 kvarコンデンサ用電力ヒューズは、一般用を適用してG30（C15）A以上を選定すればよいことがわかる。

表15・3　電力ヒューズの許容$I^2 t$例

ヒューズの容量 [A]	許容$I^2 t$ $[\mathrm{A^2 \cdot s}]$	
	一般用ランダム投入 500 回	重頻度用ランダム投入 50 000 回
G10（C3）	88	50
G20（C7.5）	551	326
G30（C15）	2 210	1 360
G40（C20）	3 920	2 420
G50（C30）	8 820	5 440
G60（C40）	15 700	10 300

（計算例）G30［A］（C15［A］）
$$(15\times 70)^2 \times 0.002 \doteqdot 2\,210\,[\mathrm{A^2 \cdot s}]$$

b．並列コンデンサ

(15·9)式から突入電流のI^2tを求めると、

$$I^2t = \int_0^\infty \left\{ \frac{1}{\sqrt{L\left(\dfrac{1}{C_1}+\dfrac{1}{C_2}\right)}} E_m \mathrm{e}^{-\alpha t}\sin\beta t \right\}^2 \mathrm{d}t = \frac{E_m{}^2}{L\left(\dfrac{1}{C_1}+\dfrac{1}{C_2}\right)} \int_0^\infty \mathrm{e}^{-2\alpha t}\sin^2\beta t\,\mathrm{d}t$$

この解は、単独コンデンサと同様であるから、

$$I^2t = \frac{E_m{}^2}{4\alpha L\left(\dfrac{1}{C_1}+\dfrac{1}{C_2}\right)}$$

ここで、

$$E_m = \frac{\sqrt{2}}{\sqrt{3}}V$$

$$\alpha = \frac{R}{2L}$$

$$\frac{1}{\omega C_1} = \frac{V^2}{P_{C1}}$$

$$\frac{1}{\omega C_2} = \frac{V^2}{P_{C2}}$$

であるから、

$$I^2t = \frac{1}{3\omega R\left(\dfrac{1}{P_{C1}}+\dfrac{1}{P_{C2}}\right)} \,[\mathrm{A}^2{\cdot}\mathrm{s}] \tag{15·16}$$

　これより突入電流のI^2tは求められるが、(15·16)式は並列コンデンサからのI^2tであるから、さらに電源からのI^2tとして(15·15)式の単独コンデンサの突入電流I^2tを加算すればよい。また、表15·2の計算例では、(15·16)式の抵抗はコンデンサ間の配線抵抗のみを考慮しているが、正確には電力ヒューズ、コンデンサの抵抗も考慮しなければならないがこれらのデータはほとんど公表されていない。

　実際の適用にあたっては、コンデンサ間の抵抗を正確に把握することは困難であるため、メーカーカタログなどの適用表などによって選定することになる。

（3）直列リアクトルと突入電流

　コンデンサに直列リアクトルを設置すると、直列リアクトルのインダクタンスが大きいため、突入電流が小さくなるとともに減衰定数βが小さくなるのでゆっくり減衰する。この突入電流は、(15·11)式のX_LをX_L+X_Sと置き換え、さらに定常分も加算して次のように表される。

$$I = I_C\left(1+\sqrt{\frac{X_C}{X_L+X_S}}\right)\,[\mathrm{A}] \tag{15·17}$$

ここで、

X_L：線路のリアクタンス[Ω]

X_C：コンデンサのリアクタンス[Ω]

X_S：直列リアクトルのリアクタンス[Ω]

（ただし、$X_S \gg X_L$）

直列リアクトルを6％とすれば、$X_S/X_C = 0.06$ であるから、

$$I = I_C \left(1 + \sqrt{\frac{X_C}{X_L + X_S}}\right) \doteqdot I_C \left(1 + \sqrt{\frac{X_C}{X_S}}\right) = I_C \left(1 + \sqrt{\frac{1}{0.06}}\right) \doteqdot 5I_C \,[\text{A}]$$

突入電流の周波数は(15・13)式より、

$$f = f_0 \sqrt{\frac{X_C}{X_L + X_S}} \,[\text{Hz}] \tag{15・18}$$

直列リアクトルを6％とすれば、

$$f = f_0 \sqrt{\frac{X_C}{X_L + X_S}} \doteqdot f_0 \sqrt{\frac{X_C}{X_S}} = f_0 \sqrt{\frac{1}{0.06}} \doteqdot 4f_0 \,[\text{Hz}]$$

このように、直列リアクトルを設置すると、突入電流はコンデンサ定格電流の5倍程度、周波数は4倍程度に抑制できる。特に、複数台のコンデンサを開閉して自動力率制御するときは、並列コンデンサからの突入電流があるので直列リアクトルの設置が必要となる。

ここで、直列リアクトルのインダクタンスは一定と考えているが、実際には突入電流が流れると**直列リアクトルの鉄心内の磁束飽和のためインダクタンスは低下する**。このため、6％直列リアクトルにおける突入電流は、定格電流の5～10倍、あるいは8倍と表現する例もある。

15.4　突入電流と瞬時電圧降下[*5]

高圧受電設備で高圧コンデンサを投入すると、大きな突入電流のため配電線の線路インピーダンスによる電圧降下が生じて受電端の電圧が瞬間的に低下する。これを瞬時電圧降下と呼び、電圧降下が大きいと半導体装置などの運転に支障を及ぼすことがある。

図15・6に瞬時電圧降下の電圧波形例を示す。図15・7の系統図で、直列リアクトルありのコンデンサを電源に投入したとき生じる線路の電圧降下を検討する。突入電流 i の最大値は(15・3)式で表される。

$$i = I_m \left(-\sin\omega t + \frac{1}{\omega\sqrt{LC}} e^{-\alpha t}\sin\beta t\right)[\text{A}] \qquad (15・3)\text{式再掲}$$

ここで、

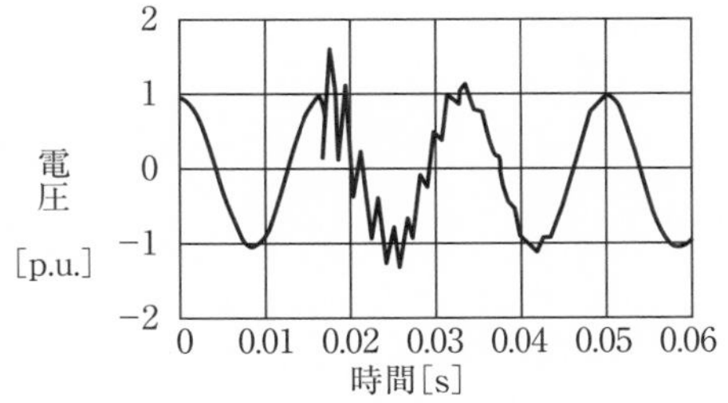

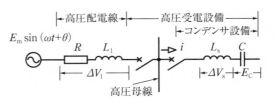

図15·6　コンデンサ投入時の瞬時電圧降下例

R：配電線の抵抗[Ω]
L_1：配電線のインダクタンス[H]
C：コンデンサの静電容量[F]
L_s：直列リアクトルのインダクタンス[H]
$E_m \sin(\omega t + \theta)$：電源の相電圧[V]
θ：コンデンサ設備の投入位相角[rad]
i：コンデンサの突入電流[A]
ΔV_1：配電線の電圧降下[V]
ΔV_s：直列リアクトルの電圧降下[V]
E_C：コンデンサの端子電圧[V]

図15·7　コンデンサ設備の系統図

$$I_m = \frac{E_m}{\sqrt{R^2 + \left(\omega L - \dfrac{1}{\omega C}\right)^2}}\,[\text{A}]：回路の定常分電流最大値[\text{A}]$$

$L = L_1 + L_s$：配電線と直列リアクトルのインダクタンスの和[H]

$\alpha = \dfrac{R}{2L}$：過渡分の減衰定数[1/s]

$\beta = \sqrt{\dfrac{1}{LC} - \left(\dfrac{R}{2L}\right)^2}$：過渡分の角速度[rad/s]

（1）コンデンサの電圧

コンデンサに突入電流が流入すると、コンデンサの端子電圧E_Cは次式で求まる。

$$E_C = \frac{1}{C}\int i\,dt = \frac{I_m}{C}\int\left(-\sin\omega t + \frac{1}{\omega\sqrt{LC}}\,e^{-\alpha t}\sin\beta t\right)dt$$

積分公式より、

$$E_C = \frac{I_m\cos\omega t}{\omega C} + \frac{I_m}{\omega C\sqrt{LC}}\,\frac{e^{-\alpha t}(-\alpha\sin\beta t - \beta\cos\beta t)}{\alpha^2 + \beta^2}$$

ここで、配電線の抵抗は小さいので$R^2 \ll 4L/C$とすれば、

$$\beta = \sqrt{\frac{1}{LC} - \left(\frac{R}{2L}\right)^2} \fallingdotseq \frac{1}{\sqrt{LC}}、\quad \beta \gg \alpha とおいて、$$

$$E_C = \frac{I_m}{\omega C}(\cos\omega t - e^{-\alpha t}\cos\beta t)\,[\text{V}] \tag{15·19}$$

上式で、第1項の$\dfrac{I_m}{\omega C}\cos\omega t$はコンデンサの定常時の端子電圧であり、第2項は過渡項で

時間とともに減衰する。括弧内は2以下であるから、投入瞬時のコンデンサの過渡電圧は定常時の2倍を超えることはない。

（2）直列リアクトルの瞬時電圧降下

突入電流による直列リアクトルの電圧降下 ΔV_s は、

$$\Delta V_\mathrm{s} = L_\mathrm{s}\frac{\mathrm{d}i}{\mathrm{d}t} = I_\mathrm{m}L_\mathrm{s}\frac{\mathrm{d}}{\mathrm{d}t}\left(-\sin\omega t + \frac{1}{\omega\sqrt{LC}}\mathrm{e}^{-\alpha t}\sin\beta t\right)$$

$$= -I_\mathrm{m}\omega L_\mathrm{s}\cos\omega t + \frac{I_\mathrm{m}L_\mathrm{s}}{\omega\sqrt{LC}}(-\alpha\mathrm{e}^{-\alpha t}\sin\beta t + \beta\mathrm{e}^{-\alpha t}\cos\beta t)$$

ここで、$\beta \fallingdotseq \dfrac{1}{\sqrt{LC}}$、$\beta \gg \alpha$、$L = L_1 + L_\mathrm{s}$ とおいて、

$$\Delta V_\mathrm{s} = -I_\mathrm{m}\omega L_\mathrm{s}\cos\omega t + \frac{L_\mathrm{s}}{L_1+L_\mathrm{s}}\frac{I_\mathrm{m}}{\omega C}\mathrm{e}^{-\alpha t}\cos\beta t \; [\mathrm{V}]$$

ΔV_s は投入瞬時 $t=0$ のときに最大となるから ΔV_sm とおいて、

$$\Delta V_\mathrm{sm} = -I_\mathrm{m}\omega L_\mathrm{s} + \frac{L_\mathrm{s}}{L_1+L_\mathrm{s}}\frac{I_\mathrm{m}}{\omega C} = \frac{L_\mathrm{s}}{L_1+L_\mathrm{s}}I_\mathrm{m}\left(\frac{1}{\omega C}-\omega L_1-\omega L_\mathrm{s}\right)$$

配電線の抵抗 R は小さいので無視すれば、上式の $I_\mathrm{m}\left(\dfrac{1}{\omega C}-\omega L_1-\omega L_\mathrm{s}\right)$ は電源電圧 E_m（絶対値）に等しいから、

$$\Delta V_\mathrm{sm} = \frac{L_\mathrm{s}}{L_1+L_\mathrm{s}}E_\mathrm{m}\,[\mathrm{V}] \tag{15·20}$$

上式で、配電線のインダクタンス L_1 は小さいから、投入瞬時に生じる系統の瞬時電圧降下の大部分は直列リアクトル L_s が負担することになる。

（3）高圧母線の瞬時電圧降下

高圧母線に接続された機器は、コンデンサの突入電流による母線の電圧降下の影響を受ける。母線の電圧降下は、高圧配電線の電圧降下 ΔV_1 に等しいから配電線の抵抗を無視すれば、

$$\Delta V_1 = L_1\frac{\mathrm{d}i}{\mathrm{d}t} = I_\mathrm{m}L_1\frac{\mathrm{d}}{\mathrm{d}t}\left(-\sin\omega t + \frac{1}{\omega\sqrt{LC}}\mathrm{e}^{-\alpha t}\sin\beta t\right)$$

$$= -I_\mathrm{m}\omega L_1\cos\omega t + \frac{I_\mathrm{m}L_1}{\omega\sqrt{LC}}(-\alpha\mathrm{e}^{-\alpha t}\sin\beta t + \beta\mathrm{e}^{-\alpha t}\cos\beta t)$$

以降は ΔV_sm と同じ手順により進めると、母線の最大瞬時電圧降下 ΔV_lm は、

$$\Delta V_\mathrm{lm} = \frac{L_1}{L_1+L_\mathrm{s}}E_\mathrm{m}\,[\mathrm{V}] \tag{15·21}$$

このようにして、コンデンサ投入瞬時の各部の電圧降下を求めることができる。ここで、コンデンサの電圧 E_C は (15·19) 式より投入瞬時 $t=0$ では0である。このため、投入瞬時の電源電圧の最大値 E_m は、線路の抵抗分 R を無視すると図15·7より配電線と直列リアクトル

のインダクタンスL_lとL_sで分担することになる。このように考えると、(15・20)、(15・21)式が理解できる。

[計算例]

　配電線の短絡容量75 MV・A、コンデンサ設備容量300 kV・A、直列リアクトル6％の場合の母線の最大瞬時電圧降下$\varDelta V_{lm}$を求めてみる。

　配電線のインピーダンスZ_lは、

$$Z_l = \frac{6\,600^2}{75 \times 10^6} \fallingdotseq 0.581\,[\Omega]$$

　力率を0.3とすれば、配電線のリアクタンスX_lは、

$$X_l = 0.581 \times \sqrt{1 - 0.3^2} \fallingdotseq 0.55\,[\Omega]$$

　コンデンサ本体の容量P_Cは、

$$P_C = \frac{300}{1 - 0.06} \fallingdotseq 319\,[\text{kvar}]$$

　定格電圧V_nは、

$$V_n = \frac{6\,600}{1 - 0.06} \fallingdotseq 7\,020\,[\text{V}]$$

であるから、コンデンサのリアクタンスX_Cは、

$$X_C = \frac{7\,020^2}{319 \times 10^3} \fallingdotseq 154\,[\Omega]$$

　これより、直列リアクトルのリアクタンスX_sは、

$$X_s = 154 \times 0.06 = 9.24\,[\Omega]$$

(15・21)式のインダクタンスL_l、L_sをリアクタンスX_l、X_sに置き換えて、

$$\varDelta V_{lm} = \frac{X_l}{X_l + X_s} E_m\,[\text{V}]$$

これを、電源電圧E_mを基準とする％で表すと、

$$\varDelta V_{lm} = \frac{X_l}{X_l + X_s} \times 100 = \frac{0.55}{0.55 + 9.24} \times 100$$
$$\fallingdotseq 5.6\,[\%]$$

として求められる。

　ここで、直列リアクトルのインダクタンスは一定としたが、既に述べたように突入電流によりインダクタンスは低下するので、この計算よりも電圧降下は大きくなる。

　電圧降下の許容値は、半導体装置では10〜15％とされるので、配電線の末端近くで比較的大きなコンデンサ設備を入り切りすると瞬時電圧降下が大きくなる。このときは、コンデンサ設備を分割して投入する、あるいはインダクタンスの大きな13％直列リアクトルを使用するか、磁気飽和の生じない空心コイルを使用するなどの方法がある。

参考文献

＊1　過渡現象論　（一社)電気学会

＊2　過渡現象の考え方　雨宮好文　オーム社

＊3　電力用コンデンサ運転指針　電気学会報告(Ⅱ部)第399号　（一社)電気学会

＊4　技術報告(Ⅱ部)第231号　限流ヒューズの繰り返し過電流特性　（一社)電気学会

＊5　進相コンデンサ設置に伴う諸問題　富田久幸　電気設備学会誌　平成8年7月

＊6　電力ヒューズによるコンデンサの保護　技術資料55　ニチコン

＊7　電力コンデンサ用直列リアクトルと回路現象　技術資料70　ニチコン草津工場

＊8　三菱電力ヒューズ技術資料集　三菱電機

索　引

〈著者略歴〉

大崎　栄吉（おおさき　えいきち）

元（公社）東京電気管理技術者協会会員
元（一社）電気設備学会「電気・電子機器の雷保護検討委員会」委員
（公社）日本電気技術者協会関東支部　技術研修会「短絡・地絡・雷害」講師
1969年　第一種電気主任技術者試験合格
共著「電気・電子機器の雷保護」（一社）電気設備学会

電気技術者の実務理論
短絡・地絡現象の解析から保護協調の整定まで

2023年 7 月 10 日　　第 1 版第 1 刷発行

著　　者　　大崎栄吉
発 行 者　　村上和夫
発 行 所　　株式会社 オーム社
　　　　　　郵便番号　101-8460
　　　　　　東京都千代田区神田錦町 3-1
　　　　　　電話　03(3233)0641(代表)
　　　　　　URL　https://www.ohmsha.co.jp/

© 大崎栄吉 2023

組版　アーク印刷　　印刷・製本　三美印刷
ISBN978-4-274-23076-9　Printed in Japan

本書の感想募集　https://www.ohmsha.co.jp/kansou/
本書をお読みになった感想を上記サイトまでお寄せください。
お寄せいただいた方には、抽選でプレゼントを差し上げます。